普通高等教育"十一五"国家级规划教材
高等工程力学系列规划教材

复合材料与粘弹性力学

第2版

张少实　庄　茁　编著

机械工业出版社

本书是普通高等教育“十一五”国家级规划教材，也是“高等工程力学系列规划教材”之一，阐述了复合材料力学与粘弹性力学的基础知识。

本书分为两部分，第一部分为复合材料力学行为，包括复合材料的应力与应变关系、正交各向异性单向板的强度准则及细观力学分析、层合板的刚度与强度分析、复合材料的结构设计及有关专题等内容；第二部分为粘弹性力学行为，主要阐述聚合物的粘弹性与屈服行为、材料的非线性粘弹性力学行为和超弹性力学行为等内容。

本书既注重基础知识、基本概念的表述，又结合了学科发展和工程应用实例；既对成熟理论、技术给出了结论，又对未来发展进行了启发式的讨论。

本书可作为力学专业高年级本科生和非力学专业研究生的力学课程系列教材，也可作为从事复合材料和粘弹性材料研究和应用的人员与工程师的参考书。

图书在版编目（CIP）数据

复合材料与粘弹性力学/张少实，庄茁编著. —2 版 . —北京：机械工业出版社，2011. 2（2026. 1 重印）

普通高等教育“十一五”国家级规划教材

ISBN 978-7-111-32942-8

Ⅰ. ①复…　Ⅱ. ①张…②庄…　Ⅲ. ①复合材料力学 - 高等学校 - 教材②粘弹性介质力学 - 高等学校 - 教材　Ⅳ. ①TB330. 1② 0345

中国版本图书馆 CIP 数据核字（2010）第 262779 号

机械工业出版社（北京市百万庄大街 22 号　邮政编码 100037）

策划编辑：姜　凤　责任编辑：姜　凤

责任校对：陈延翔　封面设计：路恩中

责任印制：张　博

固安县铭成印刷有限公司印刷

2026 年 1 月第 2 版第 8 次印刷

169mm × 239mm · 12. 5 印张 · 239 千字

标准书号：ISBN 978-7-111-32942-8

定价：29. 80 元

电话服务

客服电话：010 - 88361066

010 - 88379833

010 - 68326294

网络服务

机　工　官　网：www. cmpbook. com

机　工　官　博：weibo. com/cmp1952

金　　书　　网：www. golden-book. com

机工教育服务网：www. cmpedu. com

第2版前言

本书自2005年1月出版以来，已使用了五年时间。本次修订期间，正值哈尔滨工业大学“力学课程教学”和清华大学“基础力学”国家教学团队建设工作努力展开并取得一定成效时期，也正值普通高等教育“十一五”国家级规划教材项目实施和积极向前推进时期，本书修订工作被纳入国家教学团队建设和普通高等教育“十一五”国家级规划教材之中，分别受到两所学校的热切关注和极大支持。

修订后的第2版，作为高等院校相关专业高年级本科学生和研究生必修课与选修课教材，除沿用了原有的体系、结构外，在第1章中适当增加了复合材料在工程中的应用等内容和少量的习题，在第10章中删除了复杂的公式，便于理解。

参加本书修订工作的哈尔滨工业大学张少实教授负责等1~7章的编著；清华大学庄茁教授负责第8~10章的编著。

本书的编写和修订工作，一直得到中国工程院院士、哈尔滨工业大学复合材料研究所杜善义教授的亲切关怀和有力指导，在此向杜院士致以崇高的敬意和真挚的谢意！

哈尔滨工业大学教务处、航天学院、航天科学与力学系，清华大学教务处、航天航空学院、工程力学系等部门有关领导对本书的修订工作给予了极大关心，在此致以谢意！

作　者

第1版前言

虽然复合材料的使用历史可以追溯到远古，例如，古埃及人使用多层木板，犹太人用稻杆加强泥砖等。但作为一门学科，作为力学的一个分支，复合材料力学的兴起与发展还是近半个多世纪的事情，而先进复合材料的研究也只有二三十年的历史。复合材料的发展历史虽然不长，但由于航天、航空等高技术领域的迫切需求，由于材料科学以及制造技术的高度发展，使得复合材料科学的发展正日新月异、突飞猛进。复合材料以其比强度高、比模量高、耐高温、抗疲劳性能好、具有可设计性等特有的优越性能，不仅广泛地应用在航天、航空、航海、原子能等领域，而且已应用到机械、化工、交通、建筑等普通工业技术领域以及人们的日常生活之中。

复合材料的研究与应用，涉及各向异性弹性力学、粘弹性力学等力学知识，涉及材料科学与材料工艺等知识。愈来愈多的科研人员与工程师们对复合材料与粘弹性力学发生了浓厚的兴趣。国内外许多高等院校也将复合材料与粘弹性力学列为相关专业本科生与研究生的必修课与选修课。面对这样的喜人形势，作者愈加坚定实现一个宿愿，那就是将多年来从事本科生与研究生复合材料力学与粘弹性力学的教学讲稿和教学经验总结、归纳、提炼，编撰成一本书，作为相关专业的教材或参考书，为复合材料的蓬勃发展推波助澜。机械工业出版社组织的高等工程力学系列规划教材编委会，为本书的编写与出版提供了莫大支持与帮助。在本书出版之际，谨向编委会的全体同仁和对本书出版给予关注与帮助的专家、学者们致以诚挚的谢意。

本书的编写得到了杜善义院士的亲切关怀。杜院士在百忙中审阅了书稿，对本书的内容、体系、结构等诸多方面提出了极为宝贵的意见，为本书内容的科学性与先进性的把握等大方向问题起到了导引作用。在此，向杜院士致以崇高的敬意和真挚的谢意。

本书分为两部分，总计 10 章。第一部分从第 1 章到第 7 章，为复合材料力学行为，由哈尔滨工业大学张少实教授编著；第二部分从第 8 章到第 10 章，为粘弹性力学行为，由清华大学庄茁教授编著，全书由张少实教授统稿。

本书得到了哈尔滨工业大学教务处、航天学院航天科学与力学系，清华大学教务处、航天航空学院工程力学系有关领导和同事的关心，在此，致以谢意。

作　者

主要符号表

A	横截面面积，积分常数，层合板拉压刚阵
A_{ij}	层合板拉压刚度系数
B	积分常数，层合板耦合刚阵
B_{ij}	层合板耦合刚度系数
C_{ij}	刚度系数
$[C]$	刚度矩阵
D	层合板弯曲刚阵
D_{ij}	层合板弯曲刚度系数
E	弹性模量
E_f、E_m	纤维、基体的弹性模量
E_i、E_1、E_2、E_3	材料主方向上的弹性模量
E_x、E_y、E_z	x、y、z 方向上的弹性模量
e	应变能密度
F_x、F_y、F_z	体积力沿 x、y、z 方向分量
F_i、F_{ij}、F_{ijk}	Tsai - Wu 张量强度准则的强度参数
F、H、L、M、N	各向异性材料强度系数
F_{12}	影响因数
G	切变模量，强度系数
G_f、G_m	纤维、基体的切变模量
G_{ij}、G_{12}、G_{23}、G_{13}	材料主方向上的切变模量
G_{xy}、G_{yz}、G_{xz}	x、y、z 方向上的切变模量
h	层合板总厚度
K	体积模量
k	层合板层号
k、k_x、k_y、k_{xy}、$\{k\}$	弹簧刚度系数，曲率
M	复合材料弹性常数
M_x、M_y、M_{xy}	层合板的合力矩
N	层合板层数
N_x、N_y、N_{xy}	层合板的合力
Q_{ij}	单向板（铺层）材料主方向的刚度系数
$[Q]$	单向板（铺层）材料主方向的刚度矩阵
$\overline{Q}_{ij}$	单向板（铺层）非材料主方向的刚度系数
$[\overline{Q}]$	单向板（铺层）非材料主方向的刚度矩阵

R	强度比
γ_f、γ_m	纤维、基体切应变
S	复合材料在 1—2 面内抗剪强度
S_{ij}	柔度系数
$[S]$	柔度矩阵
$\bar{S}_{ij}$	单向板（铺层）非材料主方向的柔度系数
$[\bar{S}]$	单向板（铺层）非材料主方向的柔度矩阵
t	时间，单向板（铺层）厚度
T	温度
$[T_\sigma]$、$[T_\varepsilon]$	单向板（铺层）的应力、应变转换矩阵
u	沿 x 方向位移，作下标时表示极限
U_σ	余能
U	应变能
v	沿 y 方向位移，体积比
w	沿 z 方向位移，宽度
x，y，z	直角坐标
X_f、X_m	纤维、基体强度
X_t、X_c	复合材料沿纤维方向的抗拉强度、抗压强度
Y_t、Y_c	复合材料沿垂直纤维方向的抗拉强度、抗压强度
Z	层合板厚度坐标
ξ、η	参数，粘度
$\eta_{xy,x}$、$\eta_{xy,y}$、$\eta_{x,xy}$、$\eta_{y,xy}$	耦合因数
α_{l1}、α_{l2}	线胀系数
γ、γ_{xy}、γ_{yz}、γ_{xz}、γ_{12}、γ_{23}、γ_{31}	切应变
θ	体积应变，角度
ν	泊松比
ν_f、ν_m	纤维、基体的泊松比
ν_{ij}、ν_{12}、ν_{23}、ν_{31}	材料主方向上的泊松比
ν_{xy}、ν_{yz}、ν_{xz}	x、y、z 方向上的泊松比
Δ	增量
δ	伸长率
σ_b	抗拉强度
$\bar{\sigma}$	平均应力
σ_1、σ_2、σ_3	与材料主方向平行的正应力
σ_x、σ_y、σ_z	与 x、y、z 平行的正应力
σ_f、σ_m	纤维、基体中正应力
τ、τ_{xy}、τ_{yz}、τ_{xz}、τ_{12}、τ_{23}、τ_{13}	切应力
τ_f、τ_m	纤维、基体中切应力

ε_1、ε_2、ε_3	材料主方向上的线应变
ε_x、ε_y、ε_z	x、y、z 方向的线应变
ε_f、ε_m	纤维、基体线应变
$\{\varepsilon^\circ\}$	层合板中面应变向量
ρ	单位体积质量

目　录

第1章 复合材料概论

1.1 复合材料的定义与分类

1.1.1 复合材料的定义

复合材料（Composite materilas）是由两种或两种以上异质、异性、异形的材料，在宏观尺度上复合而成的一种完全不同于其组成材料的新型材料。复合材料的定义包括如下四个含义：

（1）它包含两种或两种以上物理上不同并可用机械方法分离的材料。

（2）它可以通过将几种分离的材料混合在一起而制成。混合的方法是，在人为控制下将一种材料分散在其他材料之中，使其达到最佳性能。

（3）复合后的性能优于各单独的组成材料，并在某些方面可能具有组成材料所没有的独特性能。

（4）通过选取不同的组成材料、改变组成材料的含量与分布等微结构参数，可以改变复合材料的性能，即材料性能具有可设计性并拥有最大的设计自由度。

复合材料的组成材料称为组分材料。组分材料分为两部分：一部分为增强体（Reinforced body），承担结构的各种工作载荷；另一部分为基体（Matrix），起到粘结增强体予以赋形并传递应力和增韧的作用。增强体分为：

（1）纤维（Fibre）。包括连续纤维、短切纤维、晶须。

（2）颗粒。包括微米颗粒与纳米颗粒。

（3）片材。包括人工晶片与天然片状物等。

基体主要分为：

（1）有机聚合物。

（2）金属。

（3）陶瓷。

（4）水泥。

（5）碳（石墨）等。

复合材料具有组分材料所没有的全新性能，可以用双金属条（Bimetallic strip）这一简单的例子来说明。两个不同的金属条，它们的线胀系数是不同的。当这两个金属条在各自分开情况下加热，它们仍然是平直的，只是膨胀变形的程度不同而已。可是当把这两个金属条焊合成一体，这时再加热，那么双金属条就会向线胀系数小的一侧弯曲。可见，复合后的双金属条具有受热弯曲的新性质。

构造出的复合材料，能改善的性能主要有：

· 强度　· 刚度　· 疲劳寿命　· 耐高温性　· 耐腐蚀性　· 耐磨性

· 抗冲击性 · 重量　· 导电性　· 导热性　· 绝热性　· 隔声性

当然，上述各种性能不可能同时都有所改善，工程实际中也不存在这样的要求。

1.1.2 复合材料的分类

复合材料的种类繁多，按性能的优劣程度可分为：

(1) 常用复合材料（Common composite materials）。例如，玻璃/环氧树脂复合材料等。

(2) 先进复合材料（Advanced composite materials）。例如，以碳、芳纶、硼等纤维和晶须等高性能增强体与耐高温的高聚物、金属、陶瓷和碳（石墨）等基体复合的复合材料。

按用途可分为：

(1) 结构复合材料。主要用于承力与次承力构件的材料。

(2) 功能复合材料。实现具有某种功能的复合材料，如导电材料、导磁材料、导热材料、屏蔽材料等。

结构复合材料，按基体材料来分类，如图 1-1 所示。

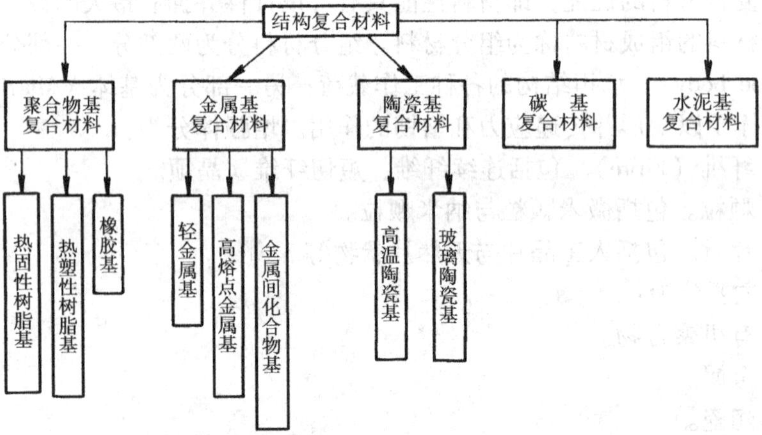

图 1-1　结构复合材料按不同基体分类

结构复合材料，按增强体材料来分类，如图 1-2 所示。

1.1.3 几种常用纤维

1. 玻璃纤维（Glass fibre）

玻璃纤维有三个品种，E 玻璃、C 玻璃与 S 玻璃。E 玻璃是最常用的一种，

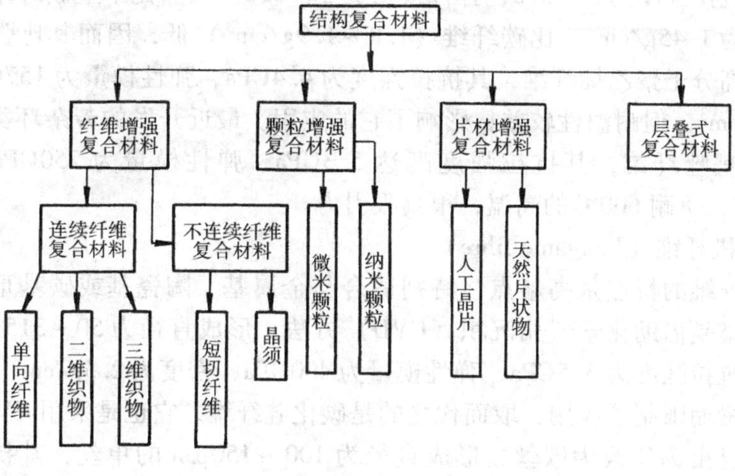

图 1-2　结构复合材料按不同增强体形式分类

具有优良的延展性、电性能和抗老化性能，具有较高的强度与刚度。C 玻璃具有比 E 玻璃更好的抗化学腐蚀性能，但其成本较高，强度较低。S 玻璃具有更高的模量与更好的耐高温性能，但价格昂贵。

总的说来，玻璃纤维直径 5 ~ 10μm，强度较高，伸长率大，可制成织物，但弹性模量较低，约为 7×10^4MPa，与铝接近。一般硅酸盐玻璃可耐 450℃ 的高温，石英和高硅氧玻璃纤维可耐 1000℃ 以上的高温。

2. 碳纤维（Carbon fibre）

碳纤维是用各种有机纤维加热碳化而成。主要以聚丙烯晴（PAN）纤维或沥青为原料，经纤维加热氧化、碳化、石墨化处理而成。碳纤维可分为高强度、高模量、极高模量等几种，后两种需经 2500 ~ 3000℃ 石墨化处理，又称为石墨纤维。由于碳纤维制造工艺较简单，价格较便宜，因而是最重要的先进纤维材料。其密度小于玻璃纤维，模量却比玻璃纤维高好几倍。碳纤维的直径为 6 ~ 10μm，应力 - 应变关系为一直线，纤维断裂前是弹性体。高模量碳纤维的弹性模量为 200GPa 以上，最高可达 920GPa，最大伸长率为 0.35%；抗拉强度可达 3.5GPa 以上。碳纤维的线胀系数具有各向异性，沿纤维方向 $\alpha_{l1}=-0.7\times10^{-6}\sim0.9\times10^{-6}℃^{-1}$，而垂直纤维方向 $\alpha_{l2}=22\times10^{-6}\sim32\times10^{-6}℃^{-1}$。

3. 高强有机纤维（Organic fibre with high strength）

高强、高模量有机纤维通过两种途径获得。一是由分子设计并借助相应的合成方法制备具有刚棒状分子链的聚合物。例如，聚芳酰胺、聚芳脂和芳杂环类聚合物，经过干湿法液晶纺丝法制成分子高度取向的纤维。另一途径是合成超高分子量的柔性链聚合物，如聚乙烯。聚芳酰胺的性能以 Kevlar49（杜邦公司生产）

为例，其抗拉强度为2.8GPa，弹性模量为104GPa。虽然比不上碳纤维，但由于其密度仅为1.45g/cm^3，比碳纤维（1.8～1.9g/cm^3）低，因而其比强度与比模量高。超高分子聚乙烯纤维，其抗拉强度为4.4GPa，弹性模量为157GPa，密度为0.97g/cm^3，但耐温性较差，影响了它的应用。最近开发的芳杂环类的聚对苯撑苯并双噁唑纤维，其抗拉强度高达5.3GPa，弹性模量为250GPa，密度为1.58g/cm^3，可耐600℃的高温，很具吸引力。

4. 无机纤维（Inorganic fibre）

无机纤维的特点是高熔点，特别适合与金属基、陶瓷基或碳基形成复合材料。硼纤维是借助化学气相沉积（CVD）方法，形成直径为50～315μm的连续单丝。其抗拉强度为3.5GPa，弹性模量为400GPa，密度为2.5g/cm^3。由于硼纤维价格昂贵而限制了应用，取而代之的是碳化硅纤维，它也是采用CVD法生产，但其芯材已由钨丝改为碳丝，形成直径为100～150μm的单丝，其抗拉强度为3.4GPa，弹性模量为400GPa，密度为3.1g/cm^3。另一种碳化硅纤维是用有机体的先驱纤维烧制而成。这种纤维直径仅为10～15μm，抗拉强度为2.5～2.9GPa，弹性模量为190GPa，密度为2.55g/cm^3。无机纤维类还有氧化铝纤维、氮化硅纤维等。

各种纤维增强材料的抗拉强度和弹性模量如图1-3所示。

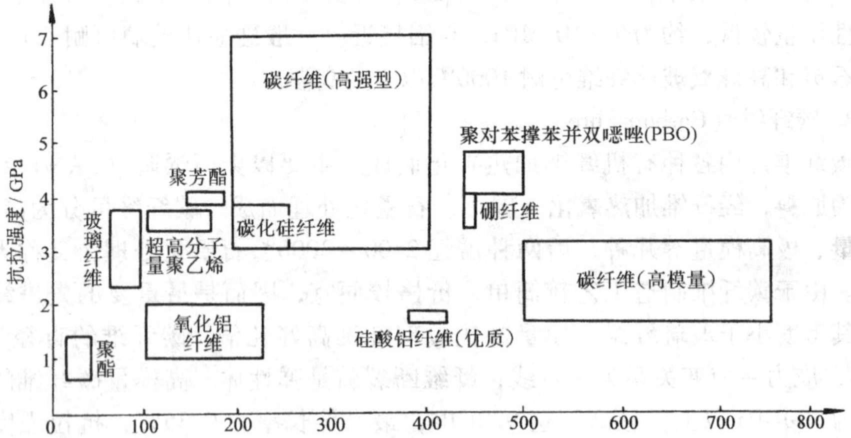

图1-3　各种纤维增强材料的抗拉强度和弹性模量

1.1.4　几种常用基体

1. 树脂基体（Resin matrix）

分为热固性与热塑性两大类。对于热固性树脂（Thermosetting resin）常用的有环氧树脂（Opoxy resin）、酚醛树脂（Phenolic resin）和不饱和聚酯树脂（Polyester resin）等，它们最先应用于复合材料。环氧树脂应用得最广泛，其主要优点是粘结力强，与纤维表面浸润性好，固化收缩小，有较高耐热性，固化成型方便等。酚醛树脂耐高温性好，吸水性小，电绝缘性好，价格低廉。聚酯树脂工艺性好，可室温固化，但固化时收缩大，耐热性差。热固性树脂固化后均不能软化。

热塑性树脂（Thermoplastic resin）有聚乙烯、聚苯乙烯、聚酰胺（尼龙）、聚碳酸脂、聚丙烯树脂等。它们加热到转变温度时会重新软化，易于制造模压复合材料。

几种常用树脂材料的性能，见表1-1。

表1-1 几种常用树脂的性能

序号	名称	相对密度 γ	抗拉强度 σ_b/MPa	伸长率 δ（%）	弹性模量 E/（$\times 10^3$MPa）	抗压强度/MPa	抗弯强度/MPa
1	环氧树脂	1.15	85	5	3.2	110	130
2	酚醛树脂	1.3	42~64	1.5~2.0	3.2	88~110	78~120
3	聚酯树脂	1.1~1.4	42~71	5	2.1~4.5	92~190	60~120
4	聚酰胺 PA	1.1	70	60	2.8	90	100
5	聚乙烯		23	60	8.4	20~25	25~29
6	聚丙烯 PP	0.9	35~40	200	1.4	56	42~56
7	聚苯乙烯 PS		59	2.0	2.8	98	77
8	聚碳酸酯 PC	1.2	63	60~100	2.2	77	100

2. 金属基体（Metallic matrix）

金属基体主要用于耐高温或其他特殊需要场合的复合材料，具有耐300℃以上高温、表面抗浸蚀、导电导热、不透气等优点。金属基体材料有铝、铝合金、镍、钛合金、镁、铜等。目前应用较多的是铝，一般有碳纤维铝基、氧化铝晶须镍基、硼纤维铝基、碳化硅纤维钛基等复合材料。

3. 陶瓷基体（Ceramic matrix）

陶瓷基体耐高温，化学稳定性好，具有高模量和高抗压强度。但其脆性，耐冲击性差，故用纤维增强制成陶瓷基复合材料，可改善抗冲击性，并已试用于制造发动机部分零件。陶瓷基体材料包括陶瓷、玻璃和玻璃陶瓷。

4. 碳素基体（Carbon matrix）

碳素基体主要用于碳纤维增强碳基体复合材料，这种材料称为碳/碳复合材料。随纤维与基体的不同分为三种：碳纤维增强碳、石墨纤维（Graphite fibre）增强碳、石墨纤维增强石墨。碳/碳复合材料是耐温最高的材料，其强度随温度升高而增加，在2500℃左右达到最大值。同时，它具有良好的抗烧蚀性能和抗热震性能。碳/碳复合材料目前主要用于导弹头部的再入热防护、固体发动机喷管和飞机刹车片等。

本书主要讨论纤维增强复合材料。

1.2 复合材料的结构形式与制造方法

1.2.1 复合材料的基本结构形式

对于纤维增强复合材料，基本结构形式为：

1. 单向板（铺层）（Unidirectional lamina）

如图 1-4 所示，单向板中纤维按一个方向整齐排列或由双向编织纤维平面排布（有时是曲面，如在壳体中）。通常纤维方向称为纵向，用“1”表示，垂直于纤维方向（有时有交织纤维，含量较少）称为横向，用“2”表示，沿单向板厚度方向用“3”表示。1，2，3 轴称为材料主轴。

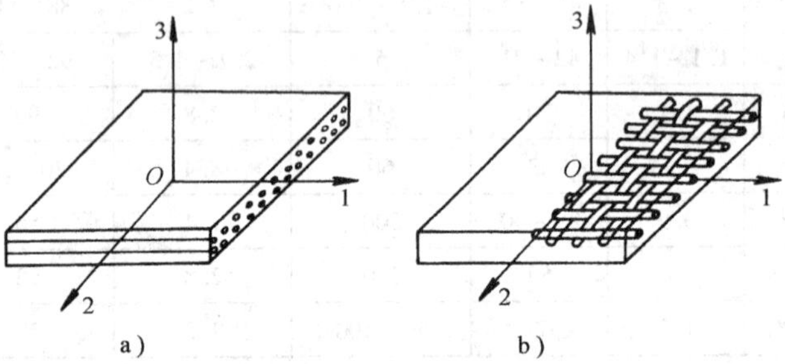

图 1-4 单向板结构形成

a）单向纤维 b）编织纤维

单向板中纤维起增强和主要承载作用，基体起支撑纤维、保护纤维，并在纤维间起分配和传递载荷作用。单向板是非均匀材料，虽然纤维与基体分别都可能是各向同性材料，但由于纤维排布有方向性，因而单向板一般是各向异性的。

2. 层合板（叠层复合材料）（Laminate）

层合板是一叠单向板，各单向板的材料主方向定向不同，如图 1-5 所示。通常层合板的各个铺层是用与单向板相同的基体材料粘合起来的。层合的主要目的是设计与方向有关的材料强度和刚度，以满足结构元件的承载要求。层合板是惟一能适用于这样目的的，它可以按照需要来确定每一层的材料主方向。例如，十层层合板中的六

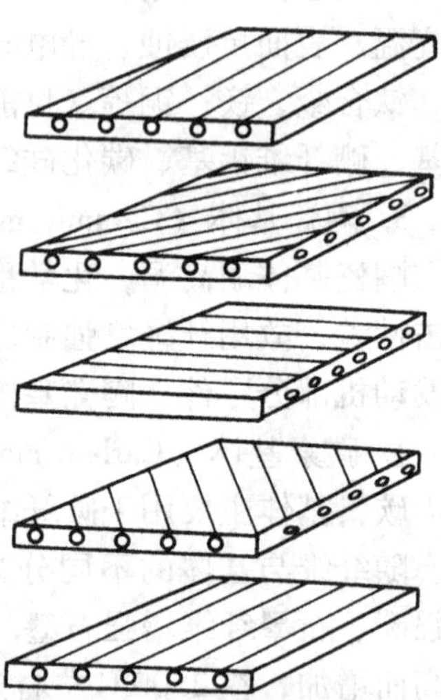

图 1-5 层合板结构形式

层铺设在1方向上，其余四层铺放在2方向上，于是所得的层合板1方向比2方向具有约高50%的抗拉强度与刚度。两个方向的抗拉强度比近似为6:4，但弯曲刚度比不确定，因为没有规定铺层次序。假如单向板铺成与层合板的中面不对称，还存在弯曲与拉伸的耦合刚度问题。

层合板结构中一个潜在的问题是各层之间有切应力。因为各层都有不同的性能，每层有与相邻层无关的变形趋势，因此产生层间切应力，并在层合板边缘处最大，可能会在此分层。

1.2.2 复合材料的制造方法

与大多数常规材料不同，复合材料的制造与它的产品之间有着十分密切的关系。材料的制造实际上常常是结构元件或完整结构成型过程的一部分。

1. 组分材料的初始形式

作为商品，纤维和基体材料有多种形式，纤维可以是单丝或者是连续的、无捻纤维束的粗纱，也可以是单向的或交织的。纤维常常浸渍着树脂材料，如用做基体材料的聚酯树脂。这个工序就是预浸渍，这种预浸渍纤维形式被称为“预浸料”，例如环氧树脂基体单向纤维带（预浸带），其纤维是沿着带的纵向布置。纤维不仅用基体定位，而且还用一层可以拿掉的托片托着，这种托片还可防止带子在卷绕中粘在一起。同样，预浸布或毡中的纤维是交织的并用树脂浸渍。

2. 制造方法

制造层合纤维增强复合材料需要铺设、固化两大工序。铺设是在单向板中排布纤维或者在层合板中排布单向板（铺层）；固化就是树脂基体材料的干燥和聚合以形成纤维之间和各层之间的永久粘合。

层合纤维增强复合材料有三种主要的铺设方法：缠绕、铺设和模压或连续层合，选择哪一种铺设方法（以及固化方法）将取决于方法的有效性、部件尺寸、价格、进度、特定工艺的熟悉程度等因素。缠绕和铺设操作包括单丝缠绕，带子铺设以及布的缠绕或卷制。单丝缠绕是将纤维通过液态树脂再将其缠绕在芯轴上，纤维按不同方向在芯轴上缠绕出许多单层。带子铺设是用可以去掉托片的预浸渍纤维带进行，将带子展开，按其带层要求的方向铺成所要求的形状。对于层合纤维增强复合材料，模压工艺与缠绕、铺设工艺相比不太常用。模压用于手工或自动铺设的预浸渍纤维层，通常预浸层要预先切好，随后将叠层在高温下加压以形成最后的层压件。

固化可以是自然发生的（冷固化），也可由加热或加压以加速聚合过程。加热加压固化是依靠真空袋、气压釜、水压釜、对模模压等工序来完成。制造过程中的辅助步骤有固化以后的粘结、涂层、加工和装配。

1.2.3 质量控制

在层合纤维增强复合材料的制造和成型过程中，材料缺陷将直接影响最后产品能达到的设计强度和刚度。因而，在制造和成型过程中，质量控制十分关键。影响产品质量的主要材料缺陷有：

（1）由于裹入空气、分层、树脂不足等引起的层间空隙。

（2）树脂的不完全固化。

（3）层间过量树脂。

（4）过量的基体空隙和空穴。

（5）单向层板材料主方向的不正确定向。

（6）损伤的纤维。

（7）由于不当的叠层、缠绕或铺设排列引起的皱褶或隆起。

（8）包含杂质。

（9）各层间的不适当接头。

（10）厚度变化。

直接监控层合纤维增强复合材料的制造过程，有助于提高对缺陷性质的判别。

1.3 复合材料的特性及分析方法

与传统材料相比，复合材料是由组分材料与界面组成的一种结构，因而它的性能与分析方法是有别于传统材料的。

1.3.1 复合材料的特性

1. 力学性能的非均匀性、各向异性与随机性

将一种材料视为均质材料还是非均质材料，当然取决于分析时观察问题的尺度。事实上，从原子水准来说，任何材料都是非均质的，具有非均匀性。但当观察问题的尺度增大，超过了原子分子尺度时，那么传统的金属材料即可视为均质材料，而复合材料存在着可以从界面区分的相和叠层，因而认为是非均质的，力学性能具有非均匀性。

复合材料的强度与弹性性能具有明显的方向性，即各向异性。对于各向异性材料，正应力的作用不仅导致应力方向的伸（缩）变形与垂直于应力方向的缩（伸）变形，还将导致剪切变形。反之，切应力除了产生剪切变形外，还产生伸（缩）变形。不仅如此，对于层合板，伸（缩）变形还可能引起弯曲变形，反之亦然。这种效果我们称为耦合效应。

复合材料的组分材料，例如纤维，以及整个复合材料的性能分散度较大，性能试验的重复性较差，这就是说，复合材料的性能有随机性。因而有时用统计平均的方法来分析。

2. 比强度（Specific strength）、比模量（Specific modulus）高

单位质量的强度与模量称为比强度与比模量，是在质量相等的前提下衡量材

料承载能力与刚度特性的一种材料性能指标。对于航天、航空、舰艇、火车、分离核燃料的高速离心机等运动与转动结构，它们是非常重要的指标，它们意味着可制成性能好而又质量轻的结构。图 1-6 给出了复合材料与钢、铝等传统材料比强度与比模量的比较。

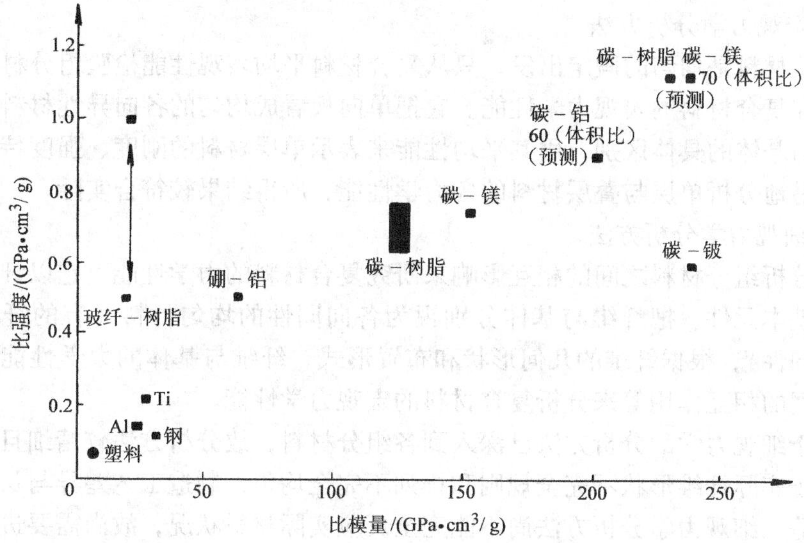

图 1-6 复合材料与其他材料的比强度与比模量的对比图

3. 材料具有可设计性

复合材料的性能除了由纤维与基体材料本身性能决定外，还取决于纤维的含量与铺设方式等。因此，可以根据载荷条件和结构构件形状，将复合材料内纤维设计成适当含量并合理铺设，从而达到使用最少材料以满足设计要求，最有效地发挥材料作用的目的。复合材料的可设计等特点，是传统材料不具备的。

4. 制造工艺简单，成本较低

与传统的金属材料制成的构件相比，复合材料构件的制造一般不需要许多复杂的机械加工设备，生产工序较少。可以制造形状较复杂的薄壁结构，消耗材料与工时均较少。

5. 热稳定性好

如碳纤维与芳纶纤维，具有负的热胀系数，因此，当与具有正膨胀系数的基体材料组合时，可制成热胀系数极小的复合材料。当环境温度变化时，结构只有极小的热应力和热变形。

此外，各种复合材料还具有各种不同的优良性能，例如抗疲劳性、抗冲击性、导热性、隔热性、电绝缘性以及耐高温或低温性等。

1.3.2 复合材料的力学分析方法

总的来说，对于复合材料的非均匀性，可以用宏观力学和细观力学两种方法来分析。对于各向异性，可以采用各向异性本构理论来分析；对于随机性，可以采用统计平均的方法来分析。这里主要介绍宏观力学、细观力学与复合材料结构力学的分析方法。

1. 宏观力学分析方法

它从材料是均匀的假定出发，只从复合材料平均表观性能检验组分材料的作用来研究复合材料的宏观力学性能。它把单向板看成均匀的各向异性材料，不考虑纤维与基体的具体区别，用其平均性能来表示单层材料的刚度、强度特性，可以较容易地分析单层与叠层材料的各力学性能，所得结果较符合实际。

2. 细观力学分析方法

从分析组分材料之间的相互影响来研究复合材料的力学性能。它以纤维与基体作为基本元件，把纤维与基体分别视为各向同性的均匀材料（有的纤维为横观各向同性），根据纤维的几何形状和布置形式、纤维与基体的力学性能、纤维与基体间的相互作用等来分析复合材料的宏观力学性能。

由于细观力学的分析方法已深入到各组分材料，故分析方法较精细且相当复杂。由于实际纤维形状不完全规则和排列不完全均匀，制造工艺差异与材料内部的缺陷等，细观力学分析方法尚不能完全反应实际材料状况，故尚需要进一步深入研究。

3. 复合材料结构力学分析方法

它从更粗略的角度，把叠层材料作为分析问题的起点，来分析复合材料结构的力学性能。它借鉴现有均匀各向同性材料结构力学的分析方法，对各种形状的结构元件，如对板、壳等进行力学分析，其中有层合板及壳的弯曲、屈曲与振动问题，以及疲劳、断裂、损伤、开孔强度等专题。

复合材料的力学理论作为固体力学的一个新的学科分支是近几十年来发展形成的，它是一门实用性很强的学科。在进行分析时，必须了解复合材料的制造工艺、性能测试与结构设计等有关知识。由于问题本身的复杂性以及材料工艺的不断发展，分析理论在不断地研究和发展之中。本书只介绍复合材料力学的基础知识与较实用的分析计算方法。

1.4 复合材料在工程中的应用

从1942年美国在军用飞机雷达天线罩上应用玻璃钢开始算起，复合材料的生产与应用已经历了70年的历程。我国从20世纪50年代开始发展复合材料工业并开展各种工程应用，到现在也有60年的历史。到目前为止复合材料已广泛应用于工程中各个领域。

1.4.1 航空航天工程中的应用

飞机机身、机翼、驾驶舱、雷达罩、安定面、螺旋桨、直升机的旋翼浆叶等，均使用复合材料制成。例如，F-18战斗机，其水平、垂直安定面，内、外机翼蒙皮，舵，固定机翼后缘，火炮承载门，电子设备入口门等部件，均使用石墨/环氧复合材料制成。再如波音777大型双发动机宽体客机，其发动机整流罩、主起落架门、头部雷达罩、安定面等部件使用石墨纤维以及混杂纤维复合材料大约8400kg，占总结构重量的10%以上。

美国“大力神”、“北极星”火箭发动机采用酚醛石棉内衬玻璃布/酚醛蜂窝夹层外壁复合材料，使重量减轻45%，射程由1600km增加到4000km。航天飞机使用各种先进的复合材料，如中间机身桁架构件使用硼/铝复合材料、硼/环氧增强钛合金材料等，仪表舱门使用石墨/环氧，飞机头部为玻璃纤维缠绕的压力容器等等。战略导弹端头的热防护材料，也经历了玻璃纤维、高硅氧纤维、陶瓷基复合材料、三向碳/碳复合材料的过渡，目前已进入了第五代新型防热复合材料时期。混杂纤维复合材料，例如石墨和芳纶（CF/KF）混杂复合材料、碳纤维/玻璃纤维/酚醛复合材料等，也均已应用于固体火箭发动机壳体与卫星中。

1.4.2 机械工程与车辆制造中的应用

混杂纤维复合材料应用于风机叶片和滑轮叶片构件上，例如直径为20m左右的风力发动机叶片，采用CF/GF混杂纤维和硬泡沫塑料制成，可通过改变混杂纤维比例和排列方式，来调节刚度而提高固有频率。

用复合材料制造模具，热膨胀系数小，尺寸稳定性好，容易保证产品的精度和质量。碳纤维有导电性，可自身发热，从而提高固化均匀性和速度，使模具制造的工时大大缩短，并使模具具有质量轻、刚性好的优点。

汽车制造是复合材料应用很活跃的领域。车身、驱动轴、保险杠、底盘、发动机、板簧等上百个零部件，都采用复合材料制成。例如，美国福特公司用CF/GF混杂纤维复合材料制成的小轿车传动轴，重量仅5.3kg，比钢制件轻4.3kg，且刚度大、自振频率高、减震性能好，适合高速行驶。汽车车身用复合材料制造，可减轻车体重量，提高车速，降低油耗。发动机采用复合材料，可降低震动与噪声，提高寿命。

铁路客车、货车、冷藏车也广泛应用玻璃钢，例如机车车身、车厢门窗、坐椅、卧铺床板、卫生设备等。

1.4.3 建筑与船舶工程中的应用

大型体育场馆、厂房、超市等大型建筑物的屋顶，可采用短玻璃纤维或玻璃布增强树脂基复合材料薄壳结构，不仅重量轻、光线柔和，而且拆装方便、成本低廉。建筑物的内外表面装饰板、通风通水管道、卫生设备等，采用复合材料，可使其耐腐蚀、经久耐用、美观轻巧。此外，公路桥梁也开始采用复合材料。

用玻璃钢制造深水潜艇，其下潜深度可达4500m，英国用玻璃钢制成的最大扫雷艇威尔逊号长达47m。

除上述应用外，复合材料也广泛地应用于石油化学工业、电气工程、医学与医疗机械、体育器材与人们的日常生活等各个领域。

1.5 习题

1-1 什么样的材料是复合材料？复合材料的定义包含了怎样含义？

1-2 复合材料的分类。

1-3 复合材料的基本结构形式。

1-4 与常用的金属材料相比，复合材料有哪些特性？

1-5 列举复合材料在工程乃至日常生活中的应用。

第2章 各向异性材料的弹性应力-应变关系

2.1 引言

在弹性理论中，求解弹性固体在外界因素（例如，机械力、电磁力、温度变化等）作用下所发生的应力与变形等力学量时，要涉及（满足和求解）如下三套方程。

1. 平衡（或运动）方程

$$\left.\begin{aligned}\frac{\partial\sigma_x}{\partial x}+\frac{\partial\tau_{yx}}{\partial y}+\frac{\partial\tau_{zx}}{\partial z}+F_x=0\left(\rho\frac{\partial^2u}{\partial t^2}\right)\\\frac{\partial\tau_{xy}}{\partial x}+\frac{\partial\sigma_y}{\partial y}+\frac{\partial\tau_{zy}}{\partial z}+F_y=0\left(\rho\frac{\partial^2v}{\partial t^2}\right)\\\frac{\partial\tau_{xz}}{\partial x}+\frac{\partial\sigma_{yz}}{\partial y}+\frac{\partial\sigma_z}{\partial z}+F_z=0\left(\rho\frac{\partial^2w}{\partial t^2}\right)\end{aligned}\right\}\tag{2-1}$$

2. 几何方程

$$\left.\begin{aligned}\varepsilon_x=\frac{\partial u}{\partial x},\ \gamma_{xy}=\frac{\partial v}{\partial x}+\frac{\partial u}{\partial y}\\\varepsilon_y=\frac{\partial v}{\partial y},\ \gamma_{yz}=\frac{\partial w}{\partial y}+\frac{\partial v}{\partial z}\\\varepsilon_z=\frac{\partial w}{\partial z},\ \gamma_{zx}=\frac{\partial w}{\partial x}+\frac{\partial u}{\partial z}\end{aligned}\right\}\tag{2-2}$$

六个应变分量并不独立，它们之间有关系，需要满足变形协调方程（或称相容方程），这样才能保证弹性体的变形是连续与协调的。

3. 本构方程

$$\left.\begin{aligned}\varepsilon_x&=\frac{1}{E}\left[\sigma_x-\nu(\sigma_y+\sigma_z)\right]\\\varepsilon_y&=\frac{1}{E}\left[\sigma_y-\nu(\sigma_z+\sigma_x)\right]\\\varepsilon_z&=\frac{1}{E}\left[\sigma_z-\nu(\sigma_x+\sigma_y)\right]\\\gamma_{xy}&=\frac{\tau_{xy}}{G}\\\gamma_{yz}&=\frac{\tau_{yz}}{G}\\\gamma_{zx}&=\frac{\tau_{zx}}{G}\end{aligned}\right\}\tag{2-3}$$

弹性理论的任务就是寻求满足边界条件的上述三套方程的解。

复合材料与弹性理论中的弹性材料不同，具有非均匀性与各向异性。若从宏观角度研究复合材料的宏观力学性能，一般情况下仍可简化为均匀体，认为材料是均质的。但是，对于纤维增强复合材料，由于纤维与基体的力学特性差异太大，所以即使是从宏观角度来研究，力学性能也是各向异性的。这样，在研究纤维增强复合材料的宏观力学性能时，可将其视为均匀的各向异性体。上述平衡方程、几何方程不涉及材料的性能，因而在线弹性复合材料力学中仍然成立，只是本构方程需要重新建立。

2.2 各向异性材料的应力-应变关系

2.2.1 应力-应变关系、刚度矩阵

对于线性弹性各向异性材料，应力与应变间呈线性关系，可以写成如下矩阵形式

$$\begin{Bmatrix} \sigma_x \\ \sigma_y \\ \sigma_z \\ \tau_{yz} \\ \tau_{zx} \\ \tau_{xy} \end{Bmatrix} = \begin{bmatrix} C_{11} & C_{12} & C_{13} & C_{14} & C_{15} & C_{16} \\ C_{21} & C_{22} & C_{23} & C_{24} & C_{25} & C_{26} \\ C_{31} & C_{32} & C_{33} & C_{34} & C_{35} & C_{36} \\ C_{41} & C_{42} & C_{43} & C_{44} & C_{45} & C_{46} \\ C_{51} & C_{52} & C_{53} & C_{54} & C_{55} & C_{56} \\ C_{61} & C_{62} & C_{63} & C_{64} & C_{65} & C_{66} \end{bmatrix} \begin{Bmatrix} \varepsilon_x \\ \varepsilon_y \\ \varepsilon_z \\ \gamma_{yz} \\ \gamma_{zx} \\ \gamma_{xy} \end{Bmatrix} \tag{2-4}$$

式中，$\{\sigma_x\sigma_y\sigma_z\tau_{yz}\tau_{zx}\tau_{xy}\}^{\mathrm{T}}$ 为应力向量；$\{\varepsilon_x\varepsilon_y\varepsilon_z\gamma_{yz}\gamma_{zx}\gamma_{xy}\}^{\mathrm{T}}$ 为应变向量；

$$\begin{bmatrix} C_{11} & C_{12} & C_{13} & C_{14} & C_{15} & C_{16} \\ C_{21} & C_{22} & C_{23} & C_{24} & C_{25} & C_{26} \\ C_{31} & C_{32} & C_{33} & C_{34} & C_{35} & C_{36} \\ C_{41} & C_{42} & C_{43} & C_{44} & C_{45} & C_{46} \\ C_{51} & C_{52} & C_{53} & C_{54} & C_{55} & C_{56} \\ C_{61} & C_{62} & C_{63} & C_{64} & C_{65} & C_{66} \end{bmatrix}$$

为刚度矩阵，C_{ij}（i，$j=1$，2，…，6）为刚度矩阵中的元素，称为刚度系数，共有 36 个。由于在宏观上已把纤维增强复合材料视为均匀材料，故刚度系数为常数。

若用 1、2、3 来代替 x、y、z 坐标轴，并把应力、应变分量符号用简写符号表示：

应力分量	应变分量
$\sigma_x \to \sigma_1$	$\varepsilon_x \to \varepsilon_1$

$$\sigma_y \to \sigma_2 \qquad \varepsilon_y \to \varepsilon_2$$
$$\sigma_z \to \sigma_3 \qquad \varepsilon_z \to \varepsilon_3$$
$$\tau_{yz} \to \sigma_4 \qquad \gamma_{yz} = 2\varepsilon_{yz} \to \varepsilon_4$$
$$\tau_{zx} \to \sigma_5 \qquad \gamma_{zx} = 2\varepsilon_{zx} \to \varepsilon_5$$
$$\tau_{xy} \to \sigma_6 \qquad \gamma_{xy} = 2\varepsilon_{xy} \to \varepsilon_6$$

其中，γ_{ij}（$i \neq j$）代表工程切应变；ε_{ij}（$i \neq j$）代表张量切应变。这样，式(2-4)可以写成最简单形式

$$\sigma_i = C_{ij}\varepsilon_j \quad (i,\ j = 1,\ 2,\ \cdots,\ 6) \tag{2-5}$$

约定：今后凡遇有重复的下脚标，表示多项相加。例如，式（2-5）中 j 下脚标重复出现，表示由 1，2，…，6 这六项相加，即表示 $\sigma_i = \sum_{j=1}^{6} C_{ij}\varepsilon_j$ $(i = 1, 2,\cdots,6)$。

令

$$\{\sigma\} = \{\sigma_1\sigma_2\sigma_3\sigma_4\sigma_5\sigma_6\}^{\mathrm{T}},\ \{\varepsilon\} = \{\varepsilon_1\varepsilon_2\varepsilon_3\varepsilon_4\varepsilon_5\varepsilon_6\}^{\mathrm{T}} \tag{2-6a}$$

$$[C] = \begin{bmatrix} C_{11} & C_{12} & C_{13} & C_{14} & C_{15} & C_{16} \\ C_{21} & C_{22} & C_{23} & C_{24} & C_{25} & C_{26} \\ C_{31} & C_{32} & C_{33} & C_{34} & C_{35} & C_{36} \\ C_{41} & C_{42} & C_{43} & C_{44} & C_{45} & C_{46} \\ C_{51} & C_{52} & C_{53} & C_{54} & C_{55} & C_{56} \\ C_{61} & C_{62} & C_{63} & C_{64} & C_{65} & C_{66} \end{bmatrix} \tag{2-6b}$$

于是式（2-5）可写成

$$\{\sigma\} = [C]\{\varepsilon\} \tag{2-7}$$

2.2.2 刚度矩阵的对称性

根据弹性理论中的功能原理，对于存在弹性应变能的弹性材料，当应力 σ_i 作用于应变增量 $\mathrm{d}\varepsilon_i$ 时，弹性应变能密度（单位体积的应变能）的增量为 $\mathrm{d}e$，则

$$\mathrm{d}e = \sigma_i \mathrm{d}\varepsilon_i \tag{a}$$

由式（2-5），弹性应变能密度增量

$$\mathrm{d}e = C_{ij}\varepsilon_j\mathrm{d}\varepsilon_i = \frac{1}{2}(C_{ij}\varepsilon_j\mathrm{d}\varepsilon_i + C_{ji}\varepsilon_i\mathrm{d}\varepsilon_j) = \frac{1}{2}C_{ij}\mathrm{d}(\varepsilon_i\varepsilon_j) \tag{b}$$

沿整个应变积分，则弹性应变能密度

$$e = \frac{1}{2}C_{ij}\varepsilon_i\varepsilon_j \quad (i,\ j = 1,\ 2,\ \cdots,\ 6) \tag{2-8}$$

于是

$$\frac{\partial e}{\partial \varepsilon_i}=C_{ij}\varepsilon_j,\ \frac{\partial^2 e}{\partial \varepsilon_i \partial \varepsilon_j}=C_{ij} \tag{c}$$

同理

$$\frac{\partial^2 e}{\partial \varepsilon_j \varepsilon_i}=C_{ji} \tag{d}$$

比较式（c）与式（d）两式，由于应变能密度的微分与次序无关，则有

$$C_{ij}=C_{ji} \quad (i,\ j=1,\ 2,\ \cdots,\ 6) \tag{2-9}$$

这样，刚度矩阵［C］为对称矩阵，36 个刚度系数中只有 21 个常数是独立的。

2.2.3 柔度矩阵

式（2-5）亦可写成用应力分量来表示应变分量的形式，即

$$\varepsilon_i=S_{ij}\sigma_j \quad (i,\ j=1,\ 2,\ \cdots,\ 6) \tag{2-10}$$

式中，S_{ij}为柔度系数。

式（2-10）可表示为矩阵形式

$$\{\varepsilon\} = [S]\{\sigma\} \tag{2-11}$$

其中

$$[S]=\begin{bmatrix} S_{11} & S_{12} & S_{13} & S_{14} & S_{15} & S_{16} \\ S_{21} & S_{22} & S_{23} & S_{24} & S_{25} & S_{26} \\ S_{31} & S_{32} & S_{33} & S_{34} & S_{35} & S_{36} \\ S_{41} & S_{42} & S_{43} & S_{44} & S_{45} & S_{46} \\ S_{51} & S_{52} & S_{53} & S_{54} & S_{55} & S_{56} \\ S_{61} & S_{62} & S_{63} & S_{64} & S_{65} & S_{66} \end{bmatrix}=[C]^{-1} \tag{2-12}$$

为柔度矩阵，是刚度矩阵［C］的逆矩阵。

$$S_{ij}=S_{ji} \quad (i,\ j=1,\ 2,\ \cdots,\ 6) \tag{2-13}$$

故柔度矩阵［S］亦为对称矩阵。

2.2.4 各向异性材料的耦合效应

由式（2-4）和式（2-11）、式（2-12）可知，对于各向异性材料：

（1）正应力不仅要引起线应变，同时还要引起切应变；而切应力不仅引起切应变，还要引起线应变。

（2）一个平面内的切应力不仅引起本平面内的切应变，同时还要引起与其垂直的另外平面内的切应变。

上述两种现象称为耦合效应（Coupling effect）。对于各向异性材料，由于力学性能的方向性，使得应力分量与应变分量间存在耦合效应，这个特点是传统的各向同性材料所不具备的。

2.3 正交各向异性材料的应力－应变关系

2.3.1 具有一个弹性性能对称面材料的应力－应变关系

实际工程材料的弹性性能均具有某种对称性。如果材料具有一个弹性性能对称平面，即过物体内每一点都有这样相互平行的平面，在距每一个平面的对称点上材料的力学性能完全相同。现在研究具有一个弹性性能对称面材料的应力－应变关系。

取 xOy 坐标平面与材料的弹性性能对称平面平行（即为材料性能对称面），z 轴与其垂直。如图 2-1a 所示，取 z 轴向上，图 2-1b 所示取 z 轴向下，这样构造了两个坐标系。由于材料的力学性能对称于 xOy 平面，故材料的力学性能（比如应变能密度 e）不会因为这两个坐标系的选取不同而发生改变。展开式（2-8）并考虑到式（2-9）有

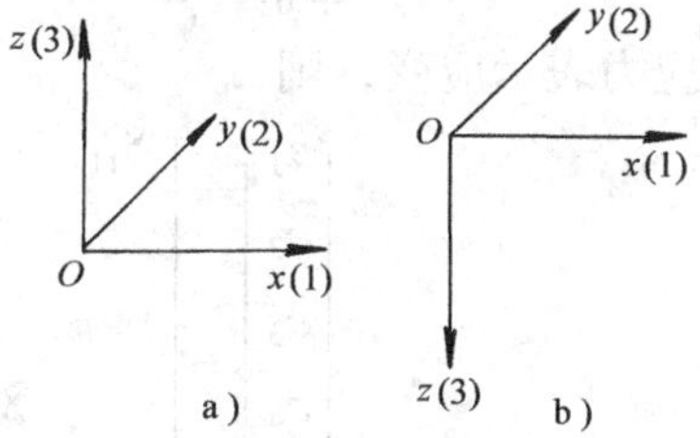

图 2-1 具有一个性能对称平面材料的坐标系

$$
\begin{aligned}
e = {} & \frac{1}{2}C_{11}\varepsilon_1^2 + C_{12}\varepsilon_1\varepsilon_2 + C_{13}\varepsilon_1\varepsilon_3 + C_{14}\varepsilon_1\varepsilon_4 + C_{15}\varepsilon_1\varepsilon_5 + C_{16}\varepsilon_1\varepsilon_6 + \\
& \frac{1}{2}C_{22}\varepsilon_2^2 + C_{23}\varepsilon_2\varepsilon_3 + C_{24}\varepsilon_2\varepsilon_4 + C_{25}\varepsilon_2\varepsilon_5 + C_{26}\varepsilon_2\varepsilon_6 + \\
& \frac{1}{2}C_{33}\varepsilon_3^2 + C_{34}\varepsilon_3\varepsilon_4 + C_{35}\varepsilon_3\varepsilon_5 + C_{36}\varepsilon_3\varepsilon_6 + \\
& \frac{1}{2}C_{44}\varepsilon_4^2 + C_{45}\varepsilon_4\varepsilon_5 + C_{46}\varepsilon_4\varepsilon_6 + \\
& \frac{1}{2}C_{55}\varepsilon_5^2 + C_{56}\varepsilon_5\varepsilon_6 + \\
& \frac{1}{2}C_{66}\varepsilon_6^2
\end{aligned}
\tag{2-14}
$$

但在上述两个坐标系中，材料同一点 A 的坐标 z 与沿 z 向位移 w 的正负号却相反，即若在图 2-1a 所示的坐标系中为正号，那么在图 2-1b 所示的坐标系中为负号。这样由式（2-2）可知，六个应变分量中，只有 $\varepsilon_4\left(\gamma_{yz}=\dfrac{\partial w}{\partial y}+\dfrac{\partial v}{\partial z}\right)$、$\varepsilon_5\left(\gamma_{zx}=\dfrac{\partial u}{\partial z}+\dfrac{\partial w}{\partial x}\right)$这两个应变分量在这两个坐标系中将具有不同的符号，其余的应变分量符号保持不变。因此，要满足应变能密度 e 不变这一客观事实，在式（2-14）中，包含 ε_4、ε_5 一次幂的各项必为零。于是可得

$$C_{14}=C_{15}=C_{24}=C_{25}=C_{34}=C_{35}=C_{46}=C_{56}=0 \tag{2-15}$$

这样，独立的刚度系数减少为 13 个。因而，对于具有一个弹性性能对称面的材

料，其应力－应变关系简化为

$$\begin{Bmatrix}\sigma_1\\ \sigma_2\\ \sigma_3\\ \sigma_4\\ \sigma_5\\ \sigma_6\end{Bmatrix}=\begin{bmatrix}C_{11} & C_{12} & C_{13} & 0 & 0 & C_{16}\\ & C_{22} & C_{23} & 0 & 0 & C_{26}\\ & & C_{33} & 0 & 0 & C_{36}\\ & & & C_{44} & C_{45} & 0\\ & \text{对称} & & & C_{55} & 0\\ & & & & & C_{66}\end{bmatrix}\begin{Bmatrix}\varepsilon_1\\ \varepsilon_2\\ \varepsilon_3\\ \varepsilon_4\\ \varepsilon_5\\ \varepsilon_6\end{Bmatrix} \tag{2-16}$$

用应力表示应变，则

$$\begin{Bmatrix}\varepsilon_1\\ \varepsilon_2\\ \varepsilon_3\\ \varepsilon_4\\ \varepsilon_5\\ \varepsilon_6\end{Bmatrix}=\begin{bmatrix}S_{11} & S_{12} & S_{13} & 0 & 0 & S_{16}\\ & S_{22} & S_{23} & 0 & 0 & S_{26}\\ & & S_{33} & 0 & 0 & S_{36}\\ & \text{对称} & & S_{44} & S_{45} & 0\\ & & & & S_{55} & 0\\ & & & & & S_{66}\end{bmatrix}\begin{Bmatrix}\sigma_1\\ \sigma_2\\ \sigma_3\\ \sigma_4\\ \sigma_5\\ \sigma_6\end{Bmatrix} \tag{2-17}$$

2.3.2 正交各向异性材料

如果材料存在三个弹性性能对称平面，且这三个对称平面正交，则称此种材料为正交各向异性材料（Orthotropic material），简称正交异性材料。

若2.3.1节中具有一个弹性性能对称平面的材料又存在一个正交的弹性性能对称平面，假如 yOz 面，即材料的力学性能还对称于 yOz 坐标面，仿照上面的分析，式（2-14）中包含 ε_6（γ_{12}）、ε_5（γ_{31}）的一次幂各项应为零，于是除式（2-15）外，还有

$$C_{16}=C_{26}=C_{36}=C_{45}=0 \tag{2-18}$$

同理，若又存在一个正交的弹性性能对称平面，假如材料的力学性能还对称于 zOx 平面，仿照上述的分析过程，得到与式（2-15）、式（2-18）重复的结果。这说明，如果一种材料存在两个正交的弹性性能对称平面，那么对于和这两个平面相垂直的第三个平面也必具有对称性。

由上述分析可知，正交异性材料独立的刚度系数只有九个。它的应力－应变关系式为

$$\begin{Bmatrix}\sigma_1\\ \sigma_2\\ \sigma_3\\ \sigma_4\\ \sigma_5\\ \sigma_6\end{Bmatrix}=\begin{bmatrix}C_{11} & C_{12} & C_{13} & 0 & 0 & 0\\ & C_{22} & C_{23} & 0 & 0 & 0\\ & & C_{33} & 0 & 0 & 0\\ & \text{对称} & & C_{44} & 0 & 0\\ & & & & C_{55} & 0\\ & & & & & C_{66}\end{bmatrix}\begin{Bmatrix}\varepsilon_1\\ \varepsilon_2\\ \varepsilon_3\\ \varepsilon_4\\ \varepsilon_5\\ \varepsilon_6\end{Bmatrix} \tag{2-19}$$

用应力分量表示应变分量，则

$$\begin{Bmatrix}\varepsilon_1\\ \varepsilon_2\\ \varepsilon_3\\ \varepsilon_4\\ \varepsilon_5\\ \varepsilon_6\end{Bmatrix}=\begin{bmatrix}S_{11} & S_{12} & S_{13} & 0 & 0 & 0\\ & S_{22} & S_{23} & 0 & 0 & 0\\ & & S_{33} & 0 & 0 & 0\\ & & & S_{44} & 0 & 0\\ & & & & S_{55} & 0\\ & \text{对称} & & & & S_{66}\end{bmatrix}\begin{Bmatrix}\sigma_1\\ \sigma_2\\ \sigma_3\\ \sigma_4\\ \sigma_5\\ \sigma_6\end{Bmatrix} \tag{2-20}$$

与三个正交对称平面交线相平行的方向，称为材料主方向（Principle direction of material）。正交异性材料具有三个材料主方向。

由式（2-19）、式（2-20）可知，在材料主方向坐标系中，正应力只引起线应变而不引起切应变，切应力只引起切应变而不引起线应变；不同平面内的切应变与切应力间也没有相互关系，即不存在耦合效应。这是和各向异性材料绝然不同的。

2.4 横观各向同性材料与各向同性材料

2.4.1 横观各向同性材料

在正交各向异性材料的三个正交弹性性能对称平面中，若有一个对称平面为各向同性面，即平行于这个面的各个方向上材料的力学性能均相同，则此种材料称为横观各向同性材料（Transversely isotropic material），此平面称为各向同性面（Isotropic plane）。

下面讨论横观各向同性材料的应力－应变关系。1、2、3 坐标轴表示材料的三个主方向，并假定 1－2 坐标面为材料的各向同性面，即在 1－2 面内沿各个方向上应力－应变关系均相同。显然有

$$\left.\begin{aligned}C_{11}=C_{22}，\ C_{13}，\ C_{23}，\ C_{44}=C_{55}\\ S_{11}=S_{22}，\ S_{13}=S_{23}，\ S_{44}=S_{55}\end{aligned}\right\} \tag{2-21}$$

为了讨论 C_{66} 与 C_{11}、C_{12} 或 S_{66} 与 S_{11}、S_{12} 间关系，可在各向同性面内取出一个纯切应力状态的单元体，如图 2-2 所示。

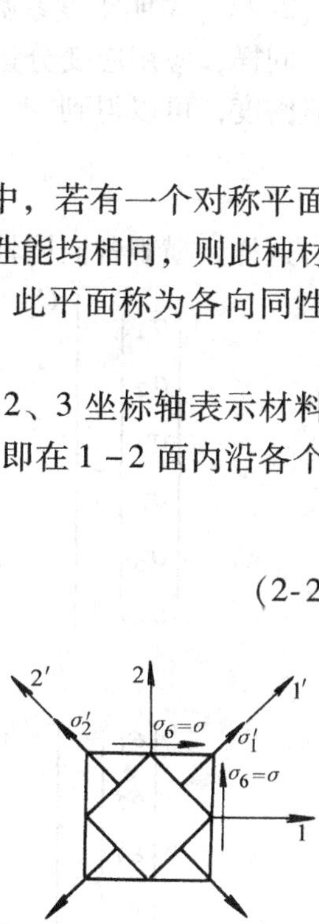

图 2-2 各向同性面内纯切应力状态的单元体

在坐标系 1－2 下，该应力状态的弹性应变能密度为

$$e=\frac{1}{2}\sigma_6\varepsilon_6=\frac{1}{2}S_{66}\sigma_6^2=\frac{1}{2}S_{66}\sigma^2 \tag{a}$$

将坐标轴 1、2 在面内旋转 45°，在新坐标系 1′－2′

下，应力分量为

$$\sigma_{1'}=\sigma,\ \sigma_{2'}=-\sigma \tag{b}$$

弹性应变能密度

$$\begin{aligned} e''&=\frac{1}{2}\sigma_{1'}\varepsilon_{1'}+S_{1'2'}\sigma_{1'}\sigma_{2'}+\frac{1}{2}\sigma_{2'}\varepsilon_{2'}\\ &=\frac{1}{2}S_{1'1'}\sigma_{1'}^2+S_{1'2'}\sigma_{1'}\sigma_{2'}+\frac{1}{2}S_{2'2'}\sigma_{2'}^2\\ &=\frac{1}{2}S_{1'1'}\sigma^2-S_{1'2'}\sigma^2+\frac{1}{2}S_{2'2'}\sigma^2 \end{aligned} \tag{c}$$

由于在各向同性面内

$$S_{1'1'}=S_{2'2'}=S_{11},\ S_{1'2'}=S_{12} \tag{d}$$

故式（c）改写为

$$e''=(S_{11}-S_{12})\sigma^2 \tag{e}$$

比较式（a）与式（e），因为 $e'=e''$，得

$$S_{66}=2(S_{11}-S_{12}) \tag{2-22}$$

式（2-22）说明柔度系数 S_{11}、S_{12}、S_{66}三者中只有两个系数是独立的。

同样，应用应变分量来表示上述纯切应力状态的单元体在不同坐标系下的应变能密度，可以得到

$$C_{66}=\frac{1}{2}(C_{11}-C_{12}) \tag{2-23}$$

这样，横观各向同性材料的应力－应变关系为

$$\begin{Bmatrix}\sigma_1\\\sigma_2\\\sigma_3\\\sigma_4\\\sigma_5\\\sigma_6\end{Bmatrix}=\begin{bmatrix}C_{11} & C_{12} & C_{13} & 0 & 0 & 0\\ & C_{11} & C_{13} & 0 & 0 & 0\\ & & C_{33} & 0 & 0 & 0\\ & & & C_{44} & 0 & 0\\ & & & & C_{44} & 0\\ & \text{对称} & & & & \frac{1}{2}(C_{11}-C_{12})\end{bmatrix}\begin{Bmatrix}\varepsilon_1\\\varepsilon_2\\\varepsilon_3\\\varepsilon_4\\\varepsilon_5\\\varepsilon_6\end{Bmatrix} \tag{2-24}$$

或

$$\begin{Bmatrix}\varepsilon_1\\\varepsilon_2\\\varepsilon_3\\\varepsilon_4\\\varepsilon_5\\\varepsilon_6\end{Bmatrix}=\begin{bmatrix}S_{11} & S_{12} & S_{13} & 0 & 0 & 0\\ & S_{11} & S_{13} & 0 & 0 & 0\\ & & S_{33} & 0 & 0 & 0\\ & & & S_{44} & 0 & 0\\ & & & & S_{44} & 0\\ & \text{对称} & & & & 2(S_{11}-S_{12})\end{bmatrix}\begin{Bmatrix}\sigma_1\\\sigma_2\\\sigma_3\\\sigma_4\\\sigma_5\\\sigma_6\end{Bmatrix} \tag{2-25}$$

对于横观各向同性材料，独立的刚度系数只有五个：C_{11}、C_{12}、C_{13}、C_{33}、C_{44}，独立的柔度系数也只有五个：S_{11}、S_{12}、S_{13}、S_{33}、S_{44}。

2.4.2 各向同性材料

若材料中各个点处，任意方向上的力学性能均相同，则为各向同性材料（isotropic material），也就是在材料力学或弹性理论中所研究的材料。各向同性材料中，力学性能是没有方向性的，其刚度系数与柔度系数有下列关系，独立的系数只有两个，即

$$\left.\begin{aligned}&C_{11}=C_{22}=C_{33},\ C_{12}=C_{13}=C_{23},\ C_{44}=C_{55}=C_{66}=\frac{1}{2}(C_{11}-C_{12})\\&S_{11}=S_{22}=S_{33},\ S_{12}=S_{13}=S_{23},\ S_{44}=S_{55}=S_{66}=2(S_{11}-S_{12})\end{aligned}\right\}\tag{2-26}$$

其应力－应变关系为

$$\begin{Bmatrix}\sigma_1\\\sigma_2\\\sigma_3\\\sigma_4\\\sigma_5\\\sigma_6\end{Bmatrix}=\begin{bmatrix}C_{11}&C_{12}&C_{12}&0&0&0\\&C_{11}&C_{12}&0&0&0\\&&C_{11}&0&0&0\\&&&\frac{1}{2}(C_{11}-C_{12})&0&0\\&&&&\frac{1}{2}(C_{11}-C_{12})&0\\&\text{对称}&&&&\frac{1}{2}(C_{11}-C_{12})\end{bmatrix}\begin{Bmatrix}\varepsilon_1\\\varepsilon_2\\\varepsilon_3\\\varepsilon_4\\\varepsilon_5\\\varepsilon_6\end{Bmatrix}\tag{2-27}$$

或

$$\begin{Bmatrix}\varepsilon_1\\\varepsilon_2\\\varepsilon_3\\\varepsilon_4\\\varepsilon_5\\\varepsilon_6\end{Bmatrix}=\begin{bmatrix}S_{11}&S_{12}&S_{12}&0&0&0\\&S_{11}&S_{12}&0&0&0\\&&S_{11}&0&0&0\\&&&2(S_{11}-S_{12})&0&0\\&\text{对称}&&&2(S_{11}-S_{12})&0\\&&&&&2(S_{11}-S_{12})\end{bmatrix}\begin{Bmatrix}\sigma_1\\\sigma_2\\\sigma_3\\\sigma_4\\\sigma_5\\\sigma_6\end{Bmatrix}\tag{2-28}$$

2.5 正交各向异性材料弹性常数的物理意义

描述材料应力－应变关系式中的刚度系数 C_{ij} 与柔度系数 S_{ij}，可统称为材料的弹性常数。现在讨论它们的物理意义。

材料的弹性常数是材料本身所固有的性能，只能通过试验得到。通过单轴拉伸试验，可以得到材料在该方向的弹性模量 E 和泊松比 ν；通过纯剪切试验，可以得到在该剪切平面内的切变模量 G 等。所有这些，均称为材料的工程常数。用材料的工程常数来表示材料的弹性常数，从而说明了弹性常数的物理意义。

2.5.1 单轴拉伸试验

如图 2-3 所示，在材料主方向 1 进行单轴拉伸试验，由式（2-20）可得

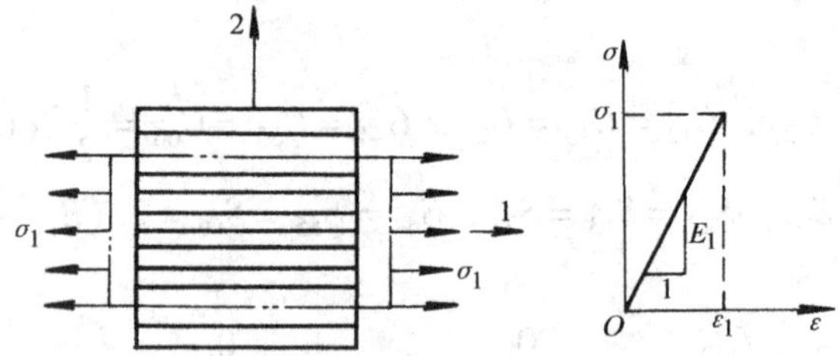

图 2-3 单轴拉伸试验

$$\varepsilon_1 = S_{11}\sigma_1 = \frac{\sigma_1}{E_1}$$

$$\varepsilon_2 = S_{21}\sigma_1 = -\frac{\nu_{12}}{E_1}\sigma_1$$

$$\varepsilon_3 = S_{31}\sigma_1 = -\frac{\nu_{13}}{E_1}\sigma_1$$

$$\varepsilon_4 = \varepsilon_5 = \varepsilon_6 = 0$$

即 $S_{11} = \frac{1}{E_1}$，$S_{21} = -\frac{\nu_{12}}{E_1}$，$S_{31} = -\frac{\nu_{13}}{E_1}$。类似地，由 2、3 方向的单轴拉伸试验，可分别得到相应的柔度系数。这样，总括起来有

$$\left.\begin{aligned} &S_{11} = \frac{1}{E_1},\ S_{21} = -\frac{\nu_{12}}{E_1},\ S_{31} = -\frac{\nu_{13}}{E_1} \\ &S_{12} = -\frac{\nu_{21}}{E_2},\ S_{22} = \frac{1}{E_2},\ S_{32} = -\frac{\nu_{23}}{E_2} \\ &S_{13} = -\frac{\nu_{31}}{E_3},\ S_{23} = -\frac{\nu_{32}}{E_3},\ S_{33} = \frac{1}{E_3} \end{aligned}\right\} \tag{2-29}$$

式（2-29）中的 E_i，ν_{ij}就是我们熟悉的材料的工程常数（弹性模量与泊松比）。E_i 是 i 方向的弹性模量；ν_{ij}是 i 方向的正应力所引起的 j 方向的变形系数，即 j 方向与 i 方向线应变比值的绝对值 $\nu_{ij} = \left|\frac{\varepsilon_j}{\varepsilon_i}\right| = -\frac{\varepsilon_j}{\varepsilon_i}$（$i$，$j$ = 1，2，3）。

由于 $S_{ij} = S_{ji}$，由式（2-29）可得

$$\frac{\nu_{ij}}{E_i} = \frac{\nu_{ji}}{E_j} \quad (i,\ j = 1,\ 2,\ 3) \tag{2-30}$$

式（2-30）说明，正交各向异性材料必须满足如下三个互等关系

$$\frac{\nu_{12}}{E_1}=\frac{\nu_{21}}{E_2},\ \frac{\nu_{13}}{E_1}=\frac{\nu_{31}}{E_3},\ \frac{\nu_{23}}{E_2}=\frac{\nu_{32}}{E_3}$$

这样，只有ν_{12}、ν_{13}、ν_{23}需要进一步研究，而ν_{21}、ν_{31}、ν_{32}可用式（2-30）计算得到。

需要进一步说明的是，对于各向异性材料，由于$E_i \neq E_j$，所以由式（2-30）可知。

$$\nu_{ij} \neq \nu_{ji}$$

2.5.2 纯剪切试验

如图 2-4 所示，在 1 -2 平面内纯剪切试验，得到

$$\varepsilon_6 = S_{66}\sigma_6 = \frac{\sigma_6}{G_{12}}$$

即$S_{66}=\dfrac{1}{G_{12}}$。同理，在另外两个平面内作纯剪切试验，综合起来可得

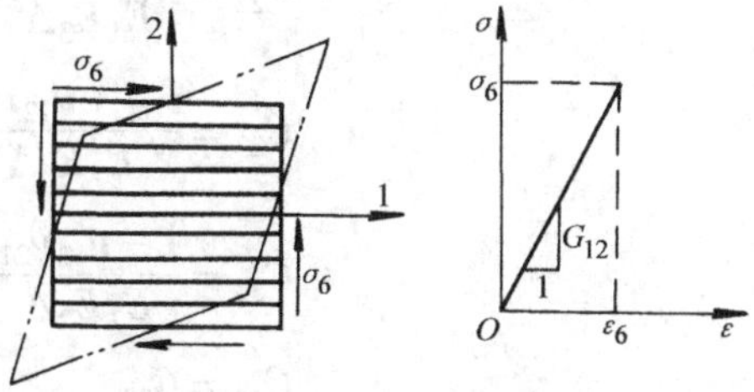

图 2-4　纯剪切试验

$$S_{44}=\frac{1}{G_{23}},\ S_{55}=\frac{1}{G_{31}},\ S_{66}=\frac{1}{G_{12}} \tag{2-31}$$

式中，G_{ij}为 $i-j$ 平面内的切变模量。

2.5.3 用工程常数表示柔度矩阵与刚度系数

综合式（2-29）和式（2-31），得到用工程常数表示的正交各向异性材料的柔度矩阵，即

$$[S]=\begin{bmatrix} \frac{1}{E_1} & -\frac{\nu_{21}}{E_2} & -\frac{\nu_{31}}{E_3} & 0 & 0 & 0 \\ -\frac{\nu_{12}}{E_1} & \frac{1}{E_2} & -\frac{\nu_{32}}{E_3} & 0 & 0 & 0 \\ -\frac{\nu_{13}}{E_1} & -\frac{\nu_{23}}{E_2} & \frac{1}{E_3} & 0 & 0 & 0 \\ 0 & 0 & 0 & \frac{1}{G_{23}} & 0 & 0 \\ 0 & 0 & 0 & 0 & \frac{1}{G_{31}} & 0 \\ 0 & 0 & 0 & 0 & 0 & \frac{1}{G_{12}} \end{bmatrix} \tag{2-32}$$

将［S］求逆，便可得到用工程常数表示的刚度系数与刚度矩阵。刚度系数为

$$
\left.\begin{aligned}
C_{11} &= \frac{1-\nu_{23}\nu_{32}}{E_2E_3\Delta}\\
C_{12} &= \frac{\nu_{21}+\nu_{31}\nu_{23}}{E_2E_3\Delta} = \frac{\nu_{12}+\nu_{32}\nu_{13}}{E_1E_3\Delta}\\
C_{13} &= \frac{\nu_{31}+\nu_{21}\nu_{32}}{E_2E_3\Delta} = \frac{\nu_{13}+\nu_{12}\nu_{23}}{E_1E_2\Delta}\\
C_{22} &= \frac{1-\nu_{13}\nu_{31}}{E_1E_3\Delta}\\
C_{23} &= \frac{\nu_{32}+\nu_{12}\nu_{31}}{E_1E_3\Delta} = \frac{\nu_{23}+\nu_{21}\nu_{13}}{E_1E_2\Delta}\\
C_{33} &= \frac{1-\nu_{12}\nu_{21}}{E_1E_2\Delta}\\
C_{44} &= G_{23}\\
C_{55} &= G_{31}\\
C_{66} &= G_{12}
\end{aligned}\right\} \tag{2-33}
$$

其中

$$
\Delta = \frac{1-\nu_{12}\nu_{21}-\nu_{23}\nu_{32}-\nu_{31}\nu_{13}-2\nu_{21}\nu_{32}\nu_{13}}{E_1E_2E_3} \tag{2-34}
$$

2.6 正交各向异性材料工程常数的取值范围

2.6.1 各向同性材料

在材料力学或弹性理论中，各向同性材料工程常数 E、ν、G 之间有如下关系

$$
G = \frac{E}{2(1+\nu)} \tag{a}
$$

如果不考虑变形过程中有动能与热能的损失，那么应力在相应的应变上所做的功恒大于零，即，$\frac{1}{2}\sigma\varepsilon = \frac{1}{2}E\varepsilon^2$ 或 $\frac{1}{2}\tau\gamma = \frac{1}{2}G\gamma^2$ 均为正值。这就需要工程常数 E、G 恒大于零。于是由式（a）知

$$
\nu > -1 \tag{b}
$$

对于各向同性材料，正的平均应力 $\bar{\sigma}$ 将使体积变大；反之使体积变小。由体积胡克定律

$$\theta = \frac{\bar{\sigma}}{K} \tag{c}$$

知，体积模量 K 必须恒为正值，由

$$K = \frac{E}{3(1-2\nu)} \tag{d}$$

知，$\nu < 1/2$。将上述分析结果综合起来，可以得到各向同性材料工程常数的取值范围为

$$\left.\begin{array}{l} E>0,\ G>0 \\ -1<\nu<\dfrac{1}{2} \end{array}\right\} \tag{2-35}$$

2.6.2 正交各向异性材料

对各向同性材料工程常数的限制，实际上是满足应力分量所做功的和必为正值这一客观事实。这个条件对各向异性材料仍然成立，这就要求联系应力－应变关系的刚度矩阵或柔度矩阵两者都是正定的，对角线上元素恒大于零，即

$$C_{11}、C_{22}、C_{33}、C_{44}、C_{55}、C_{66}>0 \tag{2-36}$$

$$S_{11}、S_{22}、S_{33}、S_{44}、S_{55}、S_{66}>0 \tag{2-37}$$

或用工程常数表示

$$E_1、E_2、E_3、G_{23}、G_{31}、G_{12}>0 \tag{2-38}$$

由式（2-33）和式（2-34），有如下关系式

$$1-\nu_{23}\nu_{32}>0,\ 1-\nu_{13}\nu_{31}>0,\ 1-\nu_{12}\nu_{21}>0 \tag{2-39}$$

$$1-\nu_{12}\nu_{21}-\nu_{23}\nu_{32}-\nu_{31}\nu_{13}-2\nu_{21}\nu_{32}\nu_{13}>0 \tag{2-40}$$

考虑到 $[C]=[S]^{-1}$，用柔度系数表示刚度系数 C_{11}、C_{22}、C_{33}，有

$$\left.\begin{array}{l} C_{11}=\dfrac{S_{22}S_{33}-S_{23}^2}{S} \\ C_{22}=\dfrac{S_{33}S_{11}-S_{13}^2}{S} \\ C_{33}=\dfrac{S_{11}S_{22}-S_{12}^2}{S} \\ S=S_{11}S_{22}S_{33}-S_{11}S_{23}^2-S_{22}S_{13}^2-S_{33}S_{12}^2+2S_{12}S_{13}S_{23} \end{array}\right\} \tag{e}$$

式（e）中，由于 $S>0$，$C_{ii}>0$，可得

$$\left.\begin{array}{l} |S_{23}|<(S_{22}S_{33})^{\frac{1}{2}} \\ |S_{13}|<(S_{33}S_{11})^{\frac{1}{2}} \\ |S_{12}|<(S_{11}S_{22})^{\frac{1}{2}} \end{array}\right\} \tag{f}$$

由式（2-30）、式（2-32），式（f）可改写为

$$\left.\begin{aligned}|S_{23}|=\left|-\frac{\nu_{23}}{E_2}\right|=\left|-\frac{\nu_{32}}{E_3}\right|=|S_{32}|<\left(\frac{1}{E_2E_3}\right)^{\frac{1}{2}}\\|S_{13}|=\left|-\frac{\nu_{13}}{E_1}\right|=\left|-\frac{\nu_{31}}{E_3}\right|=|S_{31}|<\left(\frac{1}{E_3E_1}\right)^{\frac{1}{2}}\\|S_{12}|=\left|-\frac{\nu_{12}}{E_1}\right|=\left|-\frac{\nu_{21}}{E_2}\right|=|S_{21}|<\left(\frac{1}{E_1E_2}\right)^{\frac{1}{2}}\end{aligned}\right\}\tag{g}$$

整理式（g），得到

$$\left.\begin{aligned}|\nu_{23}|<\left(\frac{E_2}{E_3}\right)^{\frac{1}{2}},\ |\nu_{32}|<\left(\frac{E_3}{E_2}\right)^{\frac{1}{2}}\\|\nu_{13}|<\left(\frac{E_1}{E_3}\right)^{\frac{1}{2}},\ |\nu_{31}|<\left(\frac{E_3}{E_1}\right)^{\frac{1}{2}}\\|\nu_{12}|<\left(\frac{E_1}{E_2}\right)^{\frac{1}{2}},\ |\nu_{21}|<\left(\frac{E_2}{E_1}\right)^{\frac{1}{2}}\end{aligned}\right\}\tag{2-41}$$

由式（2-40）

$$\nu_{21}\nu_{32}\nu_{13}<\frac{1-\nu_{21}^2\left(\frac{E_1}{E_2}\right)-\nu_{32}^2\left(\frac{E_2}{E_3}\right)-\nu_{13}^2\left(\frac{E_3}{E_1}\right)}{2}<\frac{1}{2}\tag{2-42}$$

式（2-42）表明，三个泊松比因数的乘积小于1/2，因此它们不能同时取得很大的值。

有了上述关于正交各向异性材料工程常数的取值范围，可以用来检查实验所得数据是否合理，或鉴别某一材料是否为正交各向异性材料。

例 2-1 若实验测得硼/环氧树脂复合材料 $E_1=82.1\text{GPa}$，$E_2=9.17\text{GPa}$，$\nu_{12}=1.97$，$\nu_{21}=0.22$。试验证该实验数据是否合理。

解：

$$\left(\frac{E_1}{E_2}\right)^{\frac{1}{2}}=\left(\frac{82.1}{9.17}\right)^{\frac{1}{2}}=2.99$$

$$\nu_{12}=1.97<\left(\frac{E_1}{E_2}\right)^{\frac{1}{2}}$$

$$\left(\frac{E_2}{E_1}\right)^{\frac{1}{2}}=\left(\frac{9.17}{82.1}\right)^{\frac{1}{2}}=0.33$$

$$\nu_{21}=0.22<\left(\frac{E_2}{E_1}\right)^{\frac{1}{2}}\text{，满足式（2-41）}$$

$$\frac{\nu_{12}}{E_1}=\frac{1.97}{82.1}\ (\text{GPa})^{-1}=0.024\ (\text{GPa})^{-1}$$

$$\frac{\nu_{21}}{E_2}=\frac{0.22}{9.17}\ (\text{GPa})^{-1}=0.024\ (\text{GPa})^{-1}$$

故 $\frac{\nu_{12}}{E_1}=\frac{\nu_{21}}{E_2}$，满足式（2-30）

由验证可知，尽管 ν_{12}（=1.97）这样大的因数，若出现在各向同性材料中，那将是不可思议的事情，但对于正交各向异性材料却是成立的。

2.7 单向板的应力－应变关系

2.3.2 节讨论了正交各向异性材料三维应力－应变关系，现在开始讨论图 2-5所示的纤维增强复合材料单向板的应力－应变关系。

图 2-5 所示的复合材料，纤维连续且均平行排列，是正交各向异性材料。纤维方向为一个材料主方向，用坐标轴 1 表示；垂直于纤维的另外两个方向也是材料主方向，分别用坐标轴 2、3 表示。由于沿 3 轴方向尺寸很小，故视为单向板，且为平面应力问题，即

$$\sigma_3=\tau_{23}=\tau_{31}=0 \qquad \text{(a)}$$

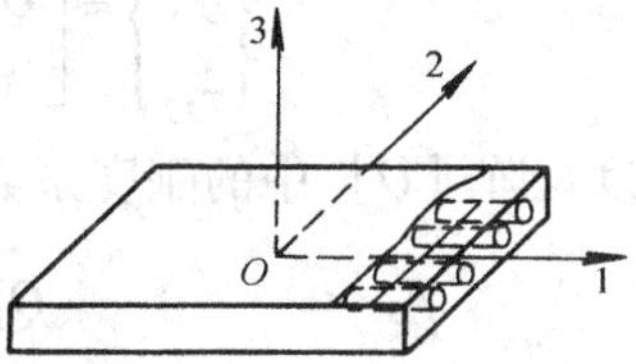

图 2-5 纤维增强复合材料单向板

2.7.1 材料主方向的应力－应变关系

由式（2-20）并考虑式（a），得单向板（平面应力问题）的应力－应变关系式为

$$\begin{Bmatrix}\varepsilon_1\\ \varepsilon_2\\ \varepsilon_3\\ \gamma_{23}\\ \gamma_{31}\\ \gamma_{12}\end{Bmatrix}=\begin{bmatrix}S_{11} & S_{12} & S_{13} & 0 & 0 & 0\\ & S_{22} & S_{23} & 0 & 0 & 0\\ & & S_{33} & 0 & 0 & 0\\ & & & S_{44} & 0 & 0\\ & \text{对称} & & & S_{55} & 0\\ & & & & & S_{66}\end{bmatrix}\begin{Bmatrix}\sigma_1\\ \sigma_2\\ 0\\ 0\\ 0\\ \tau_{12}\end{Bmatrix} \qquad \text{(b)}$$

将式（b）分开以写成最简形式

$$\begin{Bmatrix}\varepsilon_1\\ \varepsilon_2\\ \gamma_{12}\end{Bmatrix}=\begin{bmatrix}S_{11} & S_{12} & 0\\ & S_{22} & 0\\ & & S_{66}\end{bmatrix}\begin{Bmatrix}\sigma_1\\ \sigma_2\\ \tau_{12}\end{Bmatrix}=[S]\begin{Bmatrix}\sigma_1\\ \sigma_2\\ \tau_{12}\end{Bmatrix}$$

$$=\begin{bmatrix} \frac{1}{E_1} & -\frac{\nu_{21}}{E_2} & 0 \\ -\frac{\nu_{12}}{E_1} & \frac{1}{E_2} & 0 \\ 0 & 0 & \frac{1}{G_{12}} \end{bmatrix}\begin{Bmatrix} \sigma_1 \\ \sigma_2 \\ \tau_{12} \end{Bmatrix} \tag{2-43}$$

$$\left.\begin{aligned} &\varepsilon_3 = S_{13}\sigma_1 + S_{23}\sigma_2 = -\frac{\nu_{13}}{E_1}\sigma_1 - \frac{\nu_{23}}{E_2}\sigma_2 \\ &\gamma_{23} = 0 \\ &\gamma_{31} = 0 \end{aligned}\right\} \tag{2-44}$$

为了求得 ε_3，还必须知道 ν_{13} 和 ν_{23}。

用应变分量表示应力分量，则式（2-43）变为

$$\begin{Bmatrix} \sigma_1 \\ \sigma_2 \\ \tau_{12} \end{Bmatrix} = \begin{bmatrix} Q_{11} & Q_{12} & 0 \\ Q_{12} & Q_{22} & 0 \\ 0 & 0 & Q_{66} \end{bmatrix}\begin{Bmatrix} \varepsilon_1 \\ \varepsilon_2 \\ \gamma_{12} \end{Bmatrix} = [Q]\begin{Bmatrix} \varepsilon_1 \\ \varepsilon_2 \\ \gamma_{12} \end{Bmatrix} \tag{2-45}$$

刚度矩阵［Q］中的刚度系数

$$\left.\begin{aligned} &Q_{11} = \frac{E_1}{1-\nu_{12}\nu_{21}} \\ &Q_{12} = \frac{\nu_{12}E_2}{1-\nu_{12}\nu_{21}} = \frac{\nu_{21}E_1}{1-\nu_{12}\nu_{21}} \\ &Q_{22} = \frac{E_2}{1-\nu_{12}\nu_{21}} \\ &Q_{66} = G_{12} \end{aligned}\right\} \tag{2-46}$$

2.7.2 非材料主方向的应力 - 应变关系

在求解实际问题或进行复合材料设计时，所选取的坐标系往往并非沿着材料主方向。例如，图 2-6 所示单向板的 xyz 坐标，x、y 轴就没有沿着材料主方向，而分别与 1、2 轴偏离了 θ 角。现在讨论该单向板在 xyz 坐标系下，即在非材料主方向时的应力 - 应变关系。

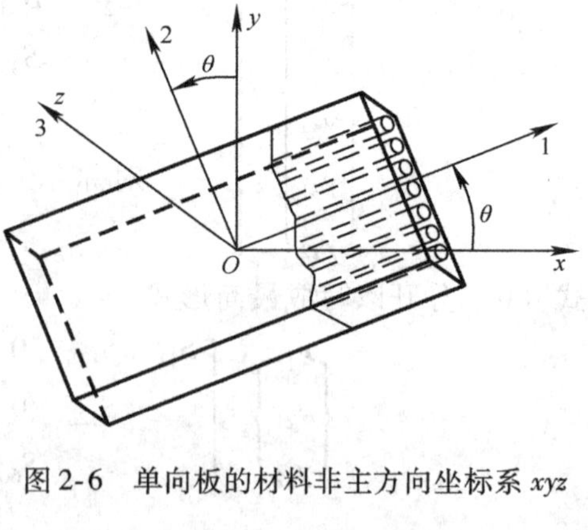

图 2-6　单向板的材料非主方向坐标系 xyz

1. 应力转轴公式

在图 2-6 中，将 x、y 轴绕 z 轴旋转 θ 角得到材料主方向坐标系 123。由弹性理论知，两个坐标系下应力分

量间关系为

$$\begin{Bmatrix}\sigma_1\\\sigma_2\\\tau_{12}\end{Bmatrix}=\begin{bmatrix}\cos^2\theta & \sin^2\theta & 2\sin\theta\cos\theta\\\sin^2\theta & \cos^2\theta & -2\sin\theta\cos\theta\\-\sin\theta\cos\theta & \sin\theta\cos\theta & \cos^2\theta-\sin^2\theta\end{bmatrix}\begin{Bmatrix}\sigma_x\\\sigma_y\\\tau_{xy}\end{Bmatrix}\tag{c}$$

令

$$[T_\sigma]=\begin{bmatrix}\cos^2\theta & \sin^2\theta & 2\sin\theta\cos\theta\\\sin^2\theta & \cos^2\theta & -2\sin\theta\cos\theta\\-\sin\theta\cos\theta & \sin\theta\cos\theta & \cos^2\theta-\sin^2\theta\end{bmatrix}\tag{2-47}$$

为应力转换矩阵，则

$$\begin{Bmatrix}\sigma_1\\\sigma_2\\\tau_{12}\end{Bmatrix}=[T_\sigma]\begin{Bmatrix}\sigma_x\\\sigma_y\\\tau_{xy}\end{Bmatrix}\tag{2-48}$$

式（2-48）亦可写为

$$\begin{Bmatrix}\sigma_x\\\sigma_y\\\tau_{xy}\end{Bmatrix}=[T_\sigma]^{-1}\begin{Bmatrix}\sigma_1\\\sigma_2\\\tau_{12}\end{Bmatrix}\tag{2-49}$$

其中 $[T_\sigma]^{-1}$ 为 $[T_\sigma]$ 的逆矩阵，即

$$[T_\sigma]^{-1}=\begin{bmatrix}\cos^2\theta & \sin^2\theta & -2\sin\theta\cos\theta\\\sin^2\theta & \cos^2\theta & 2\sin\theta\cos\theta\\\sin\theta\cos\theta & -\sin\theta\cos\theta & \cos^2\theta-\sin^2\theta\end{bmatrix}\tag{2-50}$$

2. 应变转轴公式

由弹性理论知，在图 2-6 所示的两坐标系中，应变分量间变化关系为

$$\begin{Bmatrix}\varepsilon_1\\\varepsilon_2\\\gamma_{12}\end{Bmatrix}=\begin{bmatrix}\cos^2\theta & \sin^2\theta & \sin\theta\cos\theta\\\sin^2\theta & \cos^2\theta & -\sin\theta\cos\theta\\-2\sin\theta\cos\theta & 2\sin\theta\cos\theta & \cos^2\theta-\sin^2\theta\end{bmatrix}\begin{Bmatrix}\varepsilon_x\\\varepsilon_y\\\gamma_{xy}\end{Bmatrix}\tag{d}$$

令

$$[T_\varepsilon]=\begin{bmatrix}\cos^2\theta & \sin^2\theta & \sin\theta\cos\theta\\\sin^2\theta & \cos^2\theta & -\sin\theta\cos\theta\\-2\sin\theta\cos\theta & 2\sin\theta\cos\theta & \cos^2\theta-\sin^2\theta\end{bmatrix}\tag{2-51}$$

为应变转换矩阵，则

$$\begin{Bmatrix}\varepsilon_1\\\varepsilon_2\\\gamma_{12}\end{Bmatrix}=[T_\varepsilon]\begin{Bmatrix}\varepsilon_x\\\varepsilon_y\\\gamma_{xy}\end{Bmatrix}\tag{2-52}$$

3. 非材料主方向的应力－应变关系

将式（2-45）代入式（2-49）中，然后再代入式（2-52），得

$$\begin{Bmatrix}\sigma_x\\ \sigma_y\\ \tau_{xy}\end{Bmatrix}=[T_\sigma]^{-1}[Q][T_\varepsilon]\begin{Bmatrix}\varepsilon_x\\ \varepsilon_y\\ \gamma_{xy}\end{Bmatrix} \tag{e}$$

令

$$[\overline{Q}]=[T_\sigma]^{-1}[Q][T_\varepsilon] \tag{2-53}$$

为正交各向异性单向板非材料主方向的刚度矩阵，则应力－应变关系式为

$$\begin{Bmatrix}\sigma_x\\ \sigma_y\\ \tau_{xy}\end{Bmatrix}=[\overline{Q}]\begin{Bmatrix}\varepsilon_x\\ \varepsilon_y\\ \gamma_{xy}\end{Bmatrix}=\begin{bmatrix}\overline{Q}_{11} & \overline{Q}_{12} & \overline{Q}_{16}\\ & \overline{Q}_{22} & \overline{Q}_{26}\\ \text{对称} & & \overline{Q}_{66}\end{bmatrix}\begin{Bmatrix}\varepsilon_x\\ \varepsilon_y\\ \gamma_{xy}\end{Bmatrix} \tag{2-54}$$

式中，非材料主方向的刚度系数

$$\begin{aligned}
\overline{Q}_{11}&=Q_{11}\cos^4\theta+2(Q_{12}+2Q_{66})\sin^2\theta\cos^2\theta+Q_{22}\sin^4\theta\\
\overline{Q}_{12}&=(Q_{11}+Q_{22}-4Q_{66})\sin^2\theta\cos^2\theta+Q_{12}(\sin^4\theta+\cos^4\theta)\\
\overline{Q}_{22}&=Q_{11}\sin^4\theta+2(Q_{12}+2Q_{66})\sin^2\theta\cos^2\theta+Q_{22}\cos^4\theta\\
\overline{Q}_{16}&=(Q_{11}-Q_{12}-2Q_{66})\sin\theta\cos^3\theta+(Q_{12}-Q_{22}+2Q_{66})\sin^3\theta\cos\theta\\
\overline{Q}_{26}&=(Q_{11}-Q_{12}-2Q_{66})\sin^3\theta\cos\theta+(Q_{12}-Q_{22}+2Q_{66})\sin\theta\cos^3\theta\\
\overline{Q}_{66}&=(Q_{11}+Q_{22}-2Q_{12}-2Q_{66})\sin^2\theta\cos^2\theta+Q_{66}(\sin^4\theta+\cos^4\theta)
\end{aligned} \tag{2-55}$$

仿照上述的推导过程，由式（2-52）、式（2-43）、式（2-48）可得

$$\begin{Bmatrix}\varepsilon_x\\ \varepsilon_y\\ \gamma_{xy}\end{Bmatrix}=[T_\varepsilon]^{-1}[S][T_\sigma]\begin{Bmatrix}\sigma_x\\ \sigma_y\\ \tau_{xy}\end{Bmatrix} \tag{f}$$

令

$$[\overline{S}]=[T_\varepsilon]^{-1}[S][T_\sigma] \tag{2-56}$$

式（2-56）为正交各向异性单向板非材料主方向的柔度矩阵，于是应力－应变关系又可写为

$$\begin{Bmatrix}\varepsilon_x\\ \varepsilon_y\\ \gamma_{xy}\end{Bmatrix}=[\overline{S}]\begin{Bmatrix}\sigma_x\\ \sigma_y\\ \tau_{xy}\end{Bmatrix}=\begin{bmatrix}\overline{S}_{11} & \overline{S}_{12} & \overline{S}_{16}\\ & \overline{S}_{22} & \overline{S}_{26}\\ \text{对称} & & \overline{S}_{66}\end{bmatrix}\begin{Bmatrix}\sigma_x\\ \sigma_y\\ \tau_{xy}\end{Bmatrix} \tag{2-57}$$

式中，非材料主方向的柔度系数为

$$\overline{S}_{11}=S_{11}\cos^4\theta+(2S_{12}+S_{66})\sin^2\theta\cos^2\theta+S_{22}\sin^4\theta$$

$$
\begin{aligned}
\bar{S}_{12} &= S_{12}(\sin^4\theta + \cos^4\theta) + (S_{11} + S_{22} - S_{66})\sin^2\theta\cos^2\theta \\
\bar{S}_{22} &= S_{11}\sin^4\theta + (2S_{12} + S_{66})\sin^2\theta\cos^2\theta + S_{22}\cos^4\theta \\
\bar{S}_{16} &= (2S_{11} - 2S_{12} - S_{66})\sin\theta\cos^3\theta - (2S_{22} - 2S_{12} - S_{66})\sin^3\theta\cos\theta \\
\bar{S}_{26} &= (2S_{11} - 2S_{12} - S_{66})\sin^3\theta\cos\theta - (2S_{22} - 2S_{12} - S_{66})\sin\theta\cos^3\theta \\
\bar{S}_{66} &= 2(2S_{11} + 2S_{22} - 4S_{12} - S_{66})\sin^2\theta\cos^2\theta + S_{66}(\sin^4\theta + \cos^4\theta)
\end{aligned}
\tag{2-58}
$$

值得说明的是：

（1）通常情况下，$[\bar{Q}]$ 与 $[\bar{S}]$ 矩阵中均有九个非零元素，六个是不相同的。这虽然与 $[Q]$、$[S]$ 矩阵大不相同，但独立的材料常数仍然只有四个。

（2）由式（2-54）、式（2-57）看出，非材料主方向下，正应力与切应变间，切应力与线应变间存在耦合效应。这一点显示了一般各向异性的性质，但由于它在材料主方向具有正交各向异性，故称为广义正交各向异性（Generalized orthotropic）。

（3）$\bar{Q}_{11}$、$\bar{Q}_{12}$、$\bar{Q}_{22}$、$\bar{Q}_{66}$，$\bar{S}_{11}$、$\bar{S}_{12}$、$\bar{S}_{22}$、$\bar{S}_{66}$ 均为 θ 角的偶函数；而 $\bar{Q}_{16}$、$\bar{Q}_{26}$，$\bar{S}_{16}$、$\bar{S}_{26}$ 均为 θ 角的奇函数（见式（2-55）与式（2-58））。

2.8 广义正交各向异性单向板的表观工程常数

在2.7节中，式（2-43）中的 E_1、E_2、ν_{12}、G_{12} 是单向板材料主方向的工程常数，现在讨论非材料主方向，即广义正交各向异性单向板的工程常数。为将式（2-57）、式（2-58）用工程常数表示，需要引入如下四个耦合因数：

（1）$\eta_{xy,x} = \gamma_{xy}/\varepsilon_x$。只有应力分量 σ_x 单独作用（其余应力分量均为零）而引起的切应变 γ_{xy} 与线应变 ε_x 的比值。

（2）$\eta_{xy,y} = \gamma_{xy}/\varepsilon_y$。只有应力分量 σ_y 单独作用（其余应力分量均为零）而引起的切应变 γ_{xy} 与线应变 ε_y 的比值。

（3）$\eta_{x,xy} = \varepsilon_x/\gamma_{xy}$。只有应力分量 τ_{xy} 单独作用（其余应力分量均为零）而引起的线应变 ε_x 与切应变 γ_{xy} 的比值。

（4）$\eta_{y,xy} = \varepsilon_y/\gamma_{xy}$。只有应力分量 τ_{xy} 单独作用（其余应力分量均为零）而引起的线应变 ε_y 与切应变 γ_{xy} 的比值。

这样，只有 σ_x 单独作用时，引起的切应变 $\gamma_{xy} = \eta_{xy,x}\varepsilon_x = \eta_{xy,x}\sigma_x/E_x$；只有 τ_{xy} 单独作用时，引起的线应变 $\varepsilon_x = \eta_{x,xy}\gamma_{xy} = \eta_{x,xy}\tau_{xy}/G_{xy}$，依此类推。

引入了耦合因数，则式（2-57）可用单向板非材料主方向工程常数 E_x、E_y、ν_{xy}、G_{xy}、ν_{yx} 以及耦合因数表示，并称这些工程常数为表观工程常数。

$$\begin{Bmatrix}\varepsilon_x\\ \varepsilon_y\\ \gamma_{xy}\end{Bmatrix}=\begin{bmatrix}\bar{S}_{11} & \bar{S}_{12} & \bar{S}_{16}\\ \bar{S}_{21} & \bar{S}_{22} & \bar{S}_{26}\\ \bar{S}_{61} & \bar{S}_{62} & \bar{S}_{66}\end{bmatrix}=\begin{Bmatrix}\sigma_x\\ \sigma_y\\ \tau_{xy}\end{Bmatrix}=\begin{bmatrix}\dfrac{1}{E_x} & -\dfrac{\nu_{xy}}{E_y} & \dfrac{\eta_{x,xy}}{G_{xy}}\\ -\dfrac{\nu_{yx}}{E_x} & \dfrac{1}{E_y} & \dfrac{\eta_{y,xy}}{G_{xy}}\\ \dfrac{\eta_{xy,x}}{E_x} & \dfrac{\eta_{xy,y}}{E_y} & \dfrac{1}{G_{xy}}\end{bmatrix}\begin{Bmatrix}\sigma_x\\ \sigma_y\\ \tau_{xy}\end{Bmatrix} \tag{2-59}$$

由于 $\bar{S}_{ij}=\bar{S}_{ji}$，故对于耦合因数也存在如下互等关系

$$\frac{\eta_{xy,x}}{E_x}=\frac{\eta_{x,xy}}{G_{xy}},\ \frac{\eta_{xy,y}}{E_y}=\frac{\eta_{y,xy}}{G_{xy}} \tag{2-60}$$

利用式（2-58）和式（2-43），可用正交各向异性单向板的工程常数 E_1、E_2、ν_{12}、G_{12} 等来表示广义正交各向异性单向板的表观工程常数，即

$$\left.\begin{aligned}
&\frac{1}{E_x}=\bar{S}_{11}=\frac{1}{E_1}\cos^4\theta+\left(\frac{1}{G_{12}}-\frac{2\nu_{12}}{E_1}\right)\sin^2\theta\cos^2\theta+\frac{1}{E_2}\sin^4\theta\\
&\nu_{xy}=-E_y\bar{S}_{12}=E_y\left[\frac{\nu_{12}}{E_1}(\sin^4\theta+\cos^4\theta)-\left(\frac{1}{E_1}+\frac{1}{E_2}-\frac{1}{G_{12}}\right)\sin^2\theta\cos^2\theta\right]\\
&\frac{1}{E_y}=\bar{S}_{22}=\frac{1}{E_1}\sin^4\theta+\left(\frac{1}{G_{12}}-\frac{2\nu_{12}}{E_1}\right)\sin^2\theta\cos^2\theta+\frac{1}{E_2}\cos^4\theta\\
&\frac{1}{G_{xy}}=\bar{S}_{66}=2\left(\frac{2}{E_1}+\frac{2}{E_2}+\frac{4\nu_{12}}{E_1}-\frac{1}{G_{12}}\right)\sin^2\theta\cos^2\theta+\frac{1}{G_{12}}(\sin^4\theta+\cos^4\theta)\\
&\eta_{xy,x}=E_x\bar{S}_{16}=E_x\left[\left(\frac{2}{E_1}+\frac{2\nu_{12}}{E_1}-\frac{1}{G_{12}}\right)\sin\theta\cos^3\theta-\left(\frac{2}{E_2}+\frac{2\nu_{12}}{E_1}-\frac{1}{G_{12}}\right)\sin^3\theta\cos\theta\right]\\
&\eta_{xy,y}=E_y\bar{S}_{26}=E_y\left[\left(\frac{2}{E_1}+\frac{2\nu_{12}}{E_1}-\frac{1}{G_{12}}\right)\sin^3\theta\cos\theta-\left(\frac{2}{E_2}+\frac{2\nu_{12}}{E_1}-\frac{1}{G_{12}}\right)\sin\theta\cos^3\theta\right]
\end{aligned}\right\} \tag{2-61}$$

式（2-61）告诉我们，广义正交各向异性单向板的表观工程常数是随 θ 角而变化的，这充分说明了各向异性材料力学性能是方向的函数。图 2-7、图 2-8 分别给出了玻璃/环氧树脂、硼/环氧树脂复合材料单向板表观工程常数随 θ 角的变化情况。由图可见，G_{xy} 的最大值发生在 $\theta=45°$ 方向上；耦合因数 $\eta_{xy,x}$ 在材料主方向上（即 $\theta=0°$ 和 $\theta=90°$）为零，在中间角度处具有较大值；E_x（E_y）在 $\theta=0°$ 时有极大（极小）值，在 $\theta=90°$ 时有极小（极大）值。

并非所有的复合材料其表观工程常数的变化情况都是这样，某些正交各向异性单向板的 E_x 可能比 E_1 和 E_2 都大，或比 E_1 和 E_2 都小。因此，对一种新型复合材料，必须研究其表观工程常数的变化情况，才能真正了解它的特性。

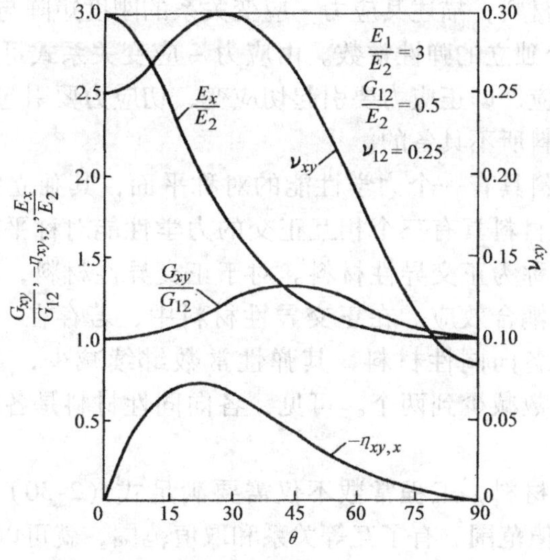

图 2-7　玻璃/环氧树脂单向板表观工程常数

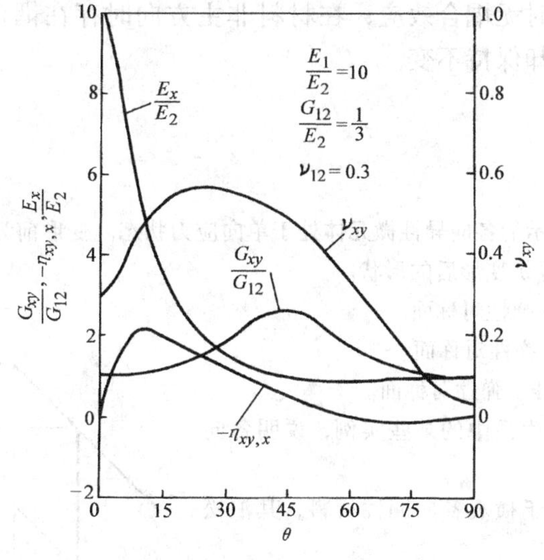

图 2-8　硼/环氧树脂单向板表观工程常数

2.9　结论与讨论

本章采用宏观力学分析方法，在研究复合材料性能时，将其视为均质的各向异性线性弹性体，于是弹性理论中的平衡方程、几何方程仍然成立，只是本构方程需要重新建立。

对于各向异性材料，描述其应力 - 应变关系的刚度矩阵与柔度矩阵均为对称矩阵，均具有 21 个独立的弹性常数。由应力 - 应变关系式可知，各向异性材料具有明显的耦合效应，即正应力要引起切应变，切应力要引起线应变。这种力学性能是各向同性材料所不具备的。

若各向异性材料具有一个力学性能的对称平面，其独立的弹性常数个数将减少。若各向异性材料具有三个相互正交的力学性能对称平面，就退化为正交各向异性材料，简称为正交异性材料。对于正交异性材料，其独立的弹性常数为九个，且不存在耦合效应。在正交异性材料中，若存在一个各向同性平面，则称此材料为横观各向同性材料，其弹性常数继续减少，直至为各向同性材料，独立的弹性常数减少到两个。可见，各向同性材料是各向异性材料的特殊情况。

对于正交异性材料，工程常数不仅需要满足式（2-30）所示的互等关系，还要满足一定的取值范围。有了互等关系和取值范围，就可以检查实验数据的合理性，或者鉴别某种材料是否为正交异性材料。

单向板可视为正交异性材料板，且为平面应力问题。单向板的应力 - 应变关系，在材料主方向时无耦合效应；在材料非主方向时存在耦合效应。虽然如此，其独立的弹性常数却保持不变。

2.10 习题

2-1 如图 2-9 所示的各向异性微元体处于单向应力状态。变形前为正六面体，如果分别是下列三种材料，试分析变形后的形状。

（1）Oxy 平面是一弹性对称面。

（2）Oxz 平面是一弹性对称面。

（3）弹性体内无任一弹性对称面。

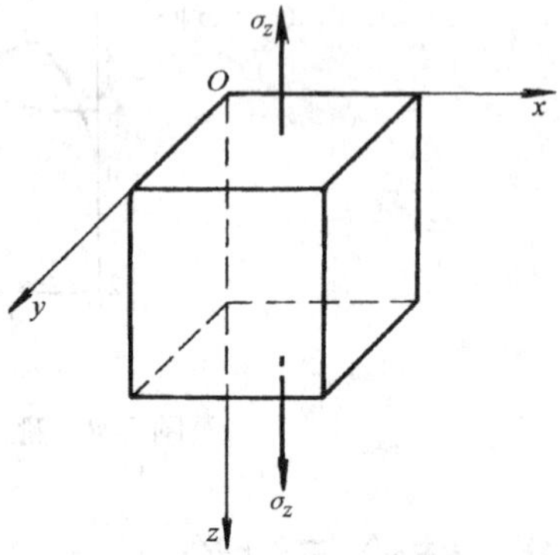

图 2-9 习题 2-1 图

2-2 试列举日常生活中的某些实例，说明各向异性材料的耦合效应。

2-3 试证明，对于横观各向同性材料，其泊松比的限制条件是

$$-1 < \nu < (1 - 2\nu'^2 E/E')$$

式中，E 及 ν 为材料各向同性面 1 - 2 的弹性模量与泊松比，且 $\nu_{31} = \nu_{32} = \nu'$，$E_3 = E'$。

2-4 试证明横观各向同性材料刚度矩阵的各个元素为

$$C_{11} = \frac{E_1(1-\nu_2)}{1-\nu_2-2p\nu_1^2},\ C_{12} = \frac{E_1}{1-\nu_2-2p\nu_1^2}p\nu_1,\ C_{13} = C_{12}$$

$$C_{22}=\frac{E_2(1-p\nu_1^2)}{(1+\nu_2)(1-\nu_2-2p\nu_1^2)},C_{33}=C_{22},C_{23}=\frac{E_2(\nu_2+p\nu_1^2)}{(1+\nu_2)(1-\nu_2-2p\nu_1^2)}$$

$$C_{44}=\frac{E_2}{2(1+\nu_2)}=G_{23},C_{55}=C_{66}=G_{12}$$

式中，$p=\frac{E_1}{E_2}$，2－3 平面为各向同性面，因此 $\nu_{12}=\nu_{13}=\nu_1$，$\nu_{23}=\nu_2$，$E_2=E_3$，$G_{12}=G_{13}$。

2-5　利用上题的结果，证明各向同性材料泊松比的限制条件是　$-1<\nu<1/2$。

2-6　试利用式（2-40）不等式导出式（2-42）。

2-7　若实验测得某种复合材料的 $E_1=100\text{GPa}$，$E_2=12.1\text{GPa}$，$\nu_{12}=0.33$，$\nu_{21}=0.25$，试验证该实验数据是否合理?

2-8　已知玻璃纤维/环氧树脂单向板材料主方向的弹性常数 $E_1=48\text{GPa}$，$E_2=16\text{GPa}$，$G_{12}=8\text{GPa}$，$\nu_{21}=0.26$；沿着材料主方向承受的应力为 $\sigma_1=100\text{MPa}$，$\sigma_2=-30\text{MPa}$，$\tau_{12}=10\text{MPa}$。试求沿着材料主方向的应变 ε_1、ε_2、γ_{12}。

2-9　已知碳/环氧树脂单向板材料主方向的弹性常数 $E_1=180\text{GPa}$，$E_2=10.3\text{GPa}$，$G_{12}=8\text{GPa}$，$\nu_{21}=0.28$；试求其 S_{ij} 与 Q_{ij} 的值。

2-10　已知碳/环氧树脂单向板材料主方向的弹性常数 $E_1=180\text{GPa}$，$E_2=10.3\text{GPa}$，$G_{12}=8\text{GPa}$，$\nu_{21}=0.28$；试求 $\theta=30°$、$\theta=45°$方向时的 $\overline{Q_{ij}}$和 $\overline{S_{ij}}$。

2-11　已知 $\sigma_x=\sigma_y=40\text{MPa}$，$\tau_{xy}=30\text{MPa}$，$E_1=45\text{GPa}$，$E_2=15\text{GPa}$，$G_{12}=7\text{GPa}$，$\nu_{21}=0.3$，$\theta=45°$，试计算材料主方向的应力与应变以及 xy 坐标方向的应变。

2-12　一块边长为 $a=12\text{mm}$ 的正方形 T300/5208 复合材料单向板，厚度 $h=4\text{mm}$，紧密地夹在两块刚性板之间，承受压力 $P=2\text{kN}$ 作用。若材料的性能为：$E_1=181\text{GPa}$，$E_2=10.3\text{GPa}$，$G_{12}=7.17\text{GPa}$，$\nu_{21}=0.28$，试分别计算在图 2-10a 和图 2-10b 两种情况下，单向板在压力方向的变形量 Δa。

2-13　说明如何通过 0°、90°和 45°试件的拉伸实验测出四个材料常数 E_1、E_2、G_{12}和 ν_{12}，试推导它们的表达式。

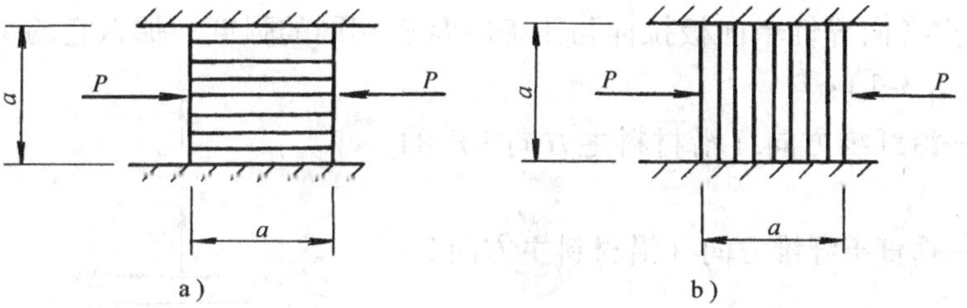

图 2-10　习题 2-12 图

第 3 章　正交各向异性单向板的强度准则

3.1　复合材料的强度特性与强度准则概念

材料的强度是材料承载时抵抗破坏的能力。对于各向同性材料，在各个方向上强度均相同，即强度没有方向性，常用极限应力来表示材料强度。对于复合材料，其强度的显著特点是具有方向性。对于正交各向异性材料，存在三个材料主方向，不同主方向的强度是不相同的。例如，纤维增强复合材料单向板，沿着纤维方向强度通常是沿着垂直纤维方向强度的几十倍。这样，与各向同性材料不同，在正交各向异性单向板中呈现如下强度特性：

（1）在材料力学或弹性理论中的主应力与主应变是与材料主方向无关的应力、应变极值，故主应力与主应变的概念在各向异性材料中是没有意义的。在正交各向异性材料中，应力主方向与应变主方向不一定同向；由于一个方向的强度比另一个方向低，所以最大工作应力不一定对应材料的危险状态，即不一定是控制设计的应力，必须在合理且比较实际的应力场和许用的应力场下，才能判断材料的强度状态。

（2）在材料主方向坐标系下，若正交各向异性单向板处于简单应力状态，则其极限应力很容易通过试验测定，通常把这些极限应力称为单向板的基本强度（Basic Strength）。

若正交各向异性单向板拉伸与压缩时具有相同的强度，那么它的基本强度有三个（见图 3-1）：

X——沿纤维方向（沿材料主方向 1）的强度；

Y——垂直于纤维方向（沿材料主方向 2）的强度；

S——1—2 面内的抗剪强度。

若拉伸与压缩的强度不同（大多数复合材料均如此），则基本强度有五个：

X_t——纤维方向的抗拉强度；

X_c——纤维方向的抗压强度；

Y_t——垂直纤维方向的抗拉强度；

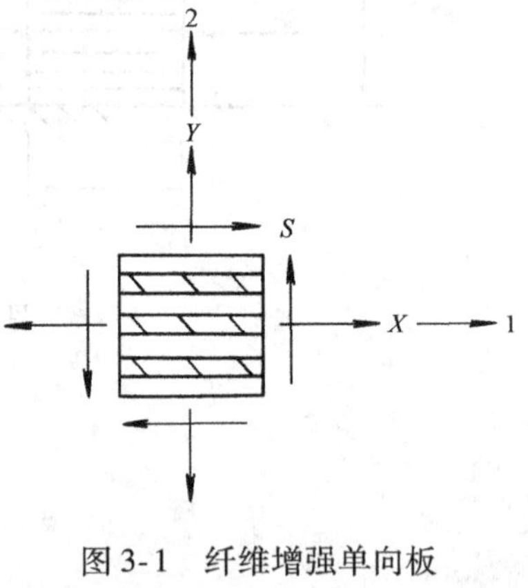

图 3-1　纤维增强单向板的基本强度

Y_c——垂直纤维方向的抗压强度；

S——1—2 面内抗剪强度。

（3）对于正交各向异性材料，尽管在材料主方向上的抗拉强度与抗压强度不同，但在材料主方向上的抗剪强度是不随切应力的方向（即切应力的正负号）而改变。如图 3-2 所示，在材料主方向的正号切应力和负号切应力的应力场是没有区别的，两者彼此镜面对称。但是，在非材料主方向上，抗剪强度就要依赖于切应力的方向（符号）了。如图 3-3 所示，在与材料主方向成 45°角方向的纯切应力场，对于正号切应力，纤维方向为拉应力，垂直纤维方向为压应力；而对于负号切应力，纤维方向为压应力，垂直纤维方向为拉应力。由于材料主方向上抗拉强度、抗压强度不同，所以同样是在与材料主方向呈 45°的方向上，由于切应力的方向不同，反应出的强度亦不同。

表 3-1 给出了几种复合材料的基本强度。

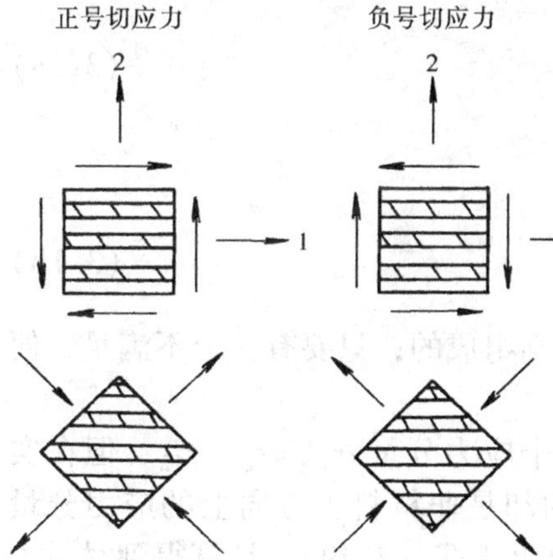

图 3-2　在材料主方向的切应力

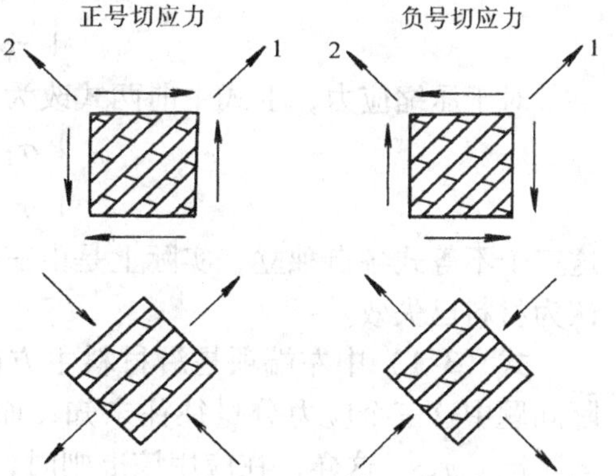

图 3-3　在与材料主方向成 45°角方向的切应力

表 3-1　几种复合材料的基本强度　　（单位：MPa）

	X_t	X_c	Y_t	Y_c	S
碳/环氧树脂	1128	785	27.5	98.1	44.7
玻璃/环氧树脂	1062	610	31	118	72
T300/5208 碳纤维	1347	1277	68.9	112	91
Kevlar49/环氧树脂	1379	276	29.6	138	60
B/环氧树脂	1296	2489	62	310	68.9

仅有反应材料主方向强度高低的基本强度还不足以判断单向板在实际工作应力下是否失效，因为单向板工作时通常处于复杂应力状态，即使在平面应力状态下，一般也是三个应力分量的某种组合状态。由于这种组合有无穷多个，因此无法做试验得出所有可能应力组合的极限状态。因此，需要寻找合理的判别准则，以便根据材料的基本强度来判断在各种实际应力状态下材料是否失效，这个判别

准则就是复合材料的强度准则（Strength Criterion of Composite Material）。本章将介绍几种常用的复合材料强度准则。

3.2 最大应力强度准则与最大应变强度准则

材料力学中的最大应力强度准则与最大应变准则是两个适用于各向同性脆性材料的经典强度准则。由于大多数单向纤维增强树脂基复合材料直到破坏均表现为线性弹性，因而对于这类复合材料最早采用这两个准则。

3.2.1 最大应力强度准则

最大应力强度准则（Maximum Stress Criterion）认为，只要材料主方向上任何一个应力分量达到相应的基本强度值时，材料便破坏，即

对于拉伸应力

$$\left.\begin{aligned}\sigma_1 &< X_t\\ \sigma_2 &< Y_t\\ |\tau_{12}| &< S\end{aligned}\right\}\tag{3-1a}$$

对于压缩应力，上式中前两式改为

$$\left.\begin{aligned}|\sigma_1| &< X_c\\ |\sigma_2| &< Y_c\end{aligned}\right\}\tag{3-1b}$$

这三个不等式各自独立，实际上是由三个分准则组成的；只要有一个不满足，便认为材料已失效。

式（3-1）中左端项是沿材料主方向的三个应力分量 σ_1、σ_2、τ_{12}，但在实际问题中这三个应力分量往往未知，而已知的却是非材料主方向上的应力分量 σ_x、σ_y、τ_{xy}。这样，在应用该准则时，需要借助于式（2-49），计算得到材料主方向上的应力分量。例如，图 3-4a 所示的单向板在 x 方向（非材料主方向）单轴拉伸（压缩），此时应力分量 $\sigma_x \neq 0$，$\sigma_y = \tau_{xy} = 0$。于是，由式（2-49）得

$$\left.\begin{aligned}\sigma_1 &= \sigma_x\cos^2\theta\\ \sigma_2 &= \sigma_x\sin^2\theta\\ \tau_{12} &= \sigma_x\sin\theta\cos\theta\end{aligned}\right\}\tag{a}$$

将式（a）代入式（3-1）中，有

$$\left.\begin{aligned}&\sigma_x < \frac{X_t}{\cos^2\theta} &&\left(|\sigma_x| < \frac{X_c}{\cos^2\theta}\right)\\ &\sigma_x < \frac{Y_t}{\sin^2\theta} &&\left(|\sigma_x| < \frac{Y_c}{\sin^2\theta}\right)\\ &\sigma_x < \frac{S}{|\sin\theta\cos\theta|}\end{aligned}\right\}\tag{b}$$

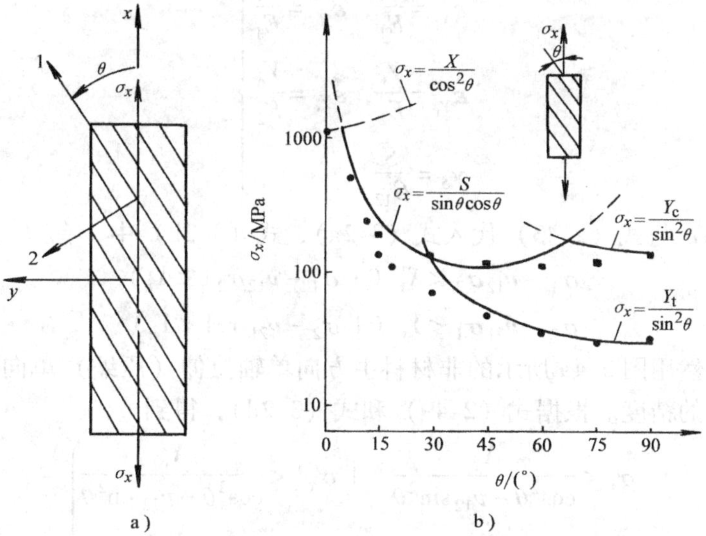

图 3-4　最大应力强度准则

能同时满足这三个不等式的最大应力 σ_x 即为 θ 方向的拉伸（压缩）极限应力，即为 θ 方向的强度。

图 3-4b 给出了按表 3-1 所列的玻璃/环氧树脂复合材料单向板单轴拉伸（压缩）强度随 θ 角的变化情况。图中实线表示按最大应力准则得到的理论曲线（包络线），若实际应力值落在包络线与坐标轴所围区域之外，可认为材料已破坏。图中用“·”表示拉伸试验数据；用“■”表示压缩试验数据。可见，理论曲线与试验结果有较大误差，且理论曲线存在尖点。

3.2.2　最大应变强度准则

最大应变强度准则（Maximum Strain Criterion）认为，只要材料主方向上任何一个应变分量达到材料相应基本强度所对应的应变值时，材料便破坏，即

对于拉伸应变

$$\left.\begin{array}{l}\varepsilon_1<\varepsilon_{X_t}\\ \varepsilon_2<\varepsilon_{Y_t}\\ |\gamma_{12}|<\gamma_S\end{array}\right\}\tag{3-2a}$$

对于压缩应变，式（3-2a）前两式改为

$$\left.\begin{array}{l}|\varepsilon_1|<\varepsilon_{X_c}\\ |\varepsilon_2|<\varepsilon_{Y_c}\end{array}\right\}\tag{3-2b}$$

式（3-2）中

$$\left.\begin{aligned}&\varepsilon_{X_t}=\frac{X_t}{E_1},\ \varepsilon_{X_c}=\frac{X_c}{E_1}\\&\varepsilon_{Y_t}=\frac{Y_t}{E_2},\ \varepsilon_{Y_c}=\frac{Y_c}{E_2}\\&\gamma_S=\frac{S}{G_{12}}\end{aligned}\right\}\tag{3-2c}$$

将式（3-2c）与式（2-43）代入式（3-2a）、式（3-2b）中，有

$$\begin{aligned}&\sigma_1-\nu_{12}\sigma_2<X_t\ \left(\mid\sigma_1-\nu_{12}\sigma_2\mid<X_c\right)\\&\sigma_2-\nu_{21}\sigma_1<Y_t\ \left(\mid\sigma_2-\nu_{21}\sigma_1\mid<Y_c\right)\end{aligned}\tag{3-2d}$$

现在仍然用图3-4a所示的非材料主方向单轴拉伸（压缩）单向板，来验证该强度准则的精度。根据式（2-49）和式（3-2d），得到

$$\left.\begin{aligned}&\sigma_x<\frac{X_t}{\cos^2\theta-\nu_{12}\sin^2\theta}\quad \mid\sigma_x\mid<\frac{X_c}{\cos^2\theta-\nu_{12}\sin^2\theta}\\&\sigma_x<\frac{Y_t}{\sin^2\theta-\nu_{21}\cos^2\theta}\quad \mid\sigma_x\mid<\frac{Y_c}{\sin^2\theta-\nu_{21}\cos^2\theta}\\&\sigma_x<\frac{S}{\mid\sin\theta\cos\theta\mid}\end{aligned}\right\}\tag{c}$$

比较式（c）与式（b），可见最大应变强度准则比最大应力强度准则多了泊松比 ν_{12} 和 ν_{21}。

由最大应变强度准则，同样可以绘出表3-1所列的玻璃/环氧树脂单向板单轴抗拉强度随 θ 角变化的关系曲线，如图3-5所示。

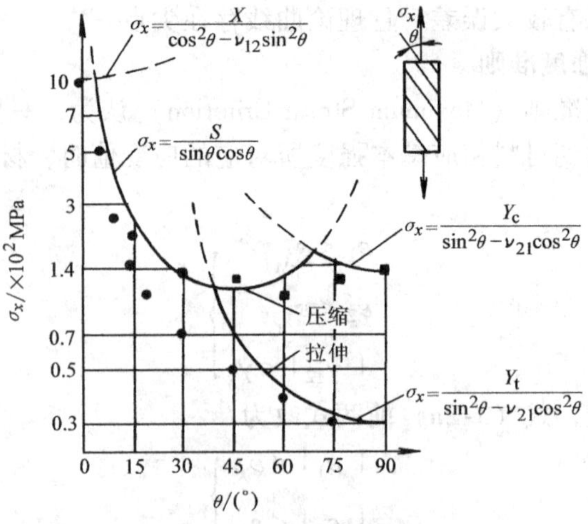

图3-5　最大应变强度准则

3.3 Tsai – Hill 强度准则

图 3-4b 与图 3-5 表明，最大应力与最大应变强度准则，理论曲线与试验数据相差甚大，需要寻求更完善的强度准则。

3.3.1 三向应力状态

Tsai – Hill（蔡 – 希尔）将各向同性材料的 Mises 屈服准则

$$(\sigma_y-\sigma_z)^2+(\sigma_z-\sigma_x)^2+(\sigma_x-\sigma_y)^2+6(\tau_{yz}^2+\tau_{zx}^2+\tau_{xy}^2)=2\sigma_S^2$$

推广到正交各向异性材料中（式中 σ_S 为各向同性材料的屈服点），将屈服条件改写成

$$F(\sigma_2-\sigma_3)^2+G(\sigma_3-\sigma_1)^2+H(\sigma_1-\sigma_2)^2+2L\tau_{23}^2+2M\tau_{31}^2+2N\tau_{12}^2=1 \tag{3-3}$$

式中，F、G、H、L、M、N 为各向异性强度参数；σ_1、σ_2、σ_3、τ_{23}、τ_{31}、τ_{12} 为材料主方向的应力分量。

各向异性强度参数由六个基本强度所决定，这六个基本强度分别是材料主方向的三个轴向强度 X、Y、Z 和三个抗剪强度 S_{23}、S_{31}、S_{12}。为了用基本强度来表示各向异性强度参数，现在考察各个简单应力状态下正交各向异性材料的屈服条件，于是得

$$\left.\begin{aligned}
&(G+H)\ X^2=1 \quad &&（仅\ \sigma_1\neq0，其余应力分量均为零）\\
&(F+H)\ Y^2=1 \quad &&（仅\ \sigma_2\neq0，其余应力分量均为零）\\
&(F+G)\ Z^2=1 \quad &&（仅\ \sigma_3\neq0，其余应力分量均为零）\\
&2LS_{23}^2=1 \quad &&（仅\ \tau_{23}\neq0，其余应力分量均为零）\\
&2MS_{31}^2=1 \quad &&（仅\ \tau_{31}\neq0，其余应力分量均为零）\\
&2NS_{12}^2=1 \quad &&（仅\ \tau_{12}\neq0，其余应力分量均为零）
\end{aligned}\right\} \tag{a}$$

求解式（a），得出各向异性强度参数

$$\left.\begin{aligned}
H&=\frac{1}{2}\left(\frac{1}{X^2}+\frac{1}{Y^2}-\frac{1}{Z^2}\right)\\
G&=\frac{1}{2}\left(\frac{1}{X^2}+\frac{1}{Z^2}-\frac{1}{Y^2}\right)\\
F&=\frac{1}{2}\left(\frac{1}{Y^2}+\frac{1}{Z^2}-\frac{1}{X^2}\right)\\
L&=\frac{1}{2S_{23}^2}\\
M&=\frac{1}{2S_{31}^2}\\
N&=\frac{1}{2S_{12}^2}
\end{aligned}\right\} \tag{3-4}$$

3.3.2 单向板的 Tsai－Hill 强度准则

单向板处于平面应力状态，若 $\sigma_3=\tau_{23}=\tau_{31}=0$，这样，式（3-3）简化为

$$(G+H)\sigma_1^2+(F+H)\sigma_2^2-2H\sigma_1\sigma_2+2N\tau_{12}^2=1 \tag{3-5}$$

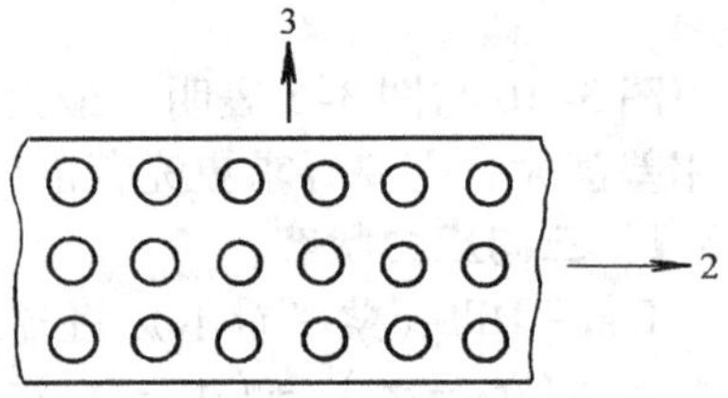

图 3-6 纤维沿 1 方向铺设的单向板横截面

现在视一正交各向异性单向板的横截面，如图 3-6 所示，2、3 两轴均为垂直于纤维的横向方向。由于对称，沿 2 轴材料的强度应与沿 3 轴的相同，即 $Y=Z$。令 1－2 平面内的抗剪强度 $S_{12}=S$，这样由式（a）和式（3-4）可得

$$\left.\begin{aligned} G+H&=\frac{1}{X^2}\\ F+H&=\frac{1}{Y^2}\\ 2H&=\frac{1}{X^2}\\ 2N&=\frac{1}{S^2}\end{aligned}\right\} \tag{b}$$

将式（b）代入式（3-5）中，得到正交各向异性单向板的 Tsai－Hill 强度准则的表达式为

$$\frac{\sigma_1^2}{X^2}-\frac{\sigma_1\sigma_2}{X^2}+\frac{\sigma_2^2}{Y^2}+\frac{\tau_{12}^2}{S^2}=1 \tag{3-6}$$

Tsai－Hill 强度准则只有一个表达式。若表达式左端各项之和等于或大于 1 时，材料将失效。

现在考查由图 3-4a 所示的单向板非材料主方向拉伸（压缩）情况，应用式(2-48)和式（3-6），可得到单向板在非材料主方向上，承受单向载荷时的 Tsai－Hill 强度准则的表达式为

$$\frac{\cos^4\theta}{X^2}+\left(\frac{1}{S^2}-\frac{1}{X^2}\right)\sin^2\theta\cos^2\theta+\frac{\sin^4\theta}{Y^2}=\frac{1}{\sigma_x^2} \tag{3-7}$$

对于表 3-1 中的玻璃/环氧树脂复合材料，据式（3-7）绘制的曲线如图 3-7 所示。

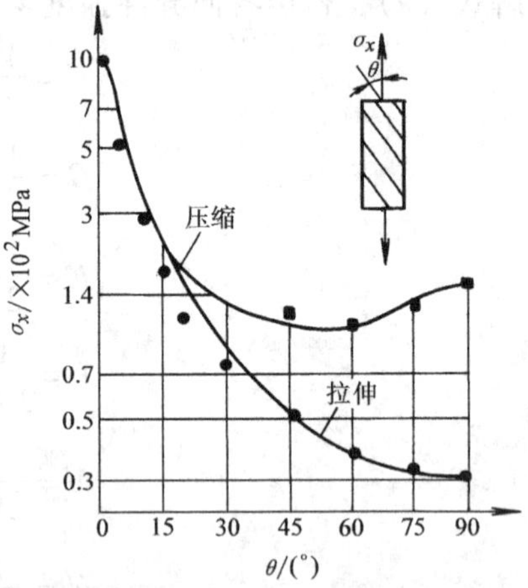

图 3-7 Tsai－Hill 强度准则

Tsai－Hill 强度准则有如下优越性：

（1）和最大应力、最大应变强度准则不同，曲线连续、光滑、没有尖点。这说明非材料主方向的强度 σ_x 随 θ 角的变化是单调的。

（2）对于拉伸，σ_x 随 θ 角的增加而连续减少，没有像最大应力、最大应变强度准则那样，随 θ 角的增加反而增大。

（3）考虑了基本强度 X、Y、S 之间相互作用。

（4）理论曲线与试验数据很吻合。

（5）该准则也适用于各向同性材料。对于各向同性材料，$X=Y=\sqrt{3}S$，这样式（3-7）退化为 $\sigma_x \leqslant X$，即 σ_x 与 θ 角无关，这就是各向同性材料的屈服准则。

3.3.3　Hoffman 强度准则

Tsai－Hill 强度准则原则上只适用于材料主方向上抗拉、抗压强度相同（即 $X_t=X_c=X$，$Y_t=Y_c=Y$）的单向板，对于 $X_t \neq X_c$，$Y_t \neq Y_c$ 的材料，Hoffman（霍夫曼）对 Tsai－Hill 强度准则作了修正，提出了 Hoffman 强度准则

$$\frac{\sigma_1^2-\sigma_1\sigma_2}{X_tX_c}+\frac{\sigma_2^2}{Y_tY_c}+\frac{X_c-X_t}{X_tX_c}\sigma_1+\frac{Y_c-Y_t}{Y_tY_c}\sigma_2+\frac{\tau_{12}^2}{S^2}=1 \tag{3-8}$$

式（3-8）中，当 $X_t=X_c$，$Y_t=Y_c$ 时，显然就是 Tsai－Hill 强度准则。

3.4　Tsai－Wu 张量强度准则

3.4.1　Tsai－Wu 张量多项式

蔡为伦（Stephen W. Tsai）与 Edward M. Wu 在综合了许多强度准则的基础上，于 1971 年提出了一个 Tsai－Wu（蔡－吴）张量多项式强度准则，即

$$F_i\sigma_i+F_{ij}\sigma_i\sigma_j+F_{ijk}\sigma_i\sigma_j\sigma_k+\cdots=1 \tag{3-9}$$

对于单向板（即平面应力状态），i，j，k，$\cdots=1$，2，6；F_i、F_{ij}、F_{ijk}、…分别为材料的强度参数。在工程设计中通常仅取式（3-9）的前两项，此时强度准则表示为

$$F_i\sigma_i+F_{ij}\sigma_i\sigma_j=1 \tag{3-10a}$$

写成矩阵形式为

$$(F_1F_2F_6)\begin{Bmatrix}\sigma_1\\ \sigma_2\\ \sigma_6\end{Bmatrix}+(\sigma_1\sigma_2\sigma_6)\begin{bmatrix}F_{11} & F_{12} & F_{16}\\ F_{12} & F_{22} & F_{26}\\ F_{16} & F_{26} & F_{66}\end{bmatrix}\begin{Bmatrix}\sigma_1\\ \sigma_2\\ \sigma_6\end{Bmatrix}=1 \tag{3-10b}$$

简写为

$$\{F_1\}^{\mathrm{T}}\ \{\sigma\}\ +\ \{\sigma\}^{\mathrm{T}}\ [F_{11}]\ \{\sigma\}\ =1 \tag{3-10c}$$

如 3.1 节所述，在材料主方向坐标系中，切应力 σ_6（τ_{12}）的方向（正、负

号）改变不会影响材料的强度，因而在式（3-10b）中，凡是与切应力一次项相对应的强度参数必须为零，即

$$F_6 = F_{16} = F_{26} = 0 \tag{3-11}$$

将式（3-11）代入式（3-10b），并展开，得

$$F_1\sigma_1 + F_2\sigma_2 + F_{11}\sigma_1^2 + F_{22}\sigma_2^2 + F_{66}\sigma_6^2 + 2F_{12}\sigma_1\sigma_2 = 1 \tag{3-12}$$

式中，前五个强度参数 F_1、F_2、F_{11}、F_{22}、F_{66} 可由沿材料主方向的单轴拉伸（压缩）和纯剪切试验获得

$$\left.\begin{array}{ll} F_1X_t + F_{11}X_t^2 = 1 & 仅\ \sigma_1 > 0，其余应力分量均为零 \\ -F_1X_c + F_{11}X_c^2 = 1 & 仅\ \sigma_1 < 0，其余应力分量均为零 \\ F_2Y_t + F_{22}Y_t^2 = 1 & 仅\ \sigma_2 > 0，其余应力分量均为零 \\ -F_2Y_c + F_{22}Y_c^2 = 1 & 仅\ \sigma_2 < 0，其余应力分量均为零 \\ F_{66}S^2 = 1 & 仅\ \sigma_6（\tau_{12}）\neq 0，其余应力分量均为零 \end{array}\right\} \tag{a}$$

从式（a）可以解出

$$\left.\begin{array}{l} F_1 = \dfrac{1}{X_t} - \dfrac{1}{X_c},\ F_{11} = \dfrac{1}{X_tX_c} \\ F_2 = \dfrac{1}{Y_t} - \dfrac{1}{Y_c},\ F_{22} = \dfrac{1}{Y_tY_c} \\ F_{66} = \dfrac{1}{S^2} \end{array}\right\} \tag{3-13}$$

这样，用五个基本强度 X_t、X_c、Y_t、Y_c、S 表示了五个强度参数 F_1、F_2、F_{11}、F_{22}、F_{66}，剩下的 F_{12} 无法由单轴拉伸（压缩）试验获得，必须采用双轴拉伸（压缩）试验获得。之所以要采用双轴试验，是因为在式（3-12）中 F_{12} 是 $\sigma_1\sigma_2$ 乘积项的系数，它反应了1、2两个材料主方向抗拉（抗压）强度的相互影响，称为影响系数。现在通过双轴拉伸试验来确定 F_{12}。

令 $\sigma_1 = \sigma_2 = \sigma_0$，$\sigma_6 = 0$，由式（3-12）有

$$(F_1 + F_2)\sigma_0 + (F_{11} + F_{22} + 2F_{12})\sigma_0^2 = 1 \tag{b}$$

将式（3-13）代入式（b）中，解出 F_{12} 为

$$F_{12} = \frac{1}{2\sigma_0^2}\left[1 - \left(\frac{1}{X_t} - \frac{1}{X_c} + \frac{1}{Y_t} - \frac{1}{Y_c}\right)\sigma_0 - \left(\frac{1}{X_tX_c} + \frac{1}{Y_tY_c}\right)\sigma_0^2\right] \tag{3-14}$$

由式（3-14）可知：

（1）影响系数 F_{12} 不仅依赖于基本强度，同时还与双向抗拉强度 σ_0 有关。

（2）该准则解决了 Tsai – Hill 与 Hoffman 准则中所缺的 $\dfrac{\sigma_1\sigma_2}{X_tX_c}$、$\dfrac{\sigma_1\sigma_2}{Y_tY_c}$ 项的问题，这样更具有普遍性。

Pipes（派普斯）和 Cole（科尔）试验测量了硼/环氧树脂复合材料单向板各个材料主方向下的影响系数，得到了 Tsai – Wu 张量强度准则的试验数据，由图 3-8 可见，与理论曲线相当吻合。

3.4.2 对影响系数 F_{12} 的讨论

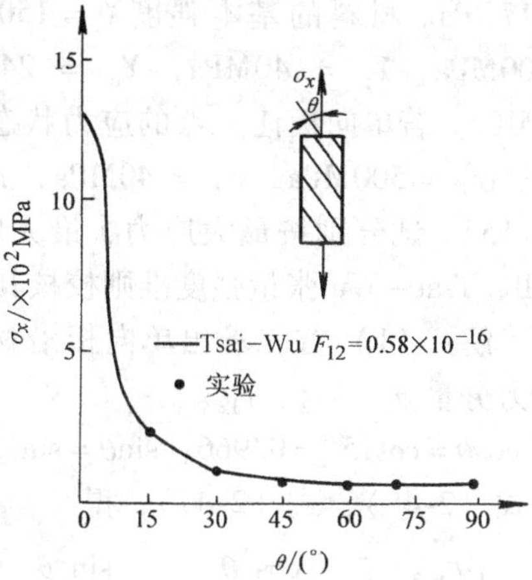

图 3-8 Tsai – Wu 张量强度准则

测定材料影响系数 F_{12} 的沿材料主方向 1、2 的双轴试验难度很大，不易进行；而且也不容易精确测定双向抗拉强度 σ_0。可采用下面的理论分析方法确定 F_{12}。

取沿材料主方向的应力分量 σ_1、σ_2、σ_6（τ_{12}）为三维空间的三个正交坐标轴，组成右手坐标系，这个空间称为应力空间。这样，凡是满足强度准则表达式（3-12）的一个极限应力状态（σ_1^*、σ_2^*、σ_6^*）将是该应力空间中的一点；而凡是满足式（3-12）的所有极限应力状态在该应力空间中对应一个围绕坐标原点的极限曲面，称为强度包络面，应该是一个封闭的曲面。

由于我们是要确定 F_{12}，故可令 $\sigma_6=0$。平面 $\sigma_6=0$ 与强度包络面的交线为一 $\sigma_1-\sigma_2$ 坐标面内的二次曲线，其方程为

$$F_{11}\sigma_1^2+2F_{12}\sigma_1\sigma_2+F_{22}\sigma_2^2+F_1\sigma_1+F_2\sigma_2-1=0 \tag{3-15}$$

既然这条二次曲线是强度包络面与 $\sigma_1-\sigma_2$ 坐标面的交线，那么应该是条椭圆线，而不是一条抛物线或双曲线。这样，在式（3-15）中系数间有下列关系

$$F_{11}F_{22}-F_{12}^2>0 \tag{c}$$

即

$$-\sqrt{F_{11}F_{22}}<F_{12}<\sqrt{F_{11}F_{22}} \tag{3-16}$$

引入无量纲化的正则化影响系数 F_{12}^*，即令

$$F_{12}^*=\frac{F_{12}}{\sqrt{F_{11}F_{22}}} \tag{3-17}$$

则

$$-1<F_{12}^*<1 \tag{3-18}$$

这就是 F_{12}^* 的取值范围。若取 $F_{12}^*=-\frac{1}{2}$，则 Tsai – Wu 张量强度准则就退化为广义的 Tsai – Hill 强度准则。有时为简便起见，取 $F_{12}^*=0$，与 F_{12}^* 取为 $-\frac{1}{2}$ 相比，对于多数复合材料计算表明，两者差异不超过 10%。

例 3-1 T300/5208 碳纤维增强复合材料单向板，已知材料的弹性常数E_1 = 181GPa，E_2 = 10.3GPa，ν_{12} = 0.28，G_{12} = 7.17GPa。材料的基本强度X_t = 1500MPa，X_c = 1500MPa，Y_t = 40MPa，Y_c = 246MPa，S = 68MPa。若单向板任一点的应力状态如图 3-9 所示，σ_x = 500MPa，σ_y = 40MPa，τ_{xy} = 60MPa，θ = 15°。试分别按最大应力、最大应变、Tsai - Hill、Tsai - Wu 张量强度准则校核其强度。

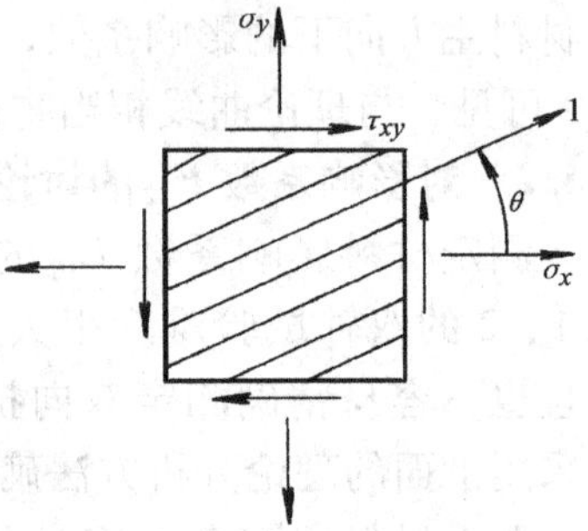

图 3-9 T300/5208 碳纤维增强复合材料单向板的应力状态

解：（1）首先求出单向板沿材料主方向的应力分量σ_1、σ_2、τ_{12}。

$\cos\theta = \cos15° = 0.966$，$\sin\theta = \sin15° = 0.259$

由式（2-48）、式（2-47），得

$$\begin{Bmatrix}\sigma_1\\ \sigma_2\\ \tau_{12}\end{Bmatrix}=\begin{bmatrix}\cos^2\theta & \sin^2\theta & 2\sin\theta\cos\theta\\ \sin^2\theta & \cos^2\theta & -2\sin\theta\cos\theta\\ -2\sin\theta\cos\theta & \sin\theta\cos\theta & \cos^2\theta-\sin^2\theta\end{bmatrix}\begin{Bmatrix}\sigma_x\\ \sigma_y\\ \tau_{xy}\end{Bmatrix}$$

$$=\begin{bmatrix}0.996^2 & 0.259^2 & 2\times0.259\times0.966\\ 0.259^2 & 0.966^2 & -2\times0.259\times0.966\\ -0.259\times0.966 & 0.259\times0.966 & 0.966^2-0.259^2\end{bmatrix}\begin{Bmatrix}500\\ 40\\ 60\end{Bmatrix}\text{MPa}$$

$$=\begin{Bmatrix}499.28\\ 40.82\\ 63.03\end{Bmatrix}\text{MPa}$$

（2）按最大应力强度准则

$\sigma_2 = 40.82\text{MPa} > Y_t = 40\text{MPa}$，故该单向板在 2 方向失效。

（3）按最大应变强度准则

$$\nu_{21}=E_2\frac{\nu_{12}}{E_1}=10.3\times\frac{0.28}{181}=0.016$$

$$\sigma_1-\nu_{21}\sigma_2=499.28\text{MPa}-0.016\times40.82\text{MPa}=498.63\text{MPa}$$

$$\sigma_2-\nu_{12}\sigma_1=40.82\text{MPa}-0.28\times499.28\text{MPa}=-98.98\text{MPa}$$

$$|\tau_{12}|=63.03\text{MPa}$$

因为

$$\sigma_1-\nu_{21}\sigma_2=498.63\text{MPa}<X_c=1500\text{MPa}$$

$$|\sigma_2-\nu_{12}\sigma_1|=|-98.98\text{MPa}|=98.98\text{MPa}<X_c=246\text{MPa}$$

$$|\tau_{12}|=63.03\text{MPa}<S=68\text{MPa}$$

故该单向板不会失效。

（4）按 Tsai - Hill 强度准则

$$\frac{\sigma_1^2}{X^2}-\frac{\sigma_1\sigma_2}{X^2}+\frac{\sigma_2^2}{Y^2}+\frac{\tau_{12}^2}{S^2}=\frac{(499.28)^2}{1500^2}-\frac{499.28\times40.82}{1500^2}+\frac{40.82^2}{40^2}+\frac{63.03^2}{68^2}$$
$$=2>1$$

故该单向板失效（计算中，2 方向基本强度取其最小值 Y_t）

（5）Tsai－Wu 张量强度准则

$$\frac{1}{F}=\frac{1}{X_t}-\frac{1}{X_c}=\frac{1}{1500}\text{MPa}^{-1}-\frac{1}{1500}\text{MPa}^{-1}=0$$

$$F_{11}=\frac{1}{X_tX_c}=\frac{1}{1500\times1500}\text{MPa}^{-2}=0.444\times10^{-6}\text{MPa}^{-2}$$

$$F_2=\frac{1}{Y_t}-\frac{1}{Y_c}=\frac{1}{40}\text{MPa}^{-1}-\frac{1}{246}\text{MPa}^{-1}=0.021\text{MPa}^{-1}$$

$$F_{22}=\frac{1}{Y_tY_c}=\frac{1}{40\times246}\text{MPa}^{-2}=0.102\times10^{-3}\text{MPa}^{-2}$$

$$F_{66}=\frac{1}{S^2}=\frac{1}{68^2}\text{MPa}^{-2}=0.216\times10^{-3}\text{MPa}^{-2}$$

取
$$F_{12}^*=-\frac{1}{2}$$

即
$$F_{12}=-\frac{1}{2}\sqrt{F_{11}F_{22}}=-\frac{1}{2}\sqrt{0.444\times10^{-6}\times0.102\times10^{-3}}\text{MPa}^{-2}$$
$$=-3.365\times10^{-6}\text{MPa}^{-2}$$

$$F_{11}\sigma_1^2+2F_{12}\sigma_1\sigma_2+F_{22}\sigma_2^2+F_{66}\sigma_6^2+F_1\sigma_1+F_2\sigma_2$$
$$=0.444\times10^{-6}\times499.28^2+2\times(-3.365\times10^{-6})\times499.28\times40.82+0.102\times10^{-3}\times40.82^2+0.216\times10^{-3}\times63.03^2+0+0.021\times40.82=1.89>1$$

故该单向板失效。

3.5 单向板的强度比方程

应用强度准则分析单向板的强度时，通常遇到两类问题，即校核强度和计算极限应力（或极限载荷）。由例 3-1 的讨论可知，校核强度较简单，单向板是否失效容易判断。但是，对于不失效的情况，不能定量地给出安全裕度。而对于计算极限应力的第二类强度分析问题就相当困难了，原因是从 Tsai－Hill 或 Tsai－Wu 强度准则的一个表达式中无法解出三个极限应力分量。为此，引入单向板的强度比方程（Equation of Strength Ratio）。

3.5.1 强度比定义

由 3.4.2 节的讨论可知，在二维应力空间中强度包络线是一个围绕坐标原点的椭圆，如图 3-10 所示。对于一单向板，其实际应力场所对应的应力空间点的位置有如下三种可能：

（1）落在椭圆线上。此时表达式（3-6）、式（3-8）、式（3-12）等号左边的值将等于1，说明材料已进入极限状态。

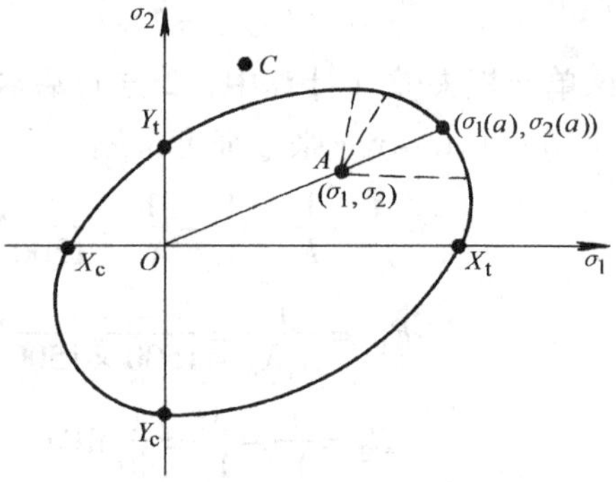

图3-10　双轴应力状态比例加载

（2）落在椭圆线外面。此时，上述表达式等号左边的值将大于1，说明材料已失效。

（3）落在椭圆线的内部，例如图3-10中的A点，则上述表达式左边的值将小于1，材料没有失效，单向板的实际应力尚可继续增加。

由A点开始加载而达到椭圆线的方式有无穷多个，正如图3-10中虚线表示的那样。最简单的方式是沿着射线OA的方向，在加载过程中始终保持应力分量的比例不变，称为比例加载。所谓强度比（Strength Ratio）是指在比例加载条件下，极限应力与实际应力之比，用R表示，即

$$R=\frac{\sigma_{iu}}{\sigma_i}\ (i=1,\ 2,\ 6) \tag{3-19}$$

式中，σ_i为单向板的实际应力分量；σ_{iu}为对应于σ_i的极限应力分量。

强度比R取值的含义为：

（1）$R=1$，说明单向板的实际应力与极限应力相等，材料进入极限状态。

（2）$R>1$，说明实际应力小于极限应力。此时R的值为安全裕度的一种度量，即实际应力达到极限应力时尚需增加$R-1$倍。

（3）$R<1$没有意义。$R\to\infty$时，说明实际应力为零。若实际应力为单位值1时，强度比R值就是极限应力值。

3.5.2　强度比方程

（1）Tsai－Hill强度准则的强度比方程

当式（3-6）等号左端等于1时，材料已进入极限状态，式中的实际应力分量已为极限应力分量，故式中的σ_i应改写为σ_{iu}。再代入式（3-19）的强度比R，于是可得Tsai－Hill准则的强度比方程

$$\left[\left(\frac{\sigma_1}{X}\right)^2-\frac{\sigma_1\sigma_2}{X^2}+\left(\frac{\sigma_2}{Y}\right)^2+\left(\frac{\tau_{12}}{S}\right)^2\right]R^2-1=0 \tag{3-20}$$

（2）Hoffman强度准则的强度比方程

$$\left[\frac{\sigma_1^2-\sigma_1\sigma_2}{X_tX_c}+\frac{\sigma_2^2}{Y_tY_c}+\frac{\tau_{12}^2}{S^2}\right]R^2+\left[\frac{X_c-X_t}{X_tX_c}\sigma_1+\frac{Y_c-Y_t}{Y_tY_c}\sigma_2\right]R-1=0 \tag{3-21}$$

(3) Tsai – Wu 张量强度准则的强度比方程

$$(F_{11}\sigma_1^2+2F_{12}\sigma_1\sigma_2+F_{22}\sigma_2^2+F_{66}\tau_{12}^2)R^2+(F_1\sigma_1+F_2\sigma_2)R-1=0 \tag{3-22}$$

解式(3-20)~式(3-22),可得两个根。其中,一个正根是对应于给定的应力分量;另一个负根是对应于给定应力分量同值但符号相反的应力分量。解出R值后,便可利用式(3-19)求出极限应力。

例3-2 由例3-1的T300/5208碳纤维增强复合材料制成的单向板,某一点的应力状态为$\sigma_1=20\text{MPa}$、$\sigma_2=10\text{MPa}$,$\tau_{12}=0$。试求在比例加载条件下的极限应力分量。

解: 若采用 Tsai – Wu 张量强度准则,则强度比方程为

$$(F_{11}\sigma_1^2+2F_{12}\sigma_1\sigma_2+F_{22}\sigma_2^2+F_{66}\tau_{12}^2)R^2+(F_1\sigma_1+F_2\sigma_2)R-1=0$$

利用例3-1中已经计算出的强度参数F_1,F_2,…,求得

$$\begin{aligned}&F_{11}\sigma_1^2+2F_{12}\sigma_1\sigma_2+F_{22}\sigma_2^2+F_{66}\tau_{12}^2\\&=0.444\times10^{-6}\times20^2+2\times(-3.365\times10^{-6})\times20\times10+0.102\times10^{-3}\times10^2+0\\&=0.899\times10^{-2}\end{aligned}$$

$$F_1\sigma_1+F_2\sigma_2=0+0.021=0.21$$

即 $$0.899\times10^{-2}R^2+0.21R-1=0$$

解得 $$R_1=4.07,\ R_2=-27.3$$

R_1是对应于该应力状态的强度比;而R_2是对应于$\sigma_1=-20\text{MPa}$,$\sigma_2=-10\text{MPa}$,$\tau_{12}=0$应力状态的强度比。

极限应力 $$\sigma_{1u}=R_1\sigma_1=4.07\times20\text{MPa}=81.4\text{MPa}$$

$$\sigma_{2u}=R_1\sigma_2=4.07\times10\text{MPa}=40.7\text{MPa}$$

3.6 结论与讨论

与各向同性材料完全不同,对于复合材料,其强度的显著特点是具有方向性。对于正交异性材料,存在三个材料主方向,不同主方向的强度是不相同的。比如,纤维增强复合材料单向板,沿着纤维方向的强度通常是垂直纤维方向强度的几十倍。这样,在正交异性材料中,主应力与主应变概念是没有意义的。所以,最大工作应力不一定对应材料的危险状态,即不一定是控制设计的应力,必须在合理且比较实际的应力场和许用的应力场下,才能判断材料的强度状态。

对于抗拉、抗压强度相同的正交异性单向板,存在三个基本强度值;对于抗拉、抗压强度不同的正交异性单向板,存在五个基本强度值。

最大应力强度准则认为，只要材料主方向上任何一个应力分量达到相应的基本强度值时，材料便破坏。最大应变强度准则认为，只要材料主方向上任何一个应变分量达到相应的基本强度所对应的应变值时，材料便破坏。无论是最大应力强度准则，还是最大应变强度准则，它们的理论曲线与试验数据相差甚大。

Tsai – Hill 强度准则，实际上是各向同性材料中的 Mises 屈服准则在正交异性材料中的推广，其六个强度系数完全由材料的六个基本强度（材料主方向的三个轴向强度与三个抗剪强度）所决定。由于在表达式（3-6）中没有区别抗拉与抗压基本强度之间的区别，因而，Tsai – Hill 强度准则原则上只适用于在材料主方向上抗拉、抗压强度相同的单向板。考虑材料主方向上抗拉、抗压强度不同，Hoffman 对 Tsai – Hill 强度准则作了修正，增加了 σ_1、σ_2 和 σ_3 的奇函数项，提出了 Hoffman 强度准则。与最大应力、最大应变强度准则不同，Tsai – Hill、Hoffman 强度准则的表达式只有一个。

Tsai – Wu 张量强度准则，将目前所有唯象论强度准则都归结为高阶张量多项式强度准则的各种特殊情况，其表达式为一二阶张量多项式。该强度准则引入材料影响系数 F_{12}，它不仅依赖于基本强度，而且还与双向抗拉强度有关。

3.7 习题

3-1 设单向板的 $X_t = X_c = 1\text{GPa}$，$Y_t = Y_c = S = 0.4\text{GPa}$。试分别用最大应力强度准则和 Tsai – Hill 强度准则，确定图示应力状态下材料的容许应力（分别取 $\theta = 0°$、$5°$、$15°$、$20°$、$30°$、$60°$、$90°$）。

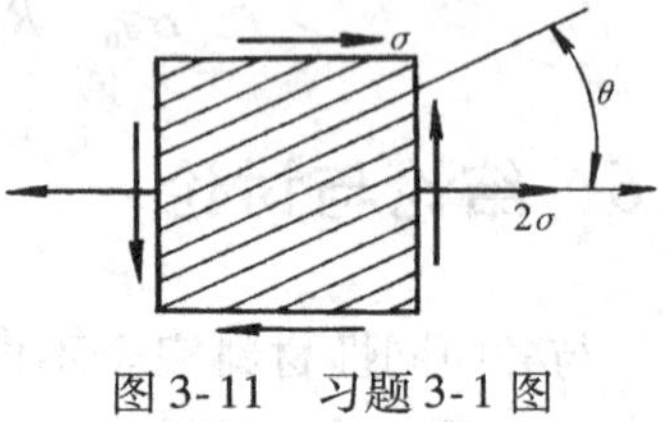

图 3-11 习题 3-1 图

3-2 按最大应力强度准则，绘出 T300/5208 碳纤维增强复合材料单向板偏轴拉伸或压缩时的强度包络线，并求出各线段交点的偏轴角度。材料的基本强度为 $X_t = 1347\text{MPa}$，$X_c = 1277\text{MPa}$，$Y_t = 68.9\text{MPa}$，$Y_c = 112\text{MPa}$，$S = 91\text{MPa}$。

3-3 给出 Tsai – Hill 强度准则在非材料主方向时的表达式。

3-4 根据 Tsai – Hill 强度准则，求出图中所示的拉应力 σ_x 可能取得的最大值与最小值，并给出取得极值的条件。

3-5 有一用单向板制成的薄壁圆管，材料为 T300/5208 碳纤维增强复合材料。圆管平均半径 $R_0 = 20\text{mm}$，壁厚 $t = 2\text{mm}$，纤维与轴线成 45°角。试采用 Tsai – Hill 强度准则，求出薄壁圆管扭转、拉伸时的最大容许载荷。

3-6 设 σ_x 是沿 x 轴方向的拉伸应力，σ_1 是沿纤维方向的拉伸应力，θ 是纤维方向与 x 轴之间的夹角。试证明三次张量多项式强度准则的表达式为

$$a\sigma_x^3 + b\sigma_x^2 + c\sigma_x = 1$$

式中，系数 a、b、c 分别为 θ 的函数：

$$a = 3[(F_{112} + F_{166})\cos^2\theta + (F_{221} + F_{266})\sin^2\theta]\sin^2\theta\cos^2\theta + F_{111}\cos^4\theta + F_{222}\sin^6\theta$$

$$b = F_{11}\cos^4\theta + F_{22}\sin^4\theta + F_{66}\sin^2\theta\cos^2\theta + 2F_{12}\sin^2\theta\cos^2\theta$$

$$c = F_1\cos^2\theta + F_2\sin^2\theta$$

第 4 章　单向板刚度与强度的细观力学分析

4.1　引言

第 2、3 章从宏观角度对正交各向异性复合材料单向板进行了力学分析，实验得出描述单向板本构关系的弹性常数 E_1、E_2、ν_{12}、G_{12} 以及预测破坏的基本强度 X_t、X_c、Y_t、Y_c、S 等。这些性能都是在将复合材料视为均质材料的基础上得到的等效性能，称为复合材料的“表观”性能。

现在提出的问题是，这些表观性能与纤维、基体等组分材料的性能有什么关系，复合材料的性能随着纤维含量不同要发生怎样的变化，为了获得预期的性能应当如何选择组分材料以及怎样确定各组分材料的含量，所有这些，都是细观力学研究的内容。

细观力学将各向异性单向板视为具有增强相、基体相与界面相的多相各向异性非均质材料，并认为组分材料是均质各向同性，从组分材料的性能和界面特性来估算单向板的表观性能。具体来说，细观力学的研究目的是要寻求下列函数关系。

$$C_{ij} = C\ (E_f,\ \nu_f,\ v_f,\ E_m,\ \nu_m,\ v_m) \tag{4-1}$$

$$X_i = X\ (X_{if},\ v_f,\ X_{im},\ v_m) \tag{4-2}$$

式中，C_{ij}为单向板的工程弹性常数；X_i 为单向板的基本强度；E、ν、v 分别为弹性模量、泊松比和体积比；X_{if}、X_{im}为纤维与基体的基本强度；下标 f、m 分别表示纤维与基体。

细观力学将复合材料视为多相结构，由于细观结构千差万别，所以必须作如下假设：

（1）复合材料单向板是宏观均质、线弹性、正交各向异性，无初应力的。

（2）各组分材料是均质、线弹性、各向同性的。

（3）增强材料的形状和在基体中的分布是规则的。

（4）增强材料与基体材料在界面处应变连续，不发生相对滑移。

（5）复合材料与组分材料均处于小变形状态。

由于已将复合材料单向板假设为宏观均质材料，因而只需取其中一小部分来研究即可。这一小部分必须小得足以表示细观的材料组成结构，而又必须大得足以代表复合材料单向板，称为代表性体积单元（如图 4-1 所示）。通常，代表性体积单元中只包含一根纤维（但也可能多于一根纤维）；取纤维的间距为该单元的一个方向尺寸，取单向板的厚度或纤维在厚度方向的间距为另一方向的尺寸，第三个方向的尺寸可任设。对于在两个方向有纤维的单层板，若忽略编织几何形状，则代表性体积单元的两个方向尺寸可取决于各自的纤维间距；否则选取如图 4-2 所示的有限元模型为代表性体积单元。

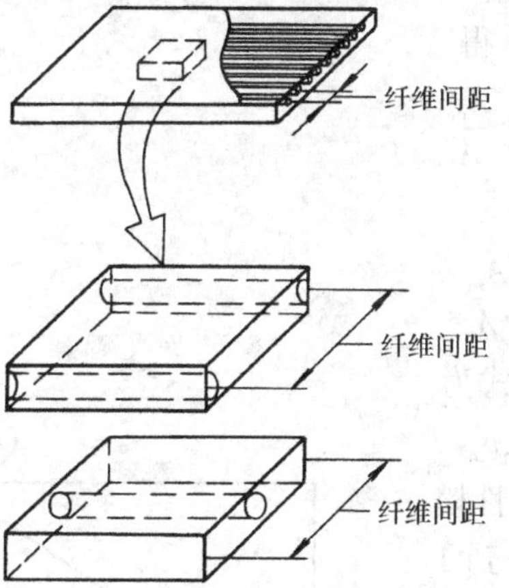

图 4-1　单向板代表性体积单元

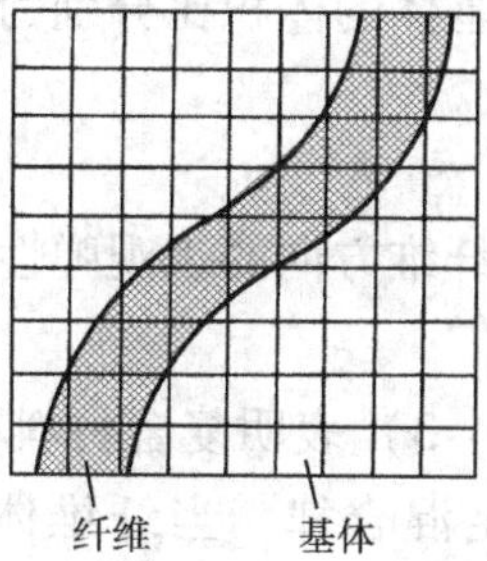

图 4-2　编织单向板代表性体积单元

4.2　用材料力学方法分析刚度

4.2.1　表观弹性模量 E_1 的确定

在图 4-3 所示的代表性体积单元中，设纤维方向为 1 轴，垂直纤维方向为 2 轴，并假设垂直于 1 轴的截面（平面）承载后仍为平面。这样，在 1 方向，纤维中、基体中的应变相同，即

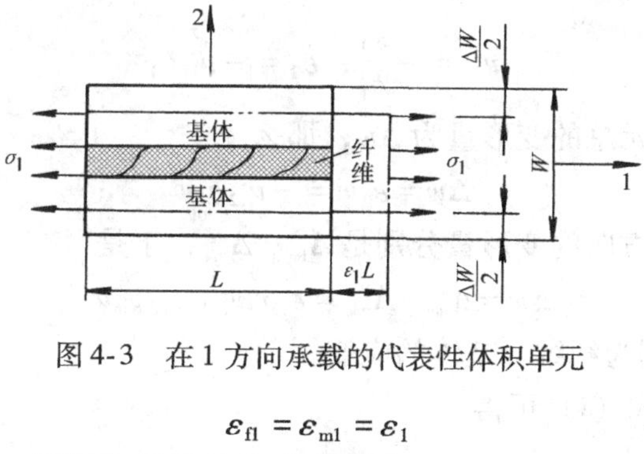

图 4-3　在 1 方向承载的代表性体积单元

$$\varepsilon_{f1} = \varepsilon_{m1} = \varepsilon_1 \tag{a}$$

由 4.1 节假设（2），纤维与基体的应力分别为

$$\left.\begin{aligned}\sigma_{f1} &= E_f\varepsilon_1 \\ \sigma_{m1} &= E_m\varepsilon_1\end{aligned}\right\} \tag{b}$$

设该单元垂直于1轴的横截面面积为 A，纤维与基体的横截面面积分别为 A_f、A_m，于是有

$$\sigma_1 A = \sigma_{f1}A_f + \sigma_{m1}A_m \tag{c}$$

将式（b）代入式（c），并考虑到 $\sigma_1 = E_1\varepsilon_1$，得

$$E_1 = E_f\frac{A_f}{A} + E_m\frac{A_m}{A} \tag{d}$$

令纤维和基体的体积比分别为 v_f、v_m，即

$$v_f = \frac{A_f}{A},\ v_m = \frac{A_m}{A} \tag{e}$$

这样，沿纤维方向的表观弹性模量 E_1 的表达式为

$$E_1 = E_f v_f + E_m v_m \tag{4-3}$$

式（4-3）表明复合材料单向板的表观弹性模量 E_1 满足混合律。当纤维体积比 v_f 从0变到1时，E_1 将从基体弹性模量 E_m 线性地变化到纤维弹性模量 E_f，如图4-4所示。

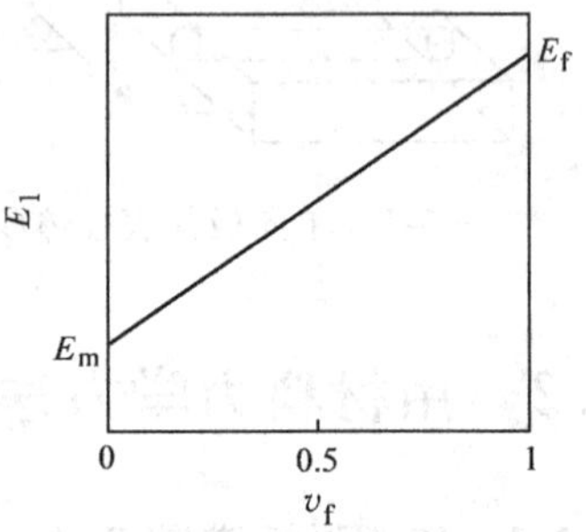

图4-4　E_1 随纤维体积比 v_f 的变化

若忽略复合材料中的空隙，认为

$$v_f + v_m = 1 \tag{f}$$

那么式（4-3）可改写为

$$E_1 = E_f v_f + E_m(1 - v_f) \tag{4-4}$$

4.2.2　表观泊松比 ν_{12} 的确定

图4-3所示的代表性体积单元承受应力 σ_1 时，设该单元沿2方向应变为 ε_2，由主泊松比定义，则

$$\nu_{12} = -\frac{\varepsilon_2}{\varepsilon_1},\ \varepsilon_2 = -\nu_{12}\varepsilon_1 \tag{g}$$

若沿2方向，该单元总的变形量为 Δw，那么

$$\Delta w = \varepsilon_2 w = -\nu_{12}\varepsilon_1 w \tag{h}$$

设纤维与基体在2方向的变形量分别是 Δ_{fw}、Δ_{mw}，于是

$$\Delta w = \Delta_{fw} + \Delta_{mw} = \varepsilon_{f2}v_f w + \varepsilon_{m2}v_m w \tag{i}$$

式中，ε_{f2}、ε_{m2} 分别为纤维、基体的应变。

由式（h）与式（i）可得

$$\nu_{12} = -\frac{\varepsilon_{f2}}{\varepsilon_1}v_f - \frac{\varepsilon_{m2}}{\varepsilon_1}v_m \tag{j}$$

即

$$\nu_{12}=v_f\nu_f+v_m\nu_m \tag{4-5}$$

或

$$\nu_{12}=\nu_f v_f+\nu_m(1-v_f) \tag{4-6}$$

式中，ν_f、ν_m 分别是纤维、基体的泊松比。

由式（4-5）、式（4-6）可以看出主泊松比 ν_{12} 亦满足混合律，其变化规律类似于图 4-4 所示的 E_1。

4.2.3 表观弹性模量 E_2 的确定

图 4-5 所示的代表性体积单元承受着应力 σ_2，若用 ε_2、ε_{f2}、ε_{m2} 分别表示体积单元、纤维、基体在 2 方向的应变，那么

$$\left.\begin{aligned}\varepsilon_{f2}&=\frac{\sigma_2}{E_f}\\ \varepsilon_{m2}&=\frac{\sigma_2}{E_m}\end{aligned}\right\} \tag{k}$$

$$\varepsilon_2 w=\varepsilon_{f2}v_f w+\varepsilon_{m2}v_m w \tag{l}$$

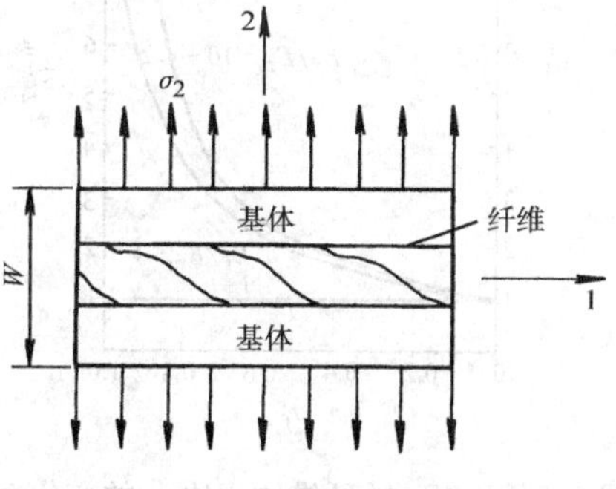

图 4-5 在 2 方向承载的代表性体积单元

式（k）代入式（l）中，得到

$$\varepsilon_2=\frac{\sigma_2}{E_f}v_f+\frac{\sigma_2}{E_m}v_m \tag{m}$$

由于 $\sigma_2=E_2\varepsilon_2$，代入式（m）整理后有

$$E_2=\frac{E_fE_m}{E_fv_m+E_mv_f} \tag{4-7}$$

将式（4-7）改写成无量纲形式为

$$\frac{E_2}{E_m}=\frac{1}{v_m+\dfrac{E_m}{E_f}v_f} \tag{4-8}$$

图 4-6 给出 $E_f/E_m=10$、$E_f/E_m=100$ 时，无量纲化弹性模量 E_2/E_m 随纤维体积比 v_f 的变化情况。由曲线看出，即使是 $E_f=10E_m$，也需要 50% 以上的纤维体积含量才能使表观弹性模量 E_2 提高到基体弹性模量 E_m 的两倍。这就是说，除非纤维的体积比很高，否则纤维对表观弹性模量 E_2 的提高不会有太大作用。

4.2.4 表观切变换量 G_{12} 的确定

图 4-7 为承受剪切的代表性体积单元，若假定纤维与基体中的切应力相等，均为 τ，于是

$$\gamma_f=\frac{\tau}{G_f},\ \gamma_m=\frac{\tau}{G_m} \tag{n}$$

式中，γ_f 与 G_f、γ_m 与 G_m 分别为纤维、基体的切应变与切变模量。

若用 Δ、Δ_f、Δ_m 分别表示代表性体积单元、纤维、基体的剪切变形，γ 为单元的切应变，那么

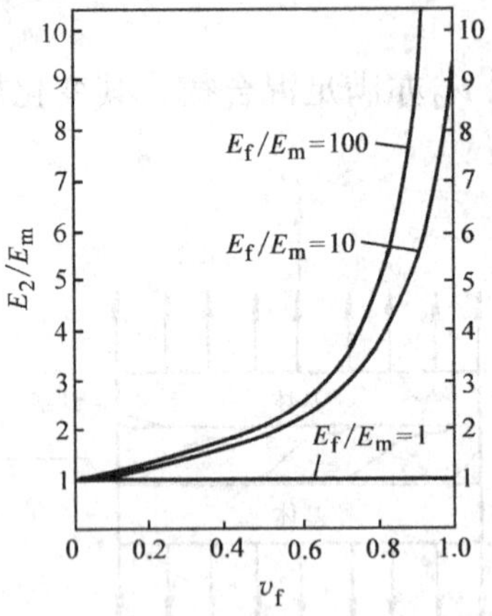

图 4-6　E_2/E_m 随纤维体积比 v_f 的变化情况

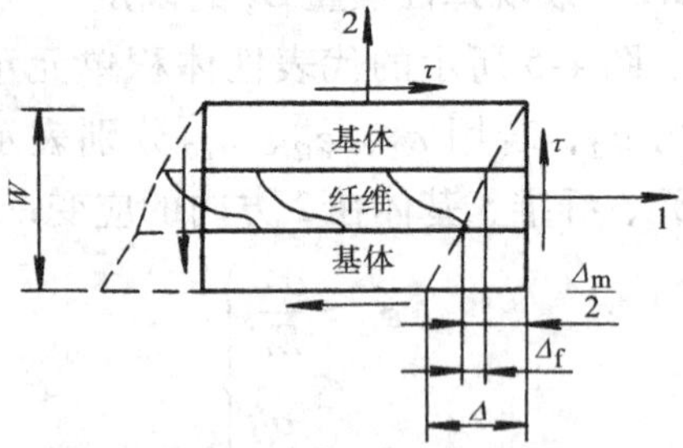

图 4-7　代表性体积单元承受剪切

$$\Delta = \gamma w \tag{o}$$

$$\Delta_f = \gamma_f v_f w \tag{p}$$

$$\Delta_m = \gamma_m v_m w \tag{q}$$

$$\Delta = \Delta_f + \Delta_m = \gamma_f v_f w + \gamma_m v_m w \tag{r}$$

由式（o）与式（r），得

$$\gamma = \gamma_f v_f + \gamma_m v_m \tag{s}$$

因为 $\gamma = \dfrac{\tau}{G_{12}}$，这样由式（s）、式（n）可得

$$G_{12} = \frac{G_f G_m}{G_f v_m + G_m v_f} \tag{4-9}$$

同样，将 G_{12} 作无量纲化表达，即

$$\frac{G_{12}}{G_m} = \frac{1}{v_m + \dfrac{G_m}{G_f} v_f} \tag{4-10}$$

表观切变模量 G_{12} 随纤维体积比 v_f 变化关系曲线类似于 E_2。

4.3　用弹性力学能量原理分析刚度的上下限

有多种分析复合材料刚度的弹性力学方法，如极值法、精确解法等。这些方法的共同点都是应用和求解弹性力学的基本方程，分析结果有些是给出曲线形

式，有些是给出很冗长的公式，这样使得弹性力学分析方法的推广应用受到了限制。这里只介绍依据能量原理的极值法。

4.3.1 能量原理

对于线性弹性体，其应变能为

$$U_{\varepsilon} = \frac{1}{2}\int_{v}(\sigma_x \varepsilon_x + \sigma_y \varepsilon_y + \sigma_z \varepsilon_z + \tau_{xy}\gamma_{xy} + \tau_{yz}\gamma_{yz} + \tau_{zx}\gamma_{zx})\mathrm{d}v \tag{a}$$

按照线性弹性体的应力－应变关系（广义胡克定律），式（a）可写成只是应变的函数，记为 U_{ε}；亦可表示为只是应力的函数，记为 U_{σ}。U_{ε} 称为应变能，U_{σ} 称为余能。对于线性弹性体，这两种能量相等，即

$$U_{\varepsilon} = U_{\sigma} = U \tag{b}$$

最小余能原理认为，在弹性体内满足平衡方程，又在边界上满足应力边界条件的容许应力场 σ_i^0 所对应的余能 U_{σ}^0，总是大于或等于真实应力场 σ_i 所对应的余能 U_{σ}，即

$$U_{\sigma} \leqslant U_{\sigma}^0 \tag{c}$$

最小势能原理认为，在边界上满足位移边界条件的容许应变场 ε_i^* 所对应的应变能 U_{ε}^*，总是大于或等于真实应变场所对应的应变能 U_{ε}，即

$$U_{\varepsilon} \leqslant U_{\varepsilon}^* \tag{d}$$

4.3.2 E_1 下限的确定

应用最小余能原理可确定 E_1 的下限。在图 4-3 所示的承受 σ_1 作用的代表性体积单元中，满足平衡条件与满足应力边界条件的应力场，即容许应力场为

$$\sigma_1^0 = \sigma_1,\ \sigma_2^0 = \sigma_3^0 = \tau_{12}^0 = \tau_{23}^0 = \tau_{31}^0 = 0 \tag{e}$$

该容许应力场对应的余能为

$$U_{\sigma}^0 = \frac{1}{2}\int_{v}\frac{(\sigma_1^0)^2}{E}\mathrm{d}v = \frac{\sigma_1^2}{2}\int_{v}\frac{\mathrm{d}v}{E} \tag{f}$$

式（f）是在代表性体积单元的整个体积内积分，应分解为在纤维与基体中分别积分，即

$$U_{\sigma}^0 = \frac{\sigma_1^2}{2}\left(\int_{v_{\mathrm{f}}}\frac{\mathrm{d}v}{E_{\mathrm{f}}} + \int_{v_{\mathrm{m}}}\frac{\mathrm{d}v}{E_{\mathrm{m}}}\right) = \frac{\sigma_1^2}{2}\left(\frac{v_{\mathrm{f}}}{E_{\mathrm{f}}} + \frac{v_{\mathrm{m}}}{E_{\mathrm{m}}}\right)v \tag{g}$$

对于代表性的体积单元，真实应力场所对应的余能为

$$U_{\sigma} = \frac{1}{2}\cdot\frac{\sigma_1^2}{E_1}v \tag{h}$$

由式（c），可以得到

$$E_1 \geqslant \frac{E_{\mathrm{f}}E_{\mathrm{m}}}{E_{\mathrm{f}}v_{\mathrm{m}} + E_{\mathrm{m}}v_{\mathrm{f}}} \tag{4-11}$$

这样便确定了 E_1 的下限。

4.3.3 E_1 上限的确定

应用最小势能原理可确定 E_1 的上限。设代表性体积单元内容许应变场为

$$\varepsilon_1^* = \varepsilon_1,\ \varepsilon_2^* = \varepsilon_3^* = -\nu\varepsilon_1,\ \gamma_{12}^* = \gamma_{23}^* = \gamma_{31}^* = 0 \tag{i}$$

式中，ε_1 为平均应变；ν 为表观泊松比。

利用广义胡克定律

$$\left.\begin{aligned} \sigma_x &= \frac{\nu E}{(1+\nu)(1-2\nu)}(\varepsilon_x+\varepsilon_y+\varepsilon_z) + \frac{E}{1+\nu}\varepsilon_x \\ &\vdots \\ \tau_{xy} &= \frac{E}{2(1+\nu)}\gamma_{xy} \\ &\vdots \end{aligned}\right\} \tag{j}$$

可以分别得到纤维与基体中与该容许应变场相对应的应力为

$$\left.\begin{aligned} \sigma_{f1}^* &= \frac{1-\nu_f-2\nu_f\nu}{1-\nu_f-2\nu_f^2}E_f\varepsilon_1 \\ \sigma_{f2}^* &= \sigma_{f3}^* = \frac{\nu_f-\nu}{1-\nu_f-2\nu_f^2}E_f\varepsilon_1 \\ \tau_{f12}^* &= \tau_{f23}^* = \tau_{f31}^* = 0 \\ \sigma_{m1}^* &= \frac{1-\nu_m-2\nu_m\nu}{1-\nu_m-2\nu_m^2}E_m\varepsilon_1 \\ \sigma_{m2}^* &= \sigma_{m3}^* = \frac{\nu_m-\nu}{1-\nu_m-2\nu_m^2}E_m\varepsilon_1 \\ \tau_{m12}^* &= \tau_{m23}^* = \tau_{m31}^* = 0 \end{aligned}\right\} \tag{k}$$

将式（i）、式（k）代入式（a）中，分别在纤维体积与基体体积中积分，得

$$U_\varepsilon^* = \frac{\varepsilon_1^2}{2}\left[\frac{1-\nu_f-4\nu_f\nu+2\nu^2}{1-\nu_f-2\nu_f^2}E_f v_f + \frac{1-\nu_m-4\nu_m\nu+2\nu^2}{1-\nu_m-2\nu_m^2}E_m v_m\right]v \tag{l}$$

对于代表性体积单元，真实应变场所对应的势能

$$U_\varepsilon = \frac{1}{2}E_1\varepsilon_1^2 v \tag{m}$$

由式（d），得

$$E_1 \leqslant \frac{1-\nu_f-4\nu_f\nu+2\nu^2}{1-\nu_f-2\nu_f^2}E_f v_f + \frac{1-\nu_m-4\nu_m\nu+2\nu^2}{1-\nu_m-2\nu_m^2}E_m v_m \tag{4-12}$$

在上述分析过程中，表观泊松比 ν 未知，因而 E_1 的上限还未确定。表观泊松比 ν 可以由 U_ε^* 的极小值条件

$$\frac{\partial U_\varepsilon^*}{\partial \nu} = 0,\ \frac{\partial^2 U_\varepsilon^*}{\partial \nu^2} > 0$$

得到。由前一条件，对式（1）关于 ν 求导，得

$$\frac{\partial U_{\varepsilon}^{*}}{\partial \nu}=\frac{\varepsilon_{1}^{2}}{2}\left[\frac{4\nu-4\nu_{f}}{1-\nu_{f}-2\nu_{f}^{2}}E_{f}v_{f}+\frac{4\nu-4\nu_{m}}{1-\nu_{m}-2\nu_{m}^{2}}E_{m}v_{m}\right]v \tag{n}$$

令其等于零，解出

$$\nu=\frac{\nu_{f}(1-\nu_{m}-2\nu_{m}^{2})E_{f}v_{f}+\nu_{m}(1-\nu_{f}-2\nu_{f}^{2})E_{m}v_{m}}{(1-\nu_{m}-2\nu_{m}^{2})E_{f}v_{f}+(1-\nu_{f}-2\nu_{f}^{2})E_{m}v_{m}} \tag{4-13}$$

再对式（n）关于 ν 求导，得

$$\frac{\partial^{2} U_{\varepsilon}^{*}}{\partial \nu^{2}}=\frac{\varepsilon_{1}^{2}}{2}\left[\frac{4E_{f}v_{f}}{1-\nu_{f}-2\nu_{f}^{2}}+\frac{4E_{m}v_{m}}{1-\nu_{m}-2\nu_{m}^{2}}\right]v \tag{o}$$

由于纤维（增强体）和基体为各向同性材料，其泊松比 $0<\nu_{m}<0.5$，$0<\nu_{f}<0.5$，所以式（o）的 $\frac{\partial^{2} U_{\varepsilon}^{*}}{\partial \nu^{2}}$ 总为正值。这样，由式（4-13）所确定的表观泊松比 ν 使 U_{ε}^{*} 取极小值。式（4-13）即为用弹性力学方法确定的单向板表观泊松比的表达式。

将式（4-13）代入式（4-12）中，即得 E_1 上限的表达式。对于 $\nu_{f}=\nu_{m}$ 这一特殊情况有

$$E_{1}\leqslant E_{f}v_{f}+E_{m}v_{m} \tag{4-14}$$

与式（4-3）相比较，可知用材料力学方法计算的 E_1 是极值法的上限值。

4.3.4 E_2、G_{12} 的上下限

若对于代表性的体积单元承受的宏观应力为 $\sigma_{2}=\sigma$，其余的均为零，可用同样的方法讨论表观弹性模量 E_2 的上、下限。显然 E_2 的上、下限为

$$\frac{E_{f}E_{m}}{E_{f}v_{m}+E_{m}v_{f}}\leqslant E_{2}\leqslant E_{f}v_{f}+E_{m}v_{m} \tag{4-15}$$

同样，可得到 G_{12} 的上、下限

$$\frac{G_{f}G_{m}}{G_{f}v_{m}+G_{m}v_{f}}\leqslant G_{12}\leqslant G_{f}v_{f}+G_{m}v_{m} \tag{4-16}$$

4.4 用弹性力学精确解法分析刚度

用弹性力学精确解法分析刚度，实际上可归结为确定弹性基体中有一弹性嵌入体的各种情形的精确解，这在数学上是很困难的。同时，这种分析法在很大程度上取决于复合材料的几何形状与纤维、基体的特性等。例如，纤维可以是空心或实心的，截面可以是圆形或矩形，可以是各向同性或横观各向同性（如石墨纤维）。再如，纤维的排列可以有多种形式，图 4-8 给出了几种典型排列及其代表性体积单元。所有这些因素会对分析结果产生影响。

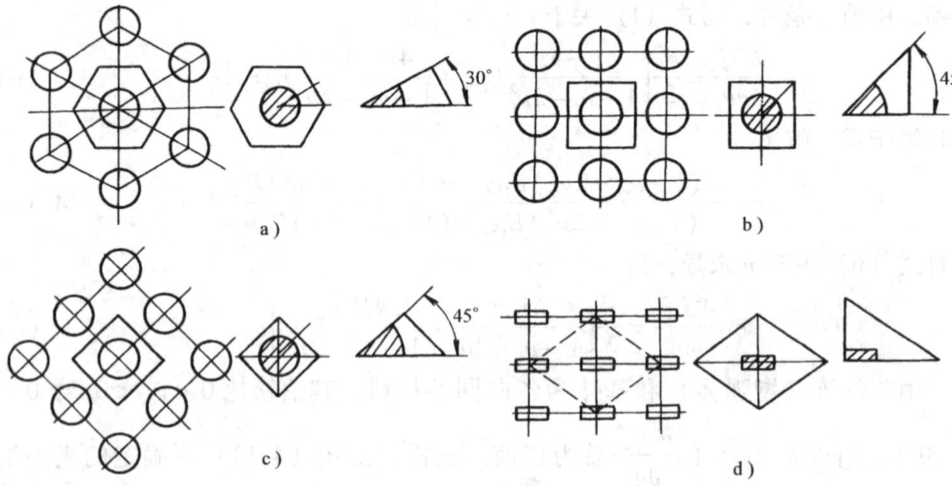

图 4-8　纤维几种典型排列及其代表性体积单元

a）六角形排列　b）正方形排列　c）圆纤维交错式正方形排列　d）矩形截面纤维菱形排列

本节介绍 Whitney 和 Riley 的独立模型，如图 4-9 所示，这种模型为一圆柱纤维嵌入一同心圆柱基体中。由于 $O23$ 为各向同性面，故该模型体积单元属横观各向同性体，这样其独立的弹性常数为五个，即 E_1，$E_2=E_3$，$\nu_{12}=\nu_{13}$，$\nu_{23}=\nu_{32}$，$G_{12}=G_{13}$，$G_{23}=E_2/[2\ (1+\nu_{23})]$。该模型的应力－应变关系为

$$
\left.\begin{aligned}
\varepsilon_1 &= \frac{\sigma_1}{E_1}-\frac{\nu_{21}}{E_2}\ (\sigma_2+\sigma_3) \\
\varepsilon_2 &= -\frac{\nu_{12}}{E_1}\sigma_1+\frac{\sigma_2}{E_2}-\frac{\nu_{32}}{E_2}\sigma_3 \\
\varepsilon_3 &= -\frac{\nu_{12}}{E_1}\sigma_1-\frac{\nu_{32}}{E_2}\sigma_2+\frac{\sigma_3}{E_2} \\
\gamma_{23} &= \frac{\tau_{23}}{G_{23}} \\
\gamma_{31} &= \frac{\tau_{31}}{G_{12}} \\
\gamma_{12} &= \frac{\tau_{12}}{G_{12}}
\end{aligned}\right\} \quad \text{(a)}
$$

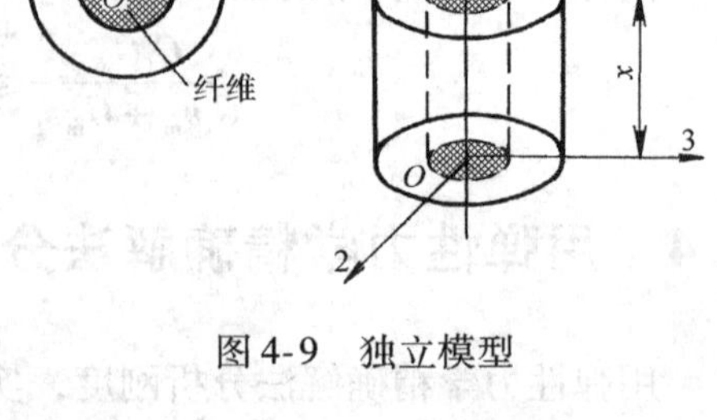

图 4-9　独立模型

4.4.1　E_1 的确定

对于图 4-9 所示的代表性体积单元，令其沿 1 方向可自由伸缩，故属于广义平面应变问题。它的位移分量可用柱坐标表示为

$$u_1=\varepsilon_1 x_1,\ u_r=u_r(r),\ u_\theta=0 \qquad \text{(b)}$$

式中，ε_1 为常量。

引入 Airy 应力函数 $\varphi(r)$，则按着弹性力学轴对称问题的解法，可解出应力与应变分量

$$\sigma_r = \frac{A}{r^2} + 2B, \sigma_\theta = -\frac{A}{r^2} + 2B$$

$$\varepsilon_r = \frac{1}{E}\left[(1+\nu)\frac{A}{r^2} + 2(1-\nu)B\right] \tag{c}$$

$$\varepsilon_\theta = \frac{1}{E}\left[-(1+\nu)\frac{A}{r^2} + 2(1-\nu)B\right]$$

上述结果对纤维、基体均适用，若用 A_f、B_f，A_m、B_m 分别表示在纤维区域与基体区域的积分常数，则纤维中、基体中的应力、应变为

$$\left.\begin{aligned}
&\sigma_{fr} = \frac{A_f}{r^2} + 2B_f, \sigma_{f\theta} = -\frac{A_f}{r^2} + 2B_f \\
&\varepsilon_{fr} = \frac{1}{E_f}\left[(1+\nu_f)\frac{A_f}{r^2} + 2(1-\nu_f)B_f\right] \\
&\varepsilon_{f\theta} = \frac{1}{E_f}\left[-(1+\nu_f)\frac{A_f}{r^2} + 2(1-\nu_f)B_f\right] \\
&\sigma_{mr} = \frac{A_m}{r^2} + 2B_m, \sigma_{m\theta} = -\frac{A_m}{r^2} + 2B_m \\
&\varepsilon_{mr} = \frac{1}{E_m}\left[(1+\nu_m)\frac{A_m}{r^2} + 2(1-\nu_m)B_m\right] \\
&\varepsilon_{m\theta} = \frac{1}{E_m}\left[-(1+\nu_m)\frac{A_m}{r^2} + 2(1-\nu_m)B_m\right]
\end{aligned}\right\} \tag{d}$$

当 $\gamma=0$ 时，纤维应力必为有限值，故 $A_f=0$。剩余的积分常数 A_m、B_m、B_f 可由边界条件以及纤维与基体界面处连续条件确定。

纤维与基体中的应力、应变确定后，再由复合材料的应变能等于纤维与基体中的应变能之和这一关系，最终可解出

$$E_1 = E_f v_f + E_m v_m + \frac{4(\nu_f - \nu_m)^2 v_f v_m \eta_f + \eta_f \eta_m G_m}{(v_f \eta_f + v_m \eta_m) G_m + \eta_f \eta_m} \tag{4-17}$$

式中

$$\left.\begin{aligned}
&\eta_f = \frac{E_f}{2(1-\nu_f-2\nu_f^2)} \\
&\eta_m = \frac{E_m}{2(1-\nu_m-2\nu_m^2)} \\
&G_m = \frac{E_m}{2(1+\nu_m)}
\end{aligned}\right\} \tag{4-18}$$

对于大多数复合材料，式（4-17）的右端最后一项较小，可以忽略，于是

$$E_1 = E_f v_f + E_m v_m \tag{e}$$

4.4.2 ν_{12}的确定

依据定义，$\nu_{12}=-\dfrac{\varepsilon_r}{\varepsilon_1}$，将上述最终确定的 ε_r 值代入，即得

$$\nu_{12}=\nu_m+\frac{(\nu_f-\nu_m)v_f\eta_f(\eta_m+G_m)}{(v_f\eta_f+v_m\eta_m)G_m+\eta_f\eta_m} \tag{4-19}$$

式中，η_f、η_m、G_m 同式（4-18）。

4.4.3 E_2 的确定

确定 E_2 时，假定图 4-9 所示的独立模型外侧面作用径向均布压力 p，同时在两端面作用均布压应力 σ_1 而使 $\varepsilon_1=0$。用上述类似方法得纤维、基体中的应力与应变，再由应变能公式推导出

$$E_2=\frac{2K_{23}(1-\nu_{23})E_1}{E_1+\nu_{12}^2K_{23}} \tag{4-20}$$

式中

$$K_{23}=\frac{\eta_m(\eta_f+G_m)+G_m(\eta_f-\eta_m)v_f}{(\eta_f+G_m)-(\eta_f-\eta_m)v_f} \tag{4-21}$$

式中，η_f、η_m、G_m 同式（4-18）。

4.4.4 G_{12}的确定

假设图 4-9 所示的独立模型作用如图 4-10 所示的沿 1 方向均匀分布的切应力 $\tau_{12}=\tau$，用上述类似方法得到纤维、基体中的应力与应变，再由应变能导出

$$G_{12}=G_m\frac{(G_f+G_m)+(G_f-G_m)v_f}{(G_f+G_m)-(G_f-G_m)v_f} \tag{4-22}$$

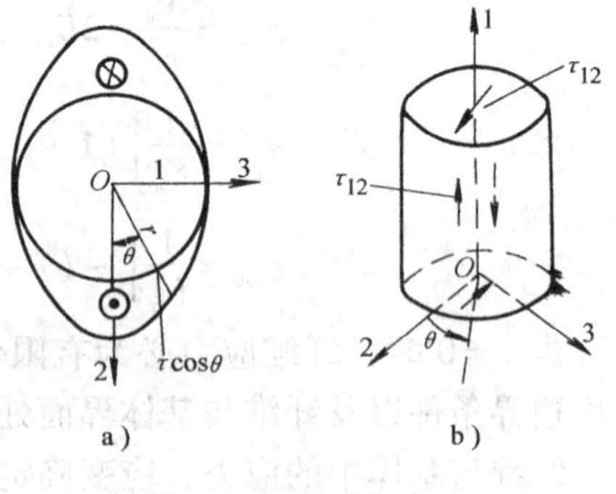

图 4-10 假设切应力 τ_{12}的分布情况

以硼/环氧树脂复合材料为例，将计算值与实验值列于表4-1 中。可见 E_1、E_2 符合得较好，而 G_{12}比实验值低很多。原因可能是分析时没有考虑与其相邻的代表性体积单元的作用，而这一点对于 G_{12}来说更为敏感些。

表 4-1 硼/环氧树脂复合材料弹性常数实验值与计算值比较

v_f(%)	E_1/($\times10^2$GPa)			E_2/($\times10^2$GPa)			G_{12}/($\times10^2$GPa)		
	实验	计算	差（%）	实验	计算	差（%）	实验	计算	差（%）
20	0.823	0.879	6.8	—	—	—	—	—	—
55	2.12	2.34	10	—	—	—	—	—	—
60	2.51	2.54	12	0.218	0.217	0.5	—	—	—

（续）

v_f(%)	E_1/(×10^2GPa)			E_2/(×10^2GPa)			G_{12}/(×10^2GPa)		
	实验	计算	差（%）	实验	计算	差（%）	实验	计算	差（%）
65	2.50	2.76	10	0.239	0.250	4.6	—	—	—
70	2.43	2.97	22	0.273	0.295	8	12.4	7.7	38
75	—	—	—	0.344	0.351	2	16.2	8.8	46

组分材料：$E_f=4.2\times10^2$GPa，$\nu_f=0.20$，$E_m=4.2$GPa，$\nu_m=0.35$。

4.5 用接触时的弹性力学解法分析刚度

上述的弹性力学分析是假定纤维在复合材料中均匀规则分布，但实际上纤维是随机分布的。从图4-11所示的玻璃/聚酯树脂单向板横切面的真实显微照片来看，有的纤维相互接触，有的彼此分离。考虑这一事实，就必须修正上述分析得到的结果。从分析的观点看，所有纤维彼此完全分离时的解与完全接触时的解的线性组合，可能获得正确的弹性常数。纤维的接触程度完全可以用一个参数 C 来表示，即 $C=0$ 代表不接触（完全分离），$C=1$ 代表完全接触。

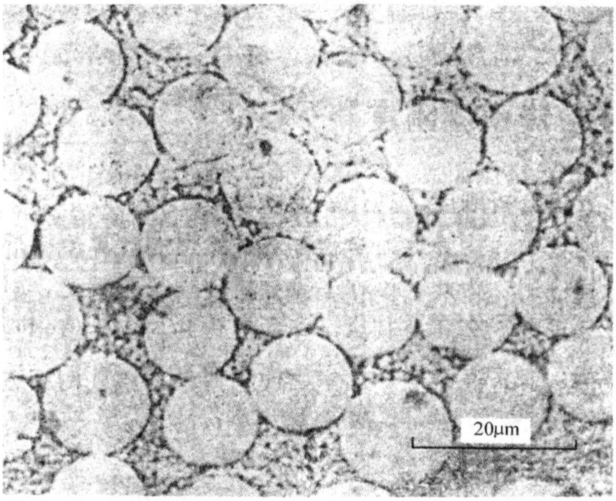

图4-11 玻璃/聚酯树脂单向板垂直于纤维方向切面的显微照片

考虑纤维接触时的弹性力学方法，有人得到了复合材料单向板的弹性常数 E_2、ν_{12}、G_{12}分别为

$$E_2=2[1-\nu_f+(\nu_f-\nu_m)v_f]\left[(1-C)\frac{K_f(2K_m+G_m)-G_m(K_f-K_m)v_m}{(2K_m+G_m)+2(K_f-K_m)v_m}+\right.$$

$$\left.C\frac{K_f(2K_m+G_f)+G_f(K_m-K_f)v_m}{(2K_m+G_f)-2(K_m-K_f)v_m}\right] \tag{4-23}$$

$$\nu_{12}=(1-C)\frac{K_f\nu_f(2K_m+G_m)v_f+K_m\nu_m(2K_f+G_m)v_m}{K_f(2K_m+G_m)+G_m(K_m-K_f)v_m}+$$

$$C\frac{K_m\nu_m(2K_f+G_f)v_m+K_f\nu_f(2K_m+G_f)v_f}{K_f(2K_m+G_m)+G_f(K_m-K_f)v_m} \tag{4-24}$$

$$G_{12}=(1-C)G_m\frac{2G_f-(G_f-G_m)v_m}{2G_m+(G_f-G_m)v_m}+CG_f\frac{(G_f+G_m)-(G_f-G_m)v_m}{(G_f+G_m)+(G_f-G_m)v_m} \tag{4-25}$$

上三式中

$$\left.\begin{aligned}K_f=\frac{E_f}{2(1-\nu_f)},K_m=\frac{E_m}{2(1-\nu_m)}\\G_f=\frac{E_f}{2(1+\nu_f)},G_m=\frac{E_m}{2(1+\nu_m)}\end{aligned}\right\} \tag{4-26}$$

对于 E_1，考虑到纤维不完全平直与不完全规划排列，可修正混合律为

$$E_1=K(E_f v_f+E_m v_m) \tag{4-27}$$

式中，K 为纤维不同线因数，与复合材料生产工艺有关，可由实验确定，通常取 0.9 ~ 1.0。

4.6 用半经验法预测刚度

用材料力学方法分析刚度，其代表性体积单元与实际情况相差较大，致使计算值与实验值差别较大。用弹性力学精确解法给出的计算值接近实际，但公式太复杂，不便于工程应用。为此，可在理论分析公式的基础上，引入一些由实验确定的经验系数，修正理论公式使其尽可能的简化并与实验值相吻合，这就是半经验法。据半经验法，有学者提出如下一个简单而具普遍性的公式

$$\frac{M}{M_m}=\frac{1+\xi\eta v_f}{1-\eta v_f} \tag{4-28}$$

式中

$$\eta=\frac{\dfrac{M_f}{M_m}-1}{\dfrac{M_f}{M_m}+\xi} \tag{4-29}$$

式中，M 是复合材料弹性常数 E_2、G_{12}、ν_{23} 等；M_f 是纤维的弹性常数 E_f、G_f、

v_f；M_m 是基体的弹性常数 E_m、G_m、ν_m；ξ（$0\leqslant\xi\leqslant+\infty$）是对纤维增强作用的度量，其值取决于纤维的几何形状、排列方式与加载方式等。

当 $\xi=0$ 时，

$$\frac{1}{M}=\frac{v_f}{M_f}+\frac{v_m}{M_m} \tag{4-30}$$

给出复合材料弹性常数的下限。

当 $\xi=\infty$ 时，

$$M=M_f v_f+M_m v_m \tag{4-31}$$

给出弹性常数的上限。因此，ξ 越大表示纤维的增强作用越大。

4.7 单向板沿纤维方向的抗拉强度

与预测单向板的刚度相比，对单向板强度预测的精度要差得很多。其原因在于强度对缺陷敏感，与材料破坏机制密切相关，而复合材料破坏机制又相当复杂。

复合材料破坏取决于多种因素，除了纤维与基体的物理、力学性能，纤维形状、分布与体积含量外，纤维基体的界面状况、工作环境和载荷状态（如湿热、疲劳、冲击等）的影响也很大。此外，复合材料的强度对工艺过程非常敏感，各种工艺参数（如固化温度、压力和时间、纤维表面处理状态等）的变化会引起一系列影响强度因素（如纤维分布、空隙和微裂纹、残余热应力、界面强度等）的变化。这些复杂因素给预测强度带来了麻烦。

4.7.1 均匀强度纤维

假定各根纤维间以及每根纤维沿其长度的抗拉强度均相等，且认为纤维与基体之间粘结牢固，对单向板沿纤维方向拉伸，有 $\varepsilon_1=\varepsilon_f=\varepsilon_m$。假设在破坏之前，复合材料、纤维与基体均为弹性，于是由式（4-4）得到

$$\sigma_1=E_1\varepsilon_1=E_f\varepsilon_1 v_f+E_m\varepsilon_1(1-v_f)=\sigma_f v_f+\sigma_m(1-v_f)$$

复合材料的响应将依赖于纤维与基体破坏应变的相对大小。若用 ε_{fu}、ε_{mu} 分别表示纤维、基体的破坏应变；X_f、X_m 分别表示纤维、基体的抗拉强度，考虑如下两种情况：

（1）$\varepsilon_{fu}>\varepsilon_{mu}$，如图 4-12a 所示。由于纤维体积比 v_f 的不同，可有两种不同的破坏顺序。当 v_f 较低时，单向板的抗拉强度 X_t 主要依赖于 X_m。在纤维断裂之前发生基体断裂，这样，所有载荷转移到纤维上，如图 4-13 所示。由于 v_f 很小，纤维不能承受这个载荷而断裂，于是

$$X_t=\sigma'_f v_f+X_m(1-v_f) \tag{4-32}$$

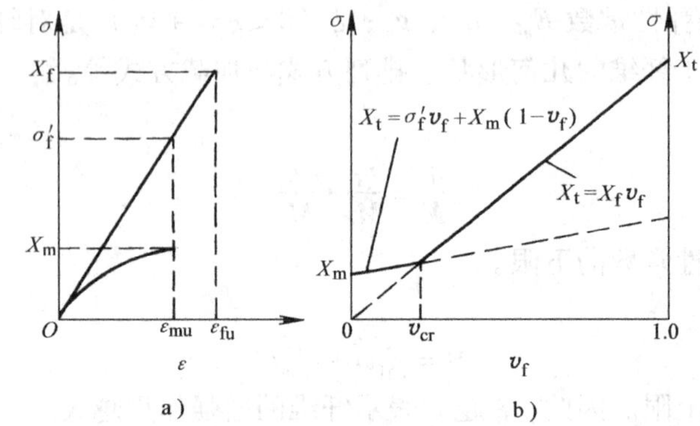

图 4-12　$\varepsilon_{fu}>\varepsilon_{mu}$时，单向板的抗拉强度，纤维、基体的抗拉强度与 v_f 的关系

a）纤维与基体的应力－应变曲线　b）单向板的抗拉强度随 v_f 的变化情况

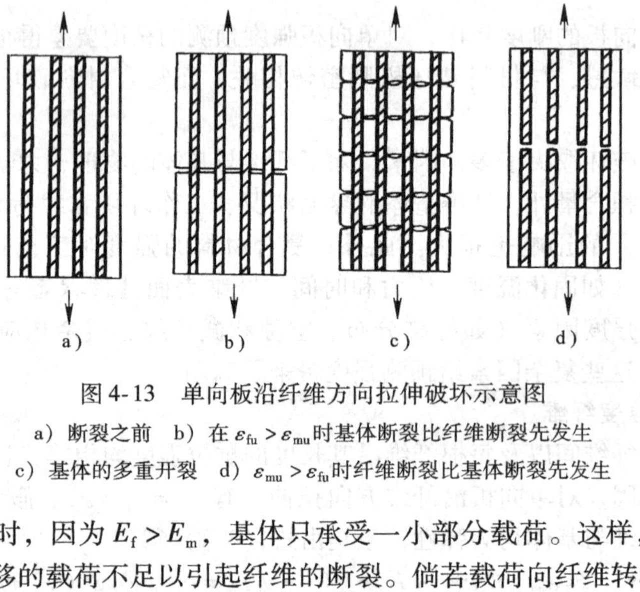

图 4-13　单向板沿纤维方向拉伸破坏示意图

a）断裂之前　b）在 $\varepsilon_{fu}>\varepsilon_{mu}$时基体断裂比纤维断裂先发生

c）基体的多重开裂　d）$\varepsilon_{mu}>\varepsilon_{fu}$时纤维断裂比基体断裂先发生

当 v_f 较高时，因为 $E_f>E_m$，基体只承受一小部分载荷。这样，当基体破坏时，向纤维转移的载荷不足以引起纤维的断裂。倘若载荷向纤维转移仍然是可能的话，单向板的载荷倘可增加，直至达到纤维的抗拉强度。于是

$$X_t=X_f v_f \tag{4-33}$$

单向板的抗拉强度随 v_f 的变化情况如图 4-12b 所示。联立求解式（4-32）与式（4-33），可得到两条曲线的交点，即为临界纤维体积比 v_{cr}，

$$v_{cr}=\frac{X_m}{X_f-\sigma_f'+X_m} \tag{4-34}$$

式中，σ_f' 是对应于基体破坏应变时纤维的应力。

当 $v_f>v_{cr}$时，单向板发生如图 4-13c 所示的基体多重开裂破坏，它是由图 4-13b所示的基体首次开裂引起的。因为纤维与基体是粘结在一起的，所以首次

开裂并不会使基体完全卸载，随着单向板应力增大，基体便产生进一步开裂。最终裂纹间距依赖于比值 E_f/E_m、粘结强度以及纤维与基体破坏应变之差。

（2）$\varepsilon_{mu} > \varepsilon_{fu}$，如图 4-14a 所示。同样，因 v_f 的不同而有两种破坏顺序。对于 v_f 较低时，因单向板中纤维断裂而附加到基体上的额外载荷不足以使基体开裂。然而，因为在相应断裂纤维断面处，基体存在着“孔”，引起基体的有效横截面积减小，使其承载能力小于 X_m，所差的量与 v_f 成比例，且

$$X_t = X_m v_m = X_m(1 - v_f) \tag{4-35}$$

当 v_f 较高时，在纤维断裂发生时转移到基体上的载荷很大，以致基体无法承受，于是，在纤维断裂时基体随即断裂，并且

$$X_t = X_f v_f + \sigma'_m(1 - v_f) \tag{4-36}$$

式中，σ'_m 为与纤维破坏应变相对应基体的应力值。X_t 随 v_f 的变化情况如图4-14b 所示。

由式（4-35）与式（4-36）可得到临界纤维体积比 v_{cr} 为

$$v_{cr} = \frac{X_m - \sigma'_m}{X_f + X_m - \sigma'_m} \tag{4-37}$$

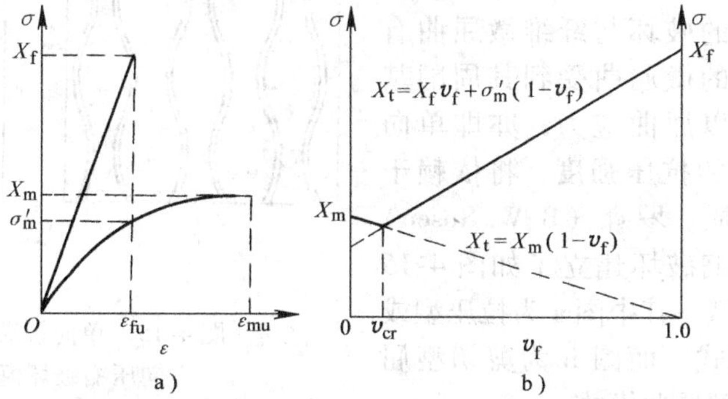

图 4-14　$\varepsilon_{mu} > \varepsilon_{fu}$时，单向板的抗拉强度，纤维和基体的抗拉强度与 v_f 的关系

a）纤维与基体的应力－应变曲线　b）单向板的抗拉强度随 v_f 的变化情况

4.7.2　变强度纤维

上述处理忽略了纤维力学性能的分散性。实际上，纤维与纤维之间的强度是变化的，每根纤维的强度也有所变化，这依赖于对它进行测量时所取的长度。对于纤维强度的分散性，应采用统计的方法，可用韦伯分布函数来描述纤维的强度分布，即

$$G_l(\sigma) = 1 - \exp(-l\alpha\sigma\beta) \tag{4-38}$$

式中，$G_l(\sigma)$ 为长为 l 的纤维，其应力不超过 σ 值的断裂概率；α、β 为韦伯参数，均为正值。

由式（4-38）可见，当 $\sigma \to \infty$ 或 $l \to \infty$ 时，$G_l(\sigma) = 1$；而当 $\sigma \to 0$ 或 $l \to 0$

时，$G_l(\sigma)=0$。它们分别表示纤维要断裂和肯定不断裂的两个极限情况。

应用统计分析，罗森（B. W. Rosen）得到

$$X_t=\sigma_{ref}v_f\left(\frac{1-v_f^{\frac{1}{2}}}{v_f^{\frac{1}{2}}}\right)^{-\frac{1}{2\beta}} \tag{4-39}$$

式中，σ_{ref}为参考应力，它是纤维与基体性能的函数，本质上它就是纤维的抗拉强度，但具有某种统计含义；β是纤维强度韦伯分布统计参数。

4.8 单向板沿纤维方向的抗压强度

单向板沿纤维方向的抗压强度依赖于纤维与基体的性质、界面粘结强度、空隙率、纤维体积比等多种因素。破坏模式对纤维体积比与基体性能特别敏感。

复合材料单向板承受沿着纤维方向的压缩载荷时，连续纤维就像周围受到连续弹性支撑的细长受压柱体，纤维会发生微屈曲（Buckling）。这就是说，单向板的破坏与纤维微屈曲有关。由于纤维的微屈曲受到其周围基体的限制，所以屈曲应力，亦即单向板沿纤维方向的抗压强度，将依赖于基体的弹性性质。罗森（B. W. Rosen）对单向板的压缩破坏建立了如图 4-15 所示的二维模型，其中图 a 为拉压型或异相型屈曲模式，而图 b 为剪切型屈曲模式或同相型屈曲模式。

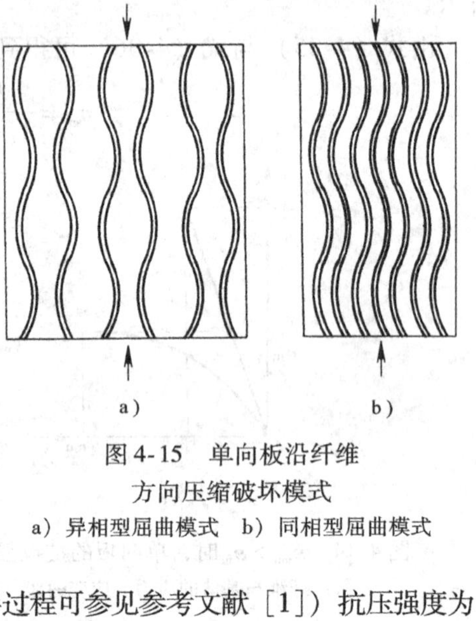

图 4-15　单向板沿纤维方向压缩破坏模式

a）异相型屈曲模式　b）同相型屈曲模式

当纤维的体积比 v_f 较低时，采用异相型屈曲模式，依据能量原理推导出（推导过程可参见参考文献［1］）抗压强度为

$$X_c=\left[v_f+(1-v_f)\frac{E_m}{E_f}\right]\sqrt{\frac{E_fE_mv_f}{3(1-v_f)}} \tag{4-40}$$

若 $E_f\gg E_m$，则主要由纤维承力，基体基本不受力，那么

$$X_c\approx 2v_f\sqrt{\frac{v_fE_fE_m}{3(1-v_f)}} \tag{4-41}$$

当 v_f 较高时，采用同相型屈曲模式，推导出（推导过程也参见参考文献［1］）抗压强度为

$$X_c=\frac{G_m}{1-v_f} \tag{4-42}$$

式（4-42）表明，抗压强度随着 v_f 的增加而增加，并受基体切变模量控制。

使基体和周围纤维对纤维提供阻碍微屈曲支持力减小的任何因素，都会导致 X_c 的减小。在实际复合材料中，这些因素可能是：

（1）纤维成束。这将造成局部基体富集区，这个区域内对屈曲的抗力，小于相同 v_f 均匀分布时的预测值，压缩破坏会在这里开始。

（2）存在空隙。这比基体富集区有更加显著的影响，其影响程度依赖于空隙尺寸，并导致抗压强度大幅度下降。

（3）纤维排列不佳。它造成某些纤维的取向对屈曲有利。

（4）纤维脱粘。脱粘的纤维比粘结良好的纤维更容易屈曲。

（5）基体的粘弹性变形。它引起基体的有效切变模量小于瞬态模量。

以上各因素的单独或联合影响，都会使抗压强度低于用上述公式求得的预测值。

纤维的屈曲通常出现于基体屈服、基体开裂和纤维脱粘之后。断裂面常常有很多沿纤维方向的劈裂，并且一些纤维发生倾斜。倾斜量依赖于界面强度，在界面粘结牢固的材料中，基体的断裂过程是由剪切控制的，纤维以弯曲模式破坏，如图 4-16 所示。弯曲使纤维的横截面产生拉伸与压缩应力，玻璃与碳纤维的最后破坏将由每根纤维拉伸区的脆性断裂引起，接着，在压缩区内发生压碎或剪切破坏。图 4-17 清楚地表示碳/环氧树脂单向板的纤维屈曲模式。

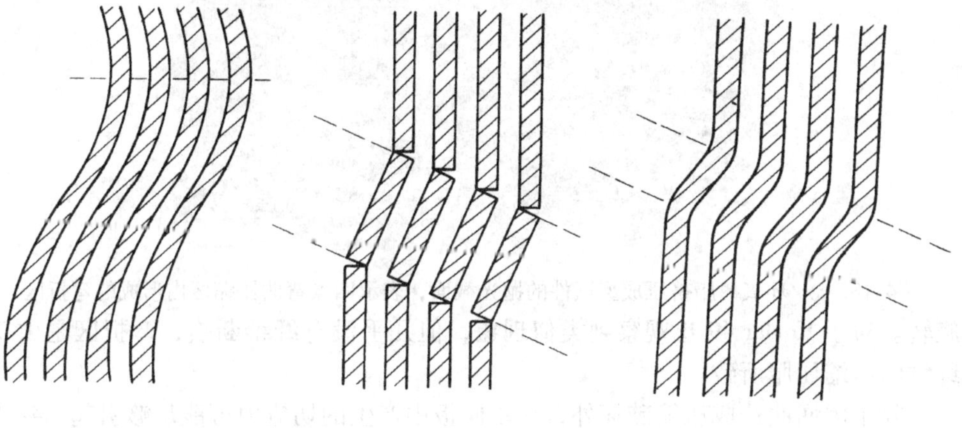

a) b) c)

图 4-16 弯折区

a）同相型屈曲模式纤维间发生拉伸与压缩应力，屈曲导致弯折区 b）脆性碳纤维形成的两个断裂面

c）Kevlar 49 形成的未断裂弯折区、断裂后断面的拉伸与压缩断裂区

沿着纤维方向的压缩断裂亦可容易地用三点和四点弯曲试验证实，它常伴有如图 4-18 所示的弯折区。纤维沿两个平面断裂，在这两个平面之间发生大幅度

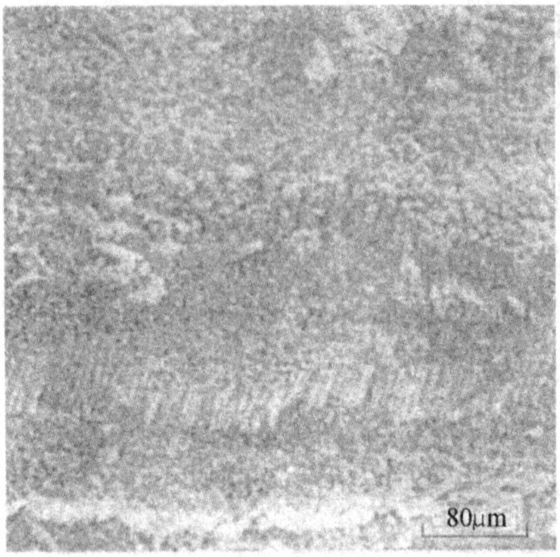

a)

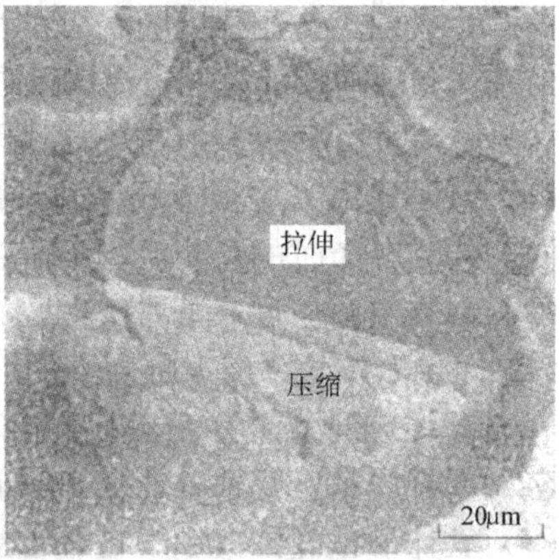

b)

图 4-17　碳/环氧树脂单向板纤维屈曲模式断裂后断面的扫描电镜片

a）低倍放大图，可见光滑断裂面　b）高倍放大图，可见单根纤维内拉伸与压缩断裂

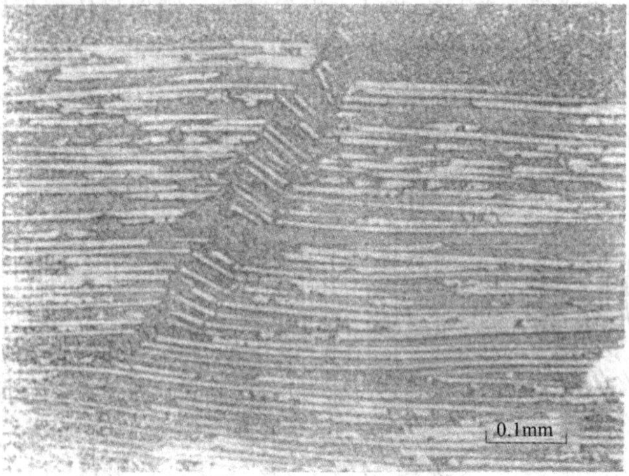

图 4-18　碳/环氧树脂挤压成型试件的抛光截面，表示四点弯曲压缩区内形成的弯折区

旋转。对于 Kevlar 49 也观察到类似现象，但几乎没有纤维断裂，弯折区是由于纤维内压缩屈服所致。

除了因屈曲造成压缩破坏外，在单向板中产生的切应力可能足够引起图4-19所示的剪切破坏。压缩载荷引起的切应力由下式给出

$$\tau = \sigma_{1c}\sin\theta\cos\theta \tag{a}$$

在 $\theta=45°$ 平面上 τ 达到最大值

$$\tau_{max} = \frac{1}{2}\sigma_{1c} \tag{b}$$

如果抗剪强度小于屈曲强度，剪切破坏将先于屈曲发生。此时，强度遵守混合律

方程

$$X_c = 2[S_f v_f + S_m(1 - v_f)] \tag{4-43}$$

式中，S_f、S_m 分别为纤维与基体的抗剪强度。

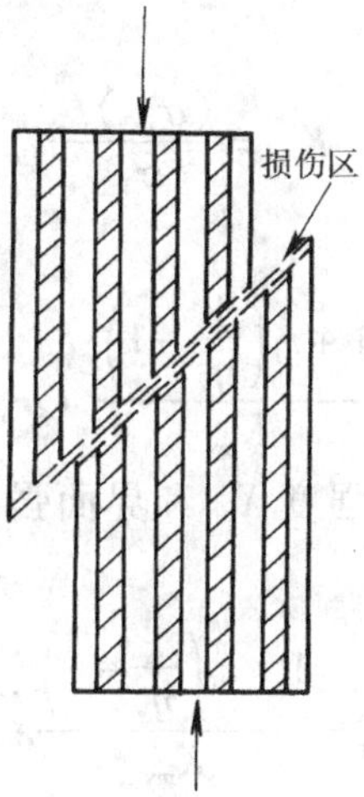

图 4-19　压缩引起的剪切破坏

单向板剪切断裂的断面完全不同于压缩断裂的断面，断裂面比较光滑，且纤维头部难以分辨。大量碎屑在断面上形成，包括分散的基体与纤维的颗粒。

4.9　单向板沿垂直纤维方向的抗拉强度、抗压强度与面内抗剪强度

预测单向板沿垂直纤维方向的抗拉强度、抗压强度与面内抗剪强度，迄今尚无简明实用的表达式。原因之一是单向板在垂直纤维方向的载荷或面内剪切载荷作用下，其破坏一般与纤维和基体界面状况密切相关。而对界面性能，特别是诸如界面几何、工程常数与强度等力学参数表征的研究还很不充分。因而，仅有一些尚不成熟的公式。

4.9.1　沿垂直纤维方向的抗拉强度

在沿着垂直纤维方向承受拉伸载荷时，单向板的破坏可能由基体或界面的拉伸破坏所致，只有在极个别情况下，即如果纤维高度取向且在横向很弱，复合材料才能因纤维横向撕裂而破坏。这样，单向板在沿垂直纤维方向拉伸的破坏模式可以描述为：①基体拉伸破坏；②界面脱粘和（或）纤维撕裂。一般说来，这两种破坏模式同时发生，即单向板某些部分发生基体破坏，而另外部分发生界面脱粘和（或）纤维撕裂破坏。

预测单向板沿垂直纤维方向的抗拉强度（Tensive Strength），蔡－韩

（S. W. Tsai 和 H. T. Hahir）提出经验公式，如引进 $\eta_y = \sigma_{m2}/\sigma_{f2}$（$0 \leqslant \eta_y \leqslant 1$），则可描述在复合材料中基体的平均应力一般低于纤维的平均应力，由下式

$$\sigma_2 = \sigma_{m2} v_m + \sigma_{f2} v_f \tag{a}$$

并设应力集中系数为

$$K_{my} = \frac{(\sigma_{m2})_{max}}{\sigma_{m2}} \tag{b}$$

可得复合材料的平均应力为

$$\sigma_2 = \frac{1 + v_f\left(\dfrac{1}{\eta_y} - 1\right)}{K_{my}} (\sigma_{m2})_{max} \tag{c}$$

当 $(\sigma_{m2})_{max} = X_{mi}$（取基体抗拉强度 X_m 和界面强度 X_i 两者中的较小值）时，于是得

$$Y_t = \frac{1 + v_f\left(\dfrac{1}{\eta_y} - 1\right)}{K_{my}} X_{mi} \tag{4-44}$$

在式（4-44）中，准确确定 η_y 和 K_{my} 是困难的。如果基体直到破坏是线弹性的，那么系数 $\left[1 + v_f\left(\dfrac{1}{\eta_y} - 1\right)\right] \Big/ K_{my}$ 小于 1 并随纤维体积比 v_f 的增大而减小，因而单向板沿垂直纤维方向的抗拉强度小于基体的抗拉强度。另一方面，如果基体是延性的，则应力集中得以缓和，K_{my} 可接近于 1，这样沿垂直纤维方向的抗拉强度可以大于基体的抗拉强度。但是，如果界面粘结强度过低，基体在进入塑性之前界面已破坏，这样，虽然基体是延性的，但复合材料所表现的破坏仍然是脆性的。

4.9.2 沿垂直纤维方向的抗压强度

沿垂直纤维方向压缩破坏，一般是基体剪切破坏，有时伴随界面破坏与纤维压裂。实验表明，沿垂直纤维方向的抗压强度（Compressive Strength）大约是抗拉强度的 4 ~ 7 倍，即

$$Y_c \approx (4 \sim 7) Y_t \tag{4-45}$$

4.9.3 面内抗剪强度

在面内剪切载荷下，单向板的破坏模式是：①基体剪切破坏；②伴随界面脱粘的基体剪切破坏；③界面脱粘。面内抗剪强度（In – plane Shear Strength）

$$S = \frac{1 + v_f\left(\dfrac{1}{\eta_s} - 1\right)}{K_{ms}} S_m \tag{4-46}$$

式中，S_m、K_{ms} 分别为基体抗剪强度和基体切应力集中系数。

如果界面抗剪强度 S_{int} 低于 S_m，则用 S_{int} 代替上式中的 S_m。$\eta_s = \tau_m / \tau_f$（$0 \leqslant \eta_s \leqslant 1$），

即认为基体平均切应力 $\tau_m \leqslant$ 纤维的平均切应力 τ_f。

4.10 纤维 - 基体的界面

纤维与基体接触构成界面（Interface Between the Fibre and Matrix），是一层具有一定厚度（纳米以上）的、结构随纤维与基体而异的、与基体有明显差异的新相——界面相（界面层）。它是增强相与基体相联接的“纽带”，也是应力及其他信息传递的“桥梁”。界面的结构和性能对复合材料的力学性能和物理性能有重要影响，特别是基体与纤维相差很大的弹性性能必须通过界面传递，换句话说，作用在基体上的应力是通过界面传递给纤维的。界面在复合材料中具有举足轻重的作用，可以用如图 4-20 所示的简单例子来说明。

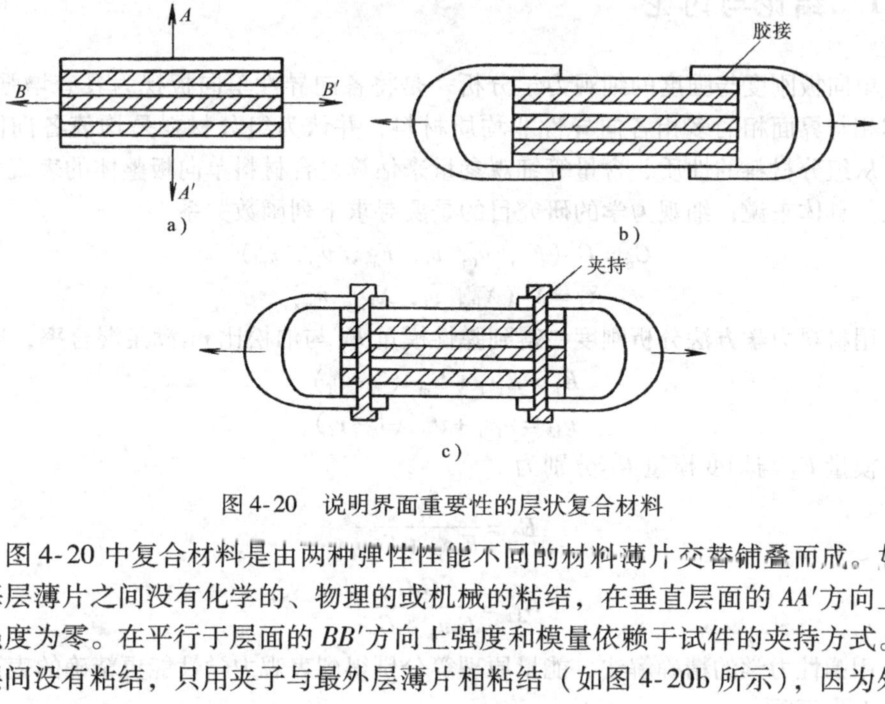

图 4-20　说明界面重要性的层状复合材料

图 4-20 中复合材料是由两种弹性性能不同的材料薄片交替铺叠而成。如果在每层薄片之间没有化学的、物理的或机械的粘结，在垂直层面的 AA' 方向上抗拉强度为零。在平行于层面的 BB' 方向上强度和模量依赖于试件的夹持方式。如果层间没有粘结，只用夹子与最外层薄片相粘结（如图 4-20b 所示），因为外载荷完全由最外两层薄片承受，故整个试件的强度仅限于最外层薄片的强度值。相反，如果各薄片层用夹钳紧固在一起（如图 4-20c 所示），所有薄片共同承受载荷，这样试件的强度、刚度将大得多。由此可见，要利用增强相的高强度与高刚度必须将增强相与基体粘结在一起，这种粘结便形成了界面。

增强相与基体之间只有形成较好的界面，才能保证应力从基体传递到增强相，才能充分发挥数以万计单根纤维同时承受载荷的作用。界面粘结强度不仅与界面的形成过程有关，还取决于界面粘结形式。其中一种粘结形式是物理的机械结合，即通过等离子体刻蚀或化学腐蚀使增强相表面凸凹不平，基体扩散嵌入到增体表面的凹坑、缝隙、微孔中，增强体被“锚固”在基体中。另一种粘结形式是化学结合，即增强体与基体之间形成化学键。

界面对复合材料的断裂韧性及它对潮湿和腐蚀环境的反应起着决定性作用。若界面粘结强度太高，虽然复合材料的强度与刚度提高，但在应力作用下，材料破坏过程中正在增长的裂纹容易扩展到相邻界面，直接冲击增强体而呈现脆性破坏，使材料断裂韧性降低。如果适当降低界面粘结强度，使增强材料的裂纹沿着界面扩展，形成曲折的路径，耗散较多的能量，则会使复合材料的断裂韧性提高；但材料的强度、刚度有所减小。因而要对界面进行优化设计，要得到适度的界面粘结强度，从而提高复合材料的综合力学性能。

4.11 结论与讨论

单向板刚度与强度的细观力学分析，是将各向异性单向板视为具有增强相、基体相与界面相的多相各向异性非均质材料，并认为组分材料是均值各向同性的。从组分材料的性质、含量等细观参量来估算复合材料单向板整体的表观力学性能。具体来说，细观力学的研究目的是要寻求下列函数关系

$$C_{ij} = C\ (E_f,\ \nu_f,\ v_f,\ E_m,\ \nu_m,\ v_m)$$

$$X_i = X\ (X_{if},\ v_f,\ X_{im},\ v_m)$$

用材料力学方法分析刚度，得到弹性模量 E_1 与泊松比 ν_{12}满足混合率，即

$$E_1 = E_f v_f + E_m\ (1 - v_f)$$

$$\nu_{12} = \nu_f v_f + \nu_m\ (1 - v_f)$$

弹性模量 E_2 与切变模量 G_{12}分别为

$$E_2 = \frac{E_f E_m}{E_f v_m + E_m v_f}$$

$$G_{12} = \frac{G_f G_m}{G_f v_m + G_m v_f}$$

用弹性力学的精确解法、能量原理等分别得到表观力学性能更精确的表达式以及上、下限。

用材料力学方法分析刚度，其代表性体积单元与实际情况相差较大，致使计算结果与实验值相差较大。用弹性力学精确解法得到的计算值与实际值较接近，但公式太繁复。为此，在理论分析的基础上，引入一些由试验确定的经验系数，对理论公式进行修正，得到半经验公式

$$\frac{M}{M_m} = \frac{1 + \xi\eta v_f}{1 - \eta v_f}$$

与预测单向板的刚度相比，对单向板强度预测的精度要差得很多。其原因在于材料强度对缺陷敏感，与材料破坏机理密切相关，而复合材料破坏机理又相当复杂。

纤维 - 基体界面，它是增强相与基体相相联接的“纽带”，也是应力以及其他信息传递的“桥梁”。界面结构和性能直接影响复合材料的性能。

4.12 习题

4-1 如图 4-21 所示为一颗粒增强复合材料的代表性体积单元，并定义复合材料的表观弹性模量为 $E = F/\delta$。试用材料力学方法证明其表观弹性模量为

$$\frac{1}{E} = \int_0^1 \frac{dx}{E_m + (E_d - E_m)A_d(x)}$$

式中，E_d 及 E_m 分别为颗粒材料与基体材料的弹性模量；A_d（x）是颗粒材料的分布，为 x 的函数。

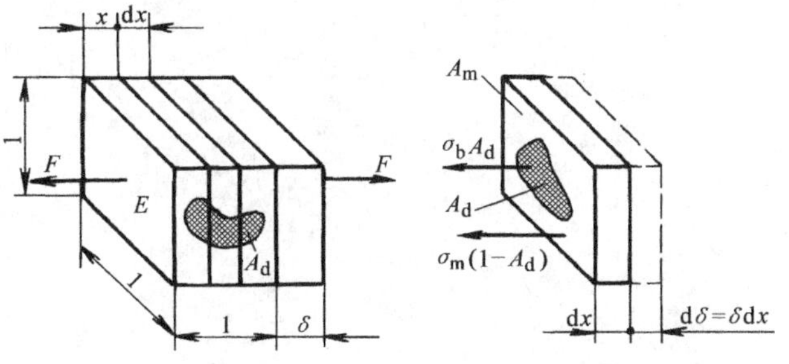

图 4-21 习题 4-1 图

4-2 当颗粒为正方体形状，如图 4-22 所示，试应用上题的结果证明正立方形颗粒增强复合材料的表观弹性模量为

$$\frac{E}{E_m} = \frac{E_m + (E_d - E_m)\ v_d^{\frac{2}{3}}}{E_m + (E_d - E_m)\ v_d^{\frac{2}{3}}\ (1 - v_d^{\frac{1}{3}})}$$

式中，v_d 为正方体颗粒的体积比。

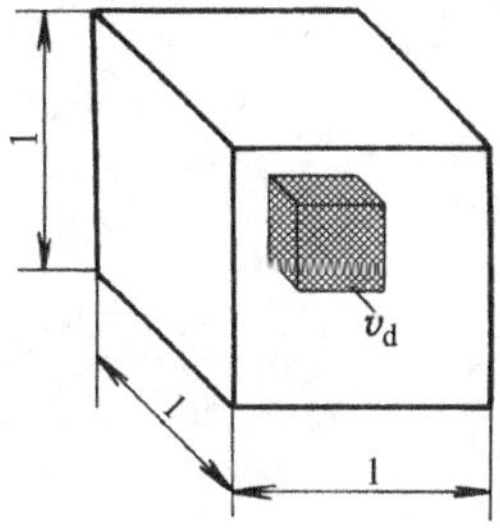

图 4-22 习题 4-2 图

4-3 某玻璃纤维/环氧树脂复合材料的 $E_m = 3.53\text{GPa}$，$v_f = 0.6$，试验测得 $E_1 = 47.07\text{GPa}$。试由材料力学方法估算 E_2。

4-4 某玻璃纤维/环氧树脂复合材料的 $\nu_f = 0.25$，$\nu_m = 0.6$，$E_m = 3.53\text{GPa}$，试验测得 $E_2 = 15.59\text{GPa}$。试由材料力学方法估算 ν_{12}。

4-5 试推导由任意截面形状的棱柱状颗粒复合材料（如图 4-23 所示）的模量（其棱沿所求的模量方向）表达式。

4-6 试推导由等厚度板增强的复合材料（如图 4-24 所示）沿板厚方向的模量表达式。

4-7 试用材料力学方法，证明单向纤维增强复合材料中纤维所承受的载荷 F_f 与纵向载荷之比为

$$\frac{F_f}{F}=\frac{1}{1+\dfrac{E_m v_m}{E_f v_f}}$$

4-8　研究空心纤维增强复合材料的弹性模量 E_1，若采用如图 4-25 所示的空心圆柱式体积单元，r_m 为基体的半径，r_i 为纤维的内半径，r_f 为纤维的外半径，试用弹性力学方法推导 E_1 的表达式。

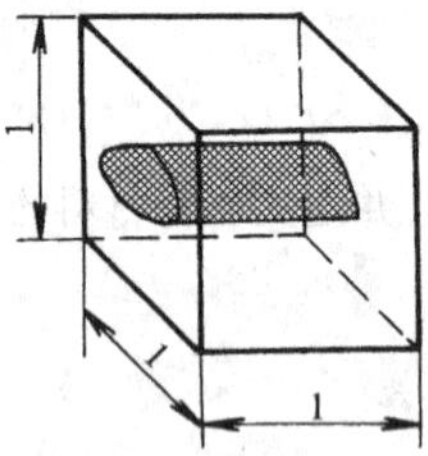

图 4-23　习题 4-5 图

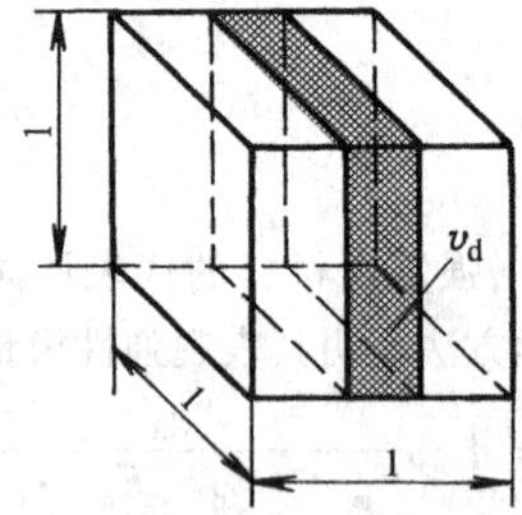

图 4-24　习题 4-6 图

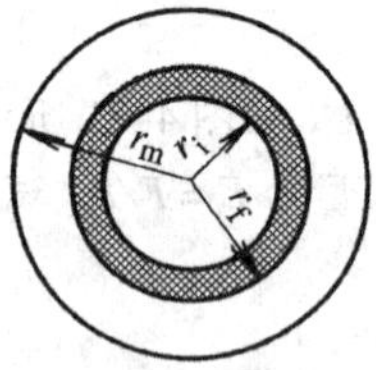

图 4-25　习题 4-8 图

第 5 章　层合板的刚度与强度分析

5.1　引言

将多层单向板按照某种次序叠放并粘结在一起制成整体的结构板，称为层合板（Laminate）。每一层单向板（Unidirectional lamina）称为层合板的一个铺层。各个铺层中纤维的方向不一定相同，纤维与基体材料也不一定相同，因而层合板在厚度方向上具有非均匀性。

层合板的宏观力学性能当然与各铺层的力学性能有关。由于各铺层的材料主方向不同，因而铺层的叠放次序也影响着层合板的性能。这样可以不改变铺层的材料，而将各铺层的材料主方向按不同方向和不同的顺序叠放（如图5-1 所示），便会得到不同性能的层合板。

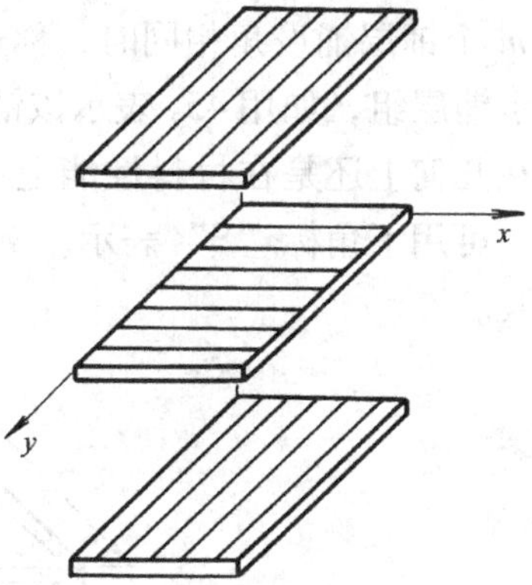

图 5-1　铺层的叠放

与单向板相比，层合板具有如下特性：

（1）由于各个铺层的材料主方向不尽相同，因而层合板一般没有确定的材料主方向。

（2）层合板的结构刚度取决于铺层的性能与铺层叠放次序，对于确定的铺层与叠放次序，可以推算出层合板的结构刚度。

（3）层合板有耦合效应，即在面内拉（压）、剪切载荷下可产生弯、扭变形；反之，在弯、扭载荷下可产生拉（压）、剪切变形。

（4）一层或数层铺层破坏后，其余各层尚可能继续承载，层合板不一定失效。这样，对层合板的强度分析比起单向板来说，要复杂得多。

（5）固化工艺在层合板中要引起温度应力（Temperature stress），这是层合板的初应力（Original stress）。

（6）由于各铺层粘结在一起，在变形时要满足变形协调条件，故各层之间存在层间应力（Interlaminar stress）。

5.2 层合板的标记

层合板标记（Laminate code）是表征层合板铺层铺设参数（层数、铺层材料主方向、铺层纤维种类、叠放次序等）的符号。图 5-2a 所示层合板总厚度为 h，有 N 个铺层。通常将层合板中面设置为 xy 坐标面，z 轴垂直板面向下方为正方向。沿 z 轴正方向将各铺层依次编号 1 ~ N，令第 k 层厚度为 t_k，铺设角（纤维与 x 轴的夹角）为 θ_k，其上面坐标为 z_{k-1}，下底坐标为 z_k，如图 5-2b 所示。如果各铺层的组成材料和厚度均相同，则只需由上而下依次标出各层的铺设角 θ_k（$k=1, 2, \cdots, N$），便可表示整个层合板。例如用标记 $[0/45/45/90/90/45/45/0]_T$ 表示有八个铺层的层合板，各层厚度均相同，铺设角自上而下依次为 0°、45°、45°、90°、90°、45°、45°、0°，下角标“T”表示已列出全部铺层。当相邻 m 个铺层铺设角相同时，称这 m 个铺层为一个铺层组，用铺设角和下标 m 来表示铺层组，如用 45_2 表示该铺层组有 2 层铺设角为 45°的铺层。如果各铺层无论在几何上还是在材料性能上都对称于层合板的中面，则该层合板为对称层合板，可用下角标“S”表示。例如，上述的八个铺层的层合板可表示为 $[0/45_2/90]_S$。

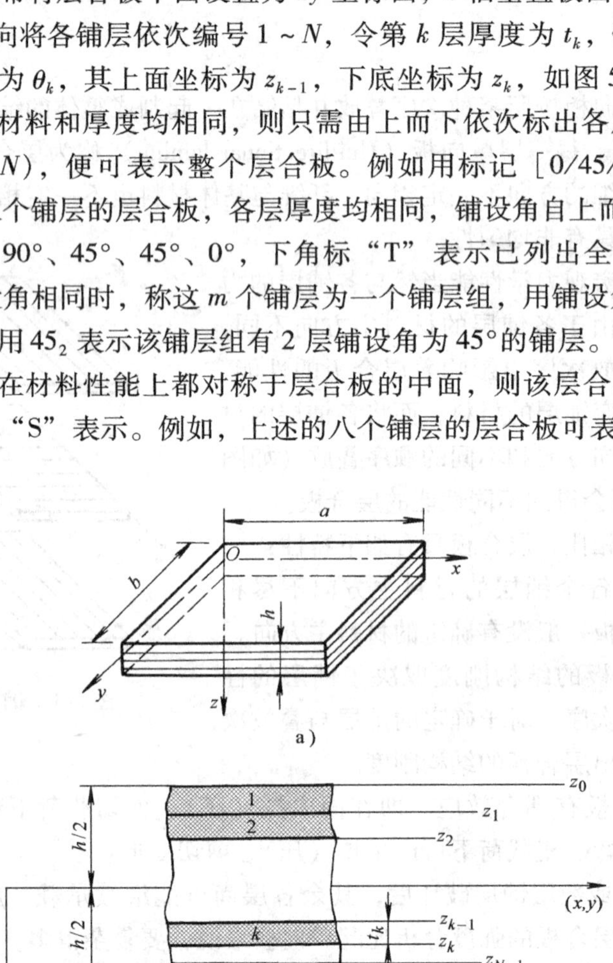

图 5-2 层合板坐标及铺层

对于各铺层厚度不相同的层合板，除用铺设角表示外，还需注明各铺层的厚度。例如，[0t/902t/453t] 表示该层合板第一层到第三层铺层厚度依次为 t、2t、3t。

层合板的标记与标记符号详见表5-1。

表5-1　层合板标记中的各种符号

符号名称	说　明	标记示例
对称铺设符号	用下角标“S”表示	$[0/90]_S$：0 / 90 / 90 / 0
中分面铺层符号	在对称层合板中面处分开的铺层用顶标“—”表示	$[0/\overline{90}]_S$：0 / 90 / 0
全部铺层符号	用下角标“T”表示	$[0/45/90]_T$：0 / 45 / 90
层数符号	同一方向铺层连续一起铺设，用下角标数字表示	$[0/45_2/90]_T$：0 / 45 / 45 / 90
正负铺层简略符号	正、负铺层连续一起铺设，用前置符号“±”	$[0/\pm45]_S$：0 / ±45 / −45 / −45 / +45 / 0
铺层顺序重复符号	铺设的铺层顺序重复出现，用数字下角标表示重复次数	$[0/90]_{2T}$：0 / 90 / 0 / 90

（续）

符号名称	说　明	标记示例	
混杂铺层符号	当不同纤维的铺层混合时，用下角标区别： C——碳纤维 B——硼纤维 G——玻璃纤维 K——芳纶纤维	$[0_{2C}/45_G]_S$	0C 0C 45G 45G 0C 0C
单向与双向铺层混合符号	单向与双向铺层混合铺设时，用“（　）”表示双向铺层	$[0/(0,90)/(\pm45)]_S$	0 (0，90) (±45) (±45) 0，90 0

5.3　经典层合板理论

这里研究的层合板为薄板，即层合板的厚度与板的长、宽相比小得多，且沿厚度方向的位移与板厚相比小得多。

5.3.1　基本假设

（1）假定层合板变形前的中面法线，变形后仍然为垂直于变形后中面的直线。这便是板壳理论中的直法线假设。由于层合板是由各铺层粘结在一起而成的，这个假设就等于假定铺层间粘结层很薄且粘结牢固，没有剪切变形。这样，沿层合板横截面上各单层的位移是连续的，铺层间没有滑移。由此有

$$\gamma_{yz} = \gamma_{zx} = 0 \tag{5-1}$$

（2）层合板的厚度不改变，即

$$\varepsilon_z = 0 \tag{5-2}$$

（3）各铺层处于平面应力状态。

（4）层合板在平行于中面的诸截面上正应力 σ_z 与其他应力相比很小，可忽略。

在上述假定基础上建立的层合板理论称为经典层合板理论（CLT，Classical laminate theory）。这个理论对薄的层合平板，层合曲板或层合壳均适用。

5.3.2 层合板的应力–应变关系

考虑如图 5-2 所示的 N 层厚度为 h 的层合板，xy 坐标面为层合板的中面。由弹性力学知，层合板中任意一点的位移分量 u、v、w 可表示为

$$\left.\begin{aligned} u &= u(x,y,z) \\ v &= v(x,y,z) \\ w &= w(x,y,z) \end{aligned}\right\} \tag{5-3}$$

由基本假设式（5-1）、式（5-2），得

$$\left.\begin{aligned} \varepsilon_z &= \frac{\partial w}{\partial z} = 0 \\ \gamma_{zx} &= \frac{\partial u}{\partial z} + \frac{\partial w}{\partial x} = 0 \\ \gamma_{yz} &= \frac{\partial v}{\partial z} + \frac{\partial w}{\partial y} = 0 \end{aligned}\right\} \tag{5-4}$$

将式（5-4）的三式分别对 z 积分，得

$$\left.\begin{aligned} w &= w(x,y) \\ u &= u_0(x,y) - z\frac{\partial w(x,y)}{\partial x} \\ v &= v_0(x,y) - z\frac{\partial w(x,y)}{\partial y} \end{aligned}\right\} \tag{5-5}$$

式中，u_0、v_0、w 为中面的位移分量，且只是 x、y 的函数。

由式（5-5）和弹性力学中的几何方程，有

$$\left.\begin{aligned} \varepsilon_x &= \frac{\partial u}{\partial x} = \frac{\partial u_0}{\partial x} - z\frac{\partial^2 w(x,y)}{\partial x^2} \\ \varepsilon_y &= \frac{\partial v}{\partial y} = \frac{\partial v_0}{\partial y} - z\frac{\partial^2 w(x,y)}{\partial y^2} \\ \gamma_{xy} &= \frac{\partial u}{\partial y} + \frac{\partial v}{\partial x} = \left(\frac{\partial u_0}{\partial y} + \frac{\partial v_0}{\partial x}\right) - 2z\frac{\partial^2 w(x,y)}{\partial x\partial y} \end{aligned}\right\} \tag{5-6}$$

将式（5-6）表达为矩阵形式

$$\begin{Bmatrix} \varepsilon_x \\ \varepsilon_y \\ \gamma_{xy} \end{Bmatrix} = \begin{Bmatrix} \varepsilon_x^0 \\ \varepsilon_y^0 \\ \gamma_{xy}^0 \end{Bmatrix} + z\begin{Bmatrix} k_x \\ k_y \\ k_{xy} \end{Bmatrix} \tag{5-7}$$

式中

$$\begin{Bmatrix} \varepsilon_x^0 \\ \varepsilon_y^0 \\ \gamma_{xy}^0 \end{Bmatrix} = \begin{Bmatrix} \dfrac{\partial u_0}{\partial x} \\ \dfrac{\partial v_0}{\partial y} \\ \dfrac{\partial u_0}{\partial y} + \dfrac{\partial v_0}{\partial x} \end{Bmatrix} \tag{5-8}$$

$$\begin{Bmatrix} k_x \\ k_y \\ k_{xy} \end{Bmatrix} = -\begin{Bmatrix} \dfrac{\partial^2 w}{\partial x^2} \\ \dfrac{\partial^2 w}{\partial y^2} \\ 2\dfrac{\partial^2 w}{\partial x \partial y} \end{Bmatrix} \tag{5-9}$$

分别为中面的应变分量和曲率分量（k_{xy}为扭曲率，它们均为 x，y 的函数，而不是 z 的函数）。

式（5-7）为用中面应变分量 ε_x^0、ε_y^0、γ_{xy}^0和中面曲率、扭曲率分量 k_x、k_y、k_{xy}表示的层合板中任一铺层中的应变。将式（5-7）代入表示铺层应力应变关系的式（2-54）中，得到该铺层（假定为层合板的第 k 层）的应力为

$$\begin{Bmatrix} \sigma_x \\ \sigma_y \\ \tau_{xy} \end{Bmatrix}_k = \begin{bmatrix} \overline{Q}_{11} & \overline{Q}_{12} & \overline{Q}_{16} \\ & \overline{Q}_{22} & \overline{Q}_{26} \\ \text{对称} & & \overline{Q}_{66} \end{bmatrix}_k \left(\begin{Bmatrix} \varepsilon_x^0 \\ \varepsilon_y^0 \\ \gamma_{xy}^0 \end{Bmatrix} + z \begin{Bmatrix} k_x \\ k_y \\ k_{xy} \end{Bmatrix} \right) \tag{5-10}$$

由于各铺层的 $\overline{Q}_{ij}$可以不同，故虽然由式（5-7）所描述的层合板应变沿厚度方向（即 z 方向）是线性分布的，但应力一般是非线性的，如图 5-3 所示。

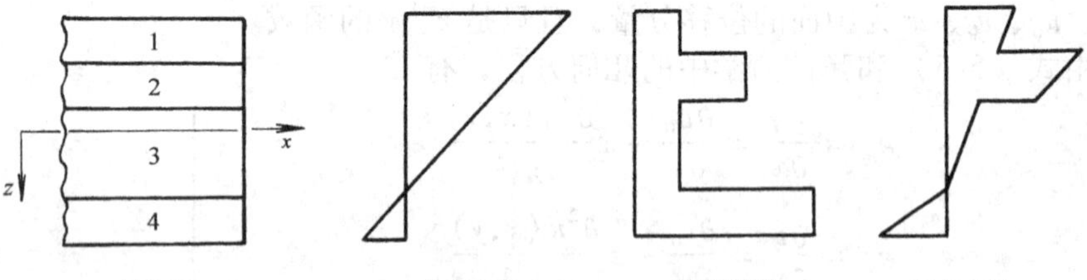

图 5-3　层合板的应力、应变沿厚度变化情况

5.3.3　层合板的合力与合力矩

要使式（5-10）所示的应力分量在层合板的侧面上精确地满足应力边界条件，在绝大多数情况下是相当困难的，只能应用圣维南原理，使层合板全厚度上的应力分量所合成的内力整体地满足边界条件。所以，要讨论层合板的内力。

从图 5-2 所示的具有 N 层铺层的层合板中取出一个面内尺寸为单位长度 1×1，高度为板厚 h 的单元体，如图 5-4 所示。

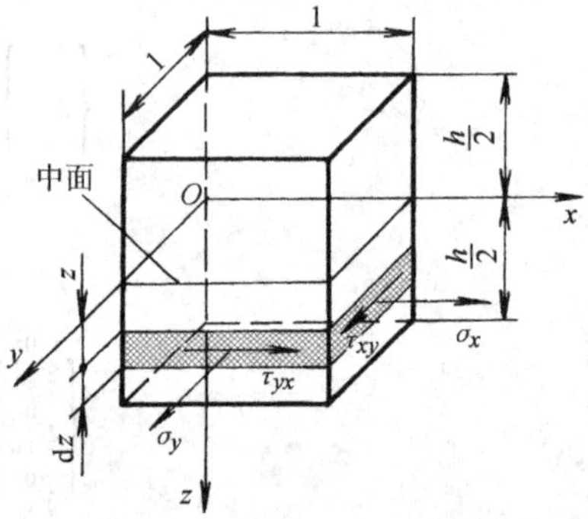

图 5-4　层合板单元体

在 x、y 均为常量的截面上，各应力分量合成作用于板中面单位长度（或宽度）上的合力、合力矩分别为 N_x、N_{xy}、M_x、M_{xy} 和 N_y、N_{yx}、M_y、M_{yx}，如图 5-5 所示。沿着层合板整个厚度 h 积分，便可得到这些合力与合力矩分量。由于沿 z 方向各应力分量在各铺层间不一定连续，而在一个铺层内却是连续分布的，这样可以分层积分再求和，即

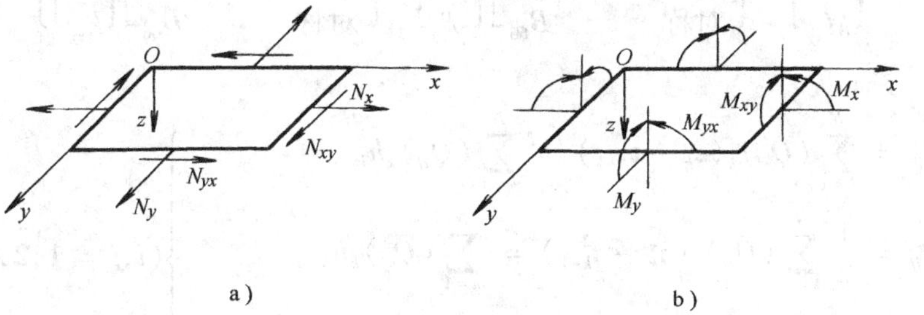

图 5-5　层合板中面内力分量

$$\left.\begin{aligned}
\begin{Bmatrix} N_x \\ N_y \\ N_{xy} \end{Bmatrix} &= \int_{-\frac{h}{2}}^{\frac{h}{2}} \begin{Bmatrix} \sigma_x \\ \sigma_y \\ \tau_{xy} \end{Bmatrix}_k \mathrm{d}z = \sum_{k=1}^{N} \int_{z_{k-1}}^{z_k} \begin{Bmatrix} \sigma_x \\ \sigma_y \\ \tau_{xy} \end{Bmatrix}_k \mathrm{d}z \\
\begin{Bmatrix} M_x \\ M_y \\ M_{xy} \end{Bmatrix} &= \int_{-\frac{h}{2}}^{\frac{h}{2}} \begin{Bmatrix} \sigma_x \\ \sigma_y \\ \tau_{xy} \end{Bmatrix}_k z\mathrm{d}z = \sum_{k=1}^{N} \int_{z_{k-1}}^{z_k} \begin{Bmatrix} \sigma_x \\ \sigma_y \\ \tau_{xy} \end{Bmatrix}_k z\mathrm{d}z \\
N_{yx} &= N_{xy} \\
M_{yx} &= M_{xy}
\end{aligned}\right\} \tag{5-11}$$

将式（5-10）代入式（5-11）中，刚度矩阵可以从每一层的积分号中提出来，但应在求和号之后，即

$$\left.\begin{aligned}
\begin{Bmatrix} N_x \\ N_y \\ N_{xy} \end{Bmatrix} &= \sum_{k=1}^{N} \begin{bmatrix} \bar{Q}_{11} & \bar{Q}_{12} & \bar{Q}_{16} \\ & \bar{Q}_{22} & \bar{Q}_{26} \\ \text{对称} & & \bar{Q}_{66} \end{bmatrix}_k \left(\int_{z_{k-1}}^{z_k} \begin{Bmatrix} \varepsilon_x^0 \\ \varepsilon_y^0 \\ \gamma_{xy}^0 \end{Bmatrix} \mathrm{d}z + \int_{z_{k-1}}^{z_k} \begin{Bmatrix} k_x \\ k_y \\ k_{xy} \end{Bmatrix} z\mathrm{d}z \right) \\
\begin{Bmatrix} M_x \\ M_y \\ M_{xy} \end{Bmatrix} &= \sum_{k=1}^{N} \begin{bmatrix} \bar{Q}_{11} & \bar{Q}_{12} & \bar{Q}_{16} \\ & \bar{Q}_{22} & \bar{Q}_{26} \\ \text{对称} & & \bar{Q}_{66} \end{bmatrix}_k \left(\int_{z_{k-1}}^{z_k} \begin{Bmatrix} \varepsilon_x^0 \\ \varepsilon_y^0 \\ \gamma_{xy}^0 \end{Bmatrix} z\mathrm{d}z + \int_{z_{k-1}}^{z_k} \begin{Bmatrix} k_x \\ k_y \\ k_{xy} \end{Bmatrix} z^2\mathrm{d}z \right)
\end{aligned}\right\} \tag{5-12}$$

不要忘记中面应变和曲率分量 ε_x^0、ε_y^0、γ_{xy}^0、k_x、k_y、k_{xy} 不是 z 的函数，可以从积分号中提出，于是

$$
\left.\begin{aligned}
\begin{Bmatrix} N_x \\ N_y \\ N_{xy} \end{Bmatrix} &= \begin{bmatrix} A_{11} & A_{12} & A_{16} \\ & A_{22} & A_{26} \\ \text{对称} & & A_{66} \end{bmatrix} \begin{Bmatrix} \varepsilon_x^0 \\ \varepsilon_y^0 \\ \gamma_{xy}^0 \end{Bmatrix} + \begin{bmatrix} B_{11} & B_{12} & B_{16} \\ & B_{22} & B_{26} \\ \text{对称} & & B_{66} \end{bmatrix} \begin{Bmatrix} k_x \\ k_y \\ k_{xy} \end{Bmatrix} \\
\begin{Bmatrix} M_x \\ M_y \\ M_{xy} \end{Bmatrix} &= \begin{bmatrix} B_{11} & B_{12} & B_{16} \\ & B_{22} & B_{26} \\ \text{对称} & & B_{66} \end{bmatrix} \begin{Bmatrix} \varepsilon_x^0 \\ \varepsilon_y^0 \\ \gamma_{xy}^0 \end{Bmatrix} + \begin{bmatrix} D_{11} & D_{12} & D_{16} \\ & D_{22} & D_{26} \\ \text{对称} & & D_{66} \end{bmatrix} \begin{Bmatrix} k_x \\ k_y \\ k_{xy} \end{Bmatrix}
\end{aligned}\right\} \tag{5-13}
$$

式中

$$
\left.\begin{aligned}
A_{ij} &= \sum_{k=1}^{N} (\overline{Q}_{ij})_k (z_k - z_{k-1}) = \sum_{k=1}^{N} (\overline{Q}_{ij})_k h_k \\
B_{ij} &= \frac{1}{2} \sum_{k=1}^{N} (\overline{Q}_{ij})_k (z_k^2 - z_{k-1}^2) = \sum_{k=1}^{N} (\overline{Q}_{ij})_k h_k \bar{z}_k \\
D_{ij} &= \frac{1}{3} \sum_{k=1}^{N} (\overline{Q}_{ij})_k (z_k^3 - z_{k-1}^3) = \sum_{k=1}^{N} (\overline{Q}_{ij})_k \left(h_k \bar{z}_k^2 + \frac{h_k^3}{12} \right)
\end{aligned}\right\} (i, j = 1, 2, 6) \tag{5-14}
$$

式（5-14）中，$h_k = z_k - z_{k-1}$，为第 k 层铺层的厚度；$\bar{z}_k = \frac{1}{2}(z_k + z_{k-1})$ 是第 k 层铺层中面的 z 坐标值。A_{ij}称为拉压刚度；B_{ij}称为耦合刚度（Coupling stiffness），D_{ij}称为弯曲刚度。

由于 B_{ij}的存在，由式（5-13）可知，层合板的面内内力 N_x、N_y、N_{xy}可产生弯曲（k_x、k_y）与扭曲（k_{xy}）变形；而弯矩（M_x、M_y）和扭矩（M_{xy}）可引起面内伸缩与剪切变形。

5.3.4 层合板的柔度矩阵

将式（5-13）改写为块矩阵形式

$$
\begin{Bmatrix} \boldsymbol{N} \\ \hline \boldsymbol{M} \end{Bmatrix} = \left[\begin{array}{c|c} \boldsymbol{A} & \boldsymbol{B} \\ \hline \boldsymbol{B} & \boldsymbol{D} \end{array} \right] \begin{Bmatrix} \boldsymbol{\varepsilon}^0 \\ \hline \boldsymbol{k} \end{Bmatrix} \tag{5-15}
$$

式（5-15）中

$$
\boldsymbol{N} = \begin{Bmatrix} N_x \\ N_y \\ N_{xy} \end{Bmatrix}, \quad \boldsymbol{M} = \begin{Bmatrix} M_x \\ M_y \\ M_{xy} \end{Bmatrix}
$$

$$
\boldsymbol{\varepsilon}^0 = \begin{Bmatrix} \varepsilon_x^0 \\ \varepsilon_y^0 \\ \gamma_{xy}^0 \end{Bmatrix}, \quad \boldsymbol{k} = \begin{Bmatrix} k_x \\ k_y \\ k_{xy} \end{Bmatrix}
$$

$$A = \begin{bmatrix} A_{11} & A_{12} & A_{16} \\ & A_{22} & A_{26} \\ 对称 & & A_{66} \end{bmatrix}, B = \begin{bmatrix} B_{11} & B_{12} & B_{16} \\ & B_{22} & B_{26} \\ 对称 & & B_{66} \end{bmatrix} D = \begin{bmatrix} D_{11} & D_{12} & D_{16} \\ & D_{22} & D_{26} \\ 对称 & & D_{66} \end{bmatrix} \quad (5\text{-}16)$$

为了得到层合板的柔度矩阵（Compliance matrix），将式（5-15）展开

$$\boldsymbol{N} = \boldsymbol{A\varepsilon}^0 + \boldsymbol{Bk} \quad (a)$$

$$\boldsymbol{M} = \boldsymbol{B\varepsilon}^0 + \boldsymbol{Dk} \quad (b)$$

由式（a）得

$$\boldsymbol{\varepsilon}^0 = \boldsymbol{A}^{-1}\boldsymbol{N} - \boldsymbol{A}^{-1}\boldsymbol{Bk} \quad (c)$$

将式（c）代入式（b）中，得

$$\boldsymbol{M} = \boldsymbol{BA}^{-1}\boldsymbol{N} + (-\boldsymbol{BA}^{-1}\boldsymbol{B} + \boldsymbol{D})\boldsymbol{k} \quad (d)$$

由式（d）得到

$$\boldsymbol{k} = (\boldsymbol{D} - \boldsymbol{BA}^{-1}\boldsymbol{B})^{-1}\boldsymbol{M} - (\boldsymbol{D} - \boldsymbol{BA}^{-1}\boldsymbol{B})^{-1}\boldsymbol{BA}^{-1}\boldsymbol{N} \quad (e)$$

将式（e）代入式（c），有

$$\boldsymbol{\varepsilon}^0 = (-\boldsymbol{A}^{-1}\boldsymbol{B})(\boldsymbol{D} - \boldsymbol{BA}^{-1}\boldsymbol{B})^{-1}\boldsymbol{M} + [\boldsymbol{A}^{-1} + (\boldsymbol{A}^{-1}\boldsymbol{B})(\boldsymbol{D} - \boldsymbol{BA}^{-1}\boldsymbol{B})^{-1}\boldsymbol{BA}^{-1}]\boldsymbol{N} \quad (f)$$

将式（e）、式（f）合并，表示成分块矩阵形式

$$\left\{\frac{\boldsymbol{\varepsilon}^0}{\boldsymbol{k}}\right\} = \left[\begin{array}{c|c} \boldsymbol{A}' & \boldsymbol{B}' \\ \hline \boldsymbol{B}'^{\mathrm{T}} & \boldsymbol{D}' \end{array}\right]\left\{\frac{\boldsymbol{N}}{\boldsymbol{M}}\right\} \quad (5\text{-}17)$$

式（5-17）中

$$\left.\begin{aligned} \boldsymbol{A}' &= \boldsymbol{A}^{-1} + \boldsymbol{A}^{-1}\boldsymbol{B}(\boldsymbol{D} - \boldsymbol{BA}^{-1}\boldsymbol{B})^{-1}\boldsymbol{BA}^{-1} \\ \boldsymbol{B}' &= -(\boldsymbol{A}^{-1}\boldsymbol{B})(\boldsymbol{D} - \boldsymbol{BA}^{-1}\boldsymbol{B})^{-1} \\ \boldsymbol{D}' &= (\boldsymbol{D} - \boldsymbol{BA}^{-1}\boldsymbol{B})^{-1} \end{aligned}\right\} \quad (5\text{-}18)$$

子矩阵 $\boldsymbol{A}'$、$\boldsymbol{B}'$、$\boldsymbol{D}'$分别称为面内柔度矩阵、耦合柔度矩阵、弯曲柔度矩阵。矩阵 $\boldsymbol{B}'$与 $\boldsymbol{B}'^{\mathrm{T}}$ 是互为转置的，但未必对称。

由上述分析可见，层合板的物理关系复杂。原因是存在耦合刚度（柔度）$\boldsymbol{B}$（$\boldsymbol{B}'$）而产生耦合效应引起的，即拉弯耦合。此外，由于 A_{16}、A_{26} 的存在，产生拉剪耦合；D_{16}、D_{26} 的存在，产生弯扭耦合。

5.4 单层板的刚度

由一层铺层（单向板）或几层材料与铺设角均相同的铺层粘结而成的层合板均视为单层板。

5.4.1 正交各向异性单层板

对于正交各向异性单向板（Orthotropic layer），材料主方向与板的 x、y 坐标重合，由式（2-46）得

$$[Q_{ij}]=\begin{bmatrix} Q_{11} & Q_{12} & 0 \\ & Q_{22} & 0 \\ \text{对称} & & Q_{66} \end{bmatrix}=\begin{bmatrix} \dfrac{E_1}{1-\nu_{12}\nu_{21}} & \dfrac{\nu_{12}E_2}{1-\nu_{12}\nu_{21}} & 0 \\ \text{对称} & \dfrac{E_2}{1-\nu_{12}\nu_{21}} & 0 \\ & & G_{12} \end{bmatrix} \tag{a}$$

由于单层板中面坐标 $\bar{z}=0$，故由式（5-14）得

$$\left.\begin{aligned} &A_{11}=Q_{11}h,\ A_{12}=Q_{12}h,\ A_{22}=Q_{22}h,\ A_{16}=A_{26}=0,\ A_{66}=Q_{66}h \\ &B_{ij}=0 \\ &D_{11}=\frac{Q_{11}h^3}{12},\ D_{12}=\frac{Q_{12}h^3}{12},\ D_{22}=\frac{Q_{22}h^3}{12},\ D_{16}=D_{26}=0,\ D_{66}=\frac{Q_{66}h^3}{12} \end{aligned}\right\} \tag{b}$$

式中，h 为单层板厚度。

由式（b）可见独立的拉伸、弯曲刚度系数各为4个。由式（5-13）可得

$$\begin{aligned} \begin{Bmatrix} N_x \\ N_y \\ N_{xy} \end{Bmatrix}&=\begin{bmatrix} A_{11} & A_{12} & 0 \\ & A_{22} & 0 \\ \text{对称} & & A_{66} \end{bmatrix}\begin{Bmatrix} \varepsilon_x^0 \\ \varepsilon_y^0 \\ \gamma_{xy}^0 \end{Bmatrix} \\ \begin{Bmatrix} M_x \\ M_y \\ M_{xy} \end{Bmatrix}&=\begin{bmatrix} D_{11} & D_{12} & 0 \\ & D_{22} & 0 \\ \text{对称} & & D_{66} \end{bmatrix}\begin{Bmatrix} k_x \\ k_y \\ k_{xy} \end{Bmatrix} \end{aligned} \tag{5-19}$$

由式（5-19）可知，无任何耦合效应。

5.4.2 广义正交各向异性单层板

对于广义正交各向异性单向板（Generalized orthotropic layer），材料主方向与板的坐标 x，y 不重合，由式（2-55）

$$[\bar{Q}_{ij}]=\begin{bmatrix} \bar{Q}_{11} & \bar{Q}_{12} & \bar{Q}_{16} \\ & \bar{Q}_{22} & \bar{Q}_{26} \\ \text{对称} & & \bar{Q}_{66} \end{bmatrix} \tag{c}$$

同样由于单层板中面坐标 $\bar{z}=0$，由式（5-14）得到

$$A_{ij}=\bar{Q}_{ij}h, B_{ij}=0, D_{ij}=\frac{1}{12}\bar{Q}_{ij}h^3 \quad (i,j=1,2,6) \tag{5-20}$$

由于 A_{16}、A_{26} 均不为零，存在拉剪耦合；D_{16}、D_{26} 不为零，存在弯扭耦合。独立的拉伸、弯曲刚度系数仍各为4个。

5.4.3 各向异性单层板

$$[Q_{ij}]=\begin{bmatrix} Q_{11} & Q_{12} & Q_{16} \\ & Q_{22} & Q_{26} \\ \text{对称} & & Q_{66} \end{bmatrix} \tag{d}$$

注意：式（d）中的元素与式（c）中的不同，式（c）中的元素可用式（2-55）求得，而式（d）中的不能。

$$A_{ij}=Q_{ij}h,\ B_{ij}\equiv 0,\ D_{ij}=\frac{1}{2}Q_{ij}h^3 \tag{5-21}$$

同样存在拉、剪耦合和弯、扭耦合。独立的拉伸、弯曲刚度系数各为6个。

由以上分析可知，对于单层板，$B_{ij}\equiv 0$，故不存在拉弯耦合关系。

5.5 对称层合板的刚度

若各铺层的材料、厚度、铺设角均对称于层合板的中面，称为对称层合板（Symmetric laminate），它是在工程中广泛采用的一类结构。

由于各铺层的厚度等对称于层合板的中面，那么两两对称于层合板中面的铺层的中面坐标 z_k 将等值反号，这样由式（5-14）可得耦合刚度

$$B_{ij}\equiv 0 \tag{5-22}$$

这样，无论是怎样的对称层合板，都不会发生拉伸与弯曲耦合效应。

5.5.1 多层正交各向异性铺层的对称层合板

多层正交各向异性铺层的对称层合板是由对称于中面且坐标轴与材料主方向重合的正交各向异性铺层（单向板）粘结而成，每个铺层的 $[Q_{ij}]$ 为

$$[Q_{ij}]_k=\begin{bmatrix} Q_{11} & Q_{12} & 0 \\ & Q_{22} & 0 \\ \text{对称} & & Q_{66} \end{bmatrix}_k \tag{a}$$

由式（5-14）计算 A_{ij}、D_{ij}

$$A_{16}=A_{26}=0,\ D_{16}=D_{26}=0 \tag{b}$$

最后得

$$\begin{Bmatrix} N_x \\ N_y \\ N_{xy} \end{Bmatrix}=\begin{bmatrix} A_{11} & A_{12} & 0 \\ & A_{22} & 0 \\ \text{对称} & & A_{66} \end{bmatrix}\begin{Bmatrix} \varepsilon_x^0 \\ \varepsilon_y^0 \\ \gamma_{xy}^0 \end{Bmatrix}$$

$$\begin{Bmatrix} M_x \\ M_y \\ M_{xy} \end{Bmatrix}=\begin{bmatrix} D_{11} & D_{12} & 0 \\ & D_{22} & 0 \\ & & D_{66} \end{bmatrix}\begin{Bmatrix} k_x \\ k_y \\ k_{xy} \end{Bmatrix} \tag{5-23}$$

5.5.2 正规对称正交铺设层合板

由材料主方向与层合板坐标轴夹角为0°、90°的正交各向异性铺层（单向板）交替铺设且对称于层合板中面，图5-6所示为一三层正规对称正交铺设层合板。这种层合板的层数必为奇数。

这种层合板各铺层的$[Q_{ij}]$不外乎如下两种情况：

对于0°铺层
$$[Q_{ij}]_{0°}=\begin{bmatrix} Q_{11} & Q_{12} & 0 \\ & Q_{22} & 0 \\ \text{对称} & & Q_{66} \end{bmatrix}_{0°} \tag{c}$$

对于90°铺层
$$[Q_{ij}]_{90°}=\begin{bmatrix} Q_{11} & Q_{12} & 0 \\ & Q_{22} & 0 \\ \text{对称} & & Q_{66} \end{bmatrix}_{90°}=\begin{bmatrix} Q_{22} & Q_{12} & 0 \\ & Q_{11} & 0 \\ \text{对称} & & Q_{66} \end{bmatrix}_{0°} \tag{d}$$

故$[Q_{ij}]_{0°}$与$[Q_{ij}]_{90°}$的差别只是Q_{11}与Q_{22}位置的互换。各刚度系数计算如前所述。

5.5.3 正规对称角铺设层合板

这种层合板各铺层材料性能与厚度均对称于层合板中面，铺设角度相等且成正负交替并对称于中面，如图5-7所示为一三层正规对称角铺设层合板。同样，层数必为奇数。

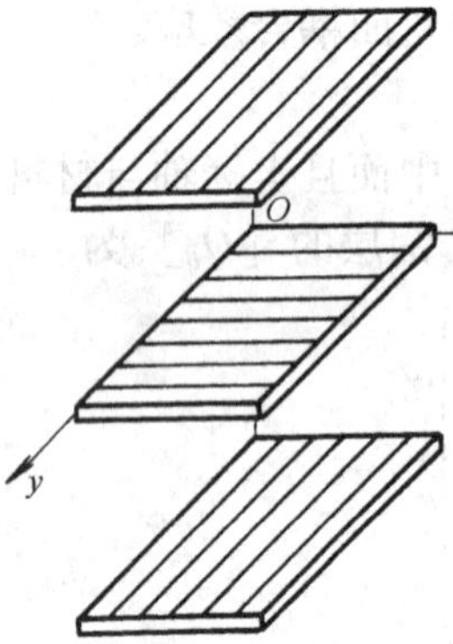

图5-6　三层正规对称正交铺设层合板

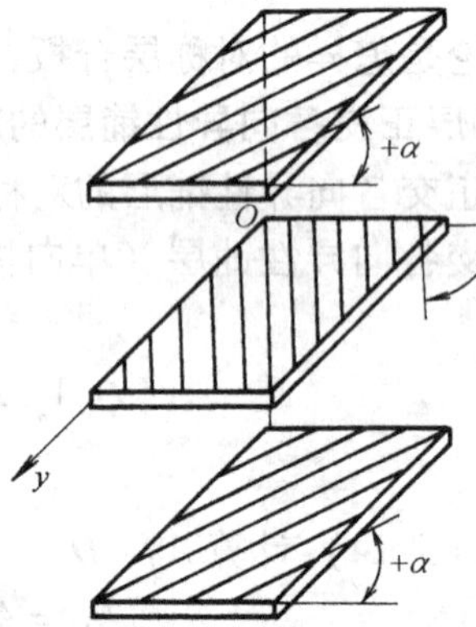

图5-7　三层正规对称角铺设层合板

由式（2-55）$\overline{Q}_{ij}$随铺设角α的变化关系可知，$\overline{Q}_{11}$、$\overline{Q}_{12}$、$\overline{Q}_{22}$、$\overline{Q}_{66}$这四个元素均是α的偶函数；而$\overline{Q}_{16}$、$\overline{Q}_{26}$这二个元素均是α的奇函数。于是

对于$+\alpha$角铺层
$$[\overline{Q}_{ij}]_{+\alpha}=\begin{bmatrix} \overline{Q}_{11} & \overline{Q}_{12} & \overline{Q}_{16} \\ & \overline{Q}_{22} & \overline{Q}_{26} \\ \text{对称} & & \overline{Q}_{66} \end{bmatrix}_{+\alpha} \tag{e}$$

对于 $-\alpha$ 角铺层 $[\overline{Q}_{ij}]_{-\alpha}=\begin{bmatrix}\overline{Q}_{11} & \overline{Q}_{12} & \overline{Q}_{16}\\ \text{对称} & \overline{Q}_{22} & \overline{Q}_{26}\\ & & \overline{Q}_{66}\end{bmatrix}_{-\alpha}=\begin{bmatrix}\overline{Q}_{11} & \overline{Q}_{12} & -\overline{Q}_{16}\\ & \overline{Q}_{22} & -\overline{Q}_{26}\\ & & \overline{Q}_{66}\end{bmatrix}_{+\alpha}$ (f)

即在铺层刚度矩阵 $[\overline{Q}_{ij}]_{+\alpha}$ 与 $[\overline{Q}_{ij}]_{-\alpha}$ 的元素中

$$\left.\begin{aligned}(\overline{Q}_{11})_{+\alpha}&=(Q_{11})_{-\alpha},(\overline{Q}_{12})_{+\alpha}=(\overline{Q}_{12})_{-\alpha}\\(\overline{Q}_{22})_{+\alpha}&=(\overline{Q}_{22})_{-\alpha},(\overline{Q}_{66})_{+\alpha}=(\overline{Q}_{66})_{-\alpha}\\(\overline{Q}_{16})_{+\alpha}&=-(\overline{Q}_{16})_{-\alpha},(\overline{Q}_{26})_{+\alpha}=-(\overline{Q}_{26})_{-\alpha}\end{aligned}\right\}\tag{5-24}$$

这样，层合板的刚度系数

$$\left.\begin{aligned}A_{11}&=(Q_{11})_{\alpha}\sum_{k=1}^{N}(z_k-z_{k-1})=(\overline{Q}_{11})_{\alpha}\,h\\A_{12}&=(\overline{Q}_{12})_{\alpha}\,h,A_{22}=(\overline{Q}_{22})_{\alpha}\,h,A_{66}=(\overline{Q}_{66})_{\alpha}\,h\\A_{16}&=(\overline{Q}_{16})_{\alpha}\,\tilde{h},A_{26}=(\overline{Q}_{26})_{\alpha}\,\tilde{h}\end{aligned}\right\}\tag{5-25}$$

式 (5-25) 中

$$\tilde{h}=\sum_{+\alpha\text{铺层}}h_k-\sum_{-\alpha\text{铺层}}h_k(h_k\text{ 为铺层厚度})\tag{5-26}$$

$$\left.\begin{aligned}D_{11}&=\frac{h^3}{12}(\overline{Q}_{11})_{\alpha},D_{12}=\frac{h^3}{12}(\overline{Q}_{12})_{\alpha},D_{22}=\frac{h^3}{12}(\overline{Q}_{22})_{\alpha}\quad D_{66}=\frac{h^3}{12}(\overline{Q}_{66})_{\alpha}\\D_{16}&=\frac{1}{3}(\overline{Q}_{16})_{\alpha}\left[\sum_{+\alpha\text{铺层}}(z_k^3-z_{k-1}^3)-\sum_{-\alpha\text{铺层}}(z_k^3-z_{k-1}^3)\right]\\D_{26}&=\frac{1}{3}(\overline{Q}_{26})_{\alpha}\left[\sum_{+\alpha\text{铺层}}(z_k^3-z_{k-1}^3)-\sum_{-\alpha\text{铺层}}(z_k^3-z_{k-1}^3)\right]\end{aligned}\right\}\tag{5-27}$$

由式 (5-25)、式 (5-27) 可知，D_{16}、D_{26}、A_{16}、A_{26}中有正负交替项，因而其值比其他刚度系数要小，当铺层数 $N=3$ 时，它们将取最大值；随着 N 值增大，它们将按 $1/N$ 的比例减小而趋于零。

5.5.4 各向异性对称层合板

除了由于对称性而不存在耦合刚度 B_{ij}外，再没有任何刚度的简化。刚度系数 A_{16}、A_{26}、D_{16}、D_{26}都存在，且也不会因层数 N 的增加而趋于零。

5.6 反对称层合板的刚度

各铺层（单向板）的材料、厚度、铺设角度两两对称于层合板的中面，但铺设角的符号却相反的层合板，称为反对称层合板（Skew symmetric laminite）。一般反对称层合板必为偶数层数。

与上述分析相类似，对于反对称层合板的刚度系数有如下特点

$$B_{ij} \neq 0,\ A_{16} = A_{26} = D_{16} = D_{26} = 0$$

这样，反对称层合板的合力与合力矩为

$$\left.\begin{aligned}
\begin{Bmatrix} N_x \\ N_y \\ N_{xy} \end{Bmatrix} &= \begin{bmatrix} A_{11} & A_{12} & 0 \\ & A_{22} & 0 \\ \text{对称} & & A_{66} \end{bmatrix} \begin{Bmatrix} \varepsilon_x^0 \\ \varepsilon_y^0 \\ \gamma_{xy}^0 \end{Bmatrix} + \begin{bmatrix} B_{11} & B_{12} & B_{16} \\ & B_{22} & B_{26} \\ \text{对称} & & B_{66} \end{bmatrix} \begin{Bmatrix} k_x \\ k_y \\ k_{xy} \end{Bmatrix} \\
\begin{Bmatrix} M_x \\ M_y \\ M_{xy} \end{Bmatrix} &= \begin{bmatrix} B_{11} & B_{12} & B_{16} \\ & B_{22} & B_{26} \\ \text{对称} & & B_{66} \end{bmatrix} \begin{Bmatrix} \varepsilon_x^0 \\ \varepsilon_y^0 \\ \gamma_{xy}^0 \end{Bmatrix} + \begin{bmatrix} D_{11} & D_{12} & 0 \\ & D_{22} & 0 \\ \text{对称} & & D_{66} \end{bmatrix} \begin{Bmatrix} k_x \\ k_y \\ k_{xy} \end{Bmatrix}
\end{aligned}\right\} \tag{5-28}$$

5.6.1 反对称正交铺设层合板

反对称正交铺设层合板是由偶数层正交各向异性铺层铺设角0°与90°交替叠放而成。图5-8为一二层反对称正交铺设层合板。由于各铺层的铺设角交替为0°与90°，故 $\overline{Q}_{16} = Q_{16} = 0$，$\overline{Q}_{26} = Q_{26} = 0$。于是，层合板刚度系数中

$$A_{16} = A_{26} = B_{16} = B_{26} = D_{16} = D_{26} = 0 \tag{5-29}$$

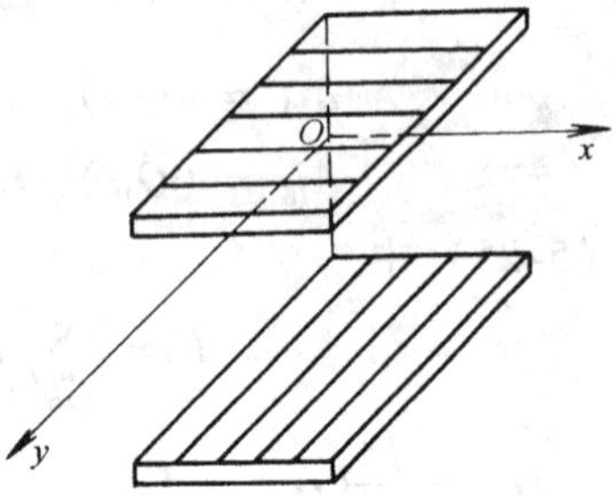

图5-8　二层反对称正交铺设层合板

假设在 $2n$ 层铺层的反对称正交铺设层合板中，第 l 层与第 m 层为一对与中面对称的铺层，它们的铺设角分别为0°、90°，厚度为 h_l、h_m，即

$$\theta_l = 0°,\ \theta_m = 90° \qquad h_l = h_m \tag{a}$$

这两个铺层的中面坐标

$$\bar{z}_l = -\bar{z}_m \tag{b}$$

由式（5-14）计算这一对称铺层对层合板刚度的贡献值

$$\widetilde{A}_{11} = (\overline{Q}_{11})_l h_l + (\overline{Q}_{11})_m h_m = (\overline{Q}_{11})_{0°} h_l + (\overline{Q}_{11})_{90°} h_m \tag{c}$$

$$\widetilde{A}_{22} = (\overline{Q}_{22})_l h_l + (\overline{Q}_{22})_m h_m = (\overline{Q}_{22})_{0°} h_l + (\overline{Q}_{22})_{90°} h_m \tag{d}$$

由于 $(\overline{Q}_{11})_{0°} = (\overline{Q}_{22})_{90°}, (\overline{Q}_{11})_{90°} = (\overline{Q}_{22})_{0°}$，$h_l = h_m$，所以

$$\widetilde{A}_{11} = \widetilde{A}_{22} \tag{e}$$

由式（e）可以推断整个层合板的

$$A_{11} = A_{22} \tag{5-30}$$

同理可得

$$D_{11} = D_{22} \tag{5-31}$$

$$\begin{aligned}\tilde{B}_{12} &= (\overline{Q}_{12})_l h_l \bar{z}_l + (\overline{Q}_{12})_m h_m \bar{z}_m \\ &= (Q_{12})_l h_l \bar{z}_l + (Q_{12})_m h_m \bar{z}_m \\ &= (Q_{12})_{0^\circ} h_l \bar{z}_l + (Q_{12})_{90^\circ} h_m \bar{z}_m\end{aligned} \tag{f}$$

由式（b）知 $\tilde{B}_{12}=0$，于是可以推得

$$B_{12}=0 \tag{5-32}$$

同理

$$B_{66}=0 \tag{5-33}$$

$$\tilde{B}_{11} = (Q_{11})_{0^\circ} h_l \bar{z}_l + (Q_{11})_{90^\circ} h_m \bar{z}_m \tag{g}$$

$$\tilde{B}_{22} = (Q_{22})_{0^\circ} h_l \bar{z}_l + (Q_{22})_{90^\circ} h_m \bar{z}_m \tag{h}$$

因为 $(Q_{11})_{0^\circ} = (Q_{22})_{90^\circ}$，$(Q_{11})_{90^\circ} = (Q_{22})_{0^\circ}$，$h_l = h_m, \bar{z}_l = -\bar{z}_m$，所以由式（h）可知 $\tilde{B}_{11} = -\tilde{B}_{22}$，从而推得

$$B_{11} = -B_{22} \tag{5-34}$$

综合起来，反对称正交铺设层合板的合力与合力矩的表达式为

$$\left.\begin{aligned}\begin{Bmatrix}N_x\\N_y\\N_{xy}\end{Bmatrix} &= \begin{bmatrix}A_{11} & A_{12} & 0\\ & A_{11} & 0\\ \text{对称} & & A_{66}\end{bmatrix}\begin{Bmatrix}\varepsilon_x^0\\\varepsilon_y^0\\\gamma_{xy}^0\end{Bmatrix} + \begin{bmatrix}B_{11} & 0 & 0\\ & -B_{11} & 0\\ \text{对称} & & 0\end{bmatrix}\begin{Bmatrix}k_x\\k_y\\k_{xy}\end{Bmatrix}\\ \begin{Bmatrix}M_x\\M_y\\M_{xy}\end{Bmatrix} &= \begin{bmatrix}B_{11} & 0 & 0\\ & -B_{11} & 0\\ \text{对称} & & 0\end{bmatrix}\begin{Bmatrix}\varepsilon_x^0\\\varepsilon_y^0\\\gamma_{xy}^0\end{Bmatrix} + \begin{bmatrix}D_{11} & D_{12} & 0\\ & D_{11} & 0\\ \text{对称} & & D_{66}\end{bmatrix}\begin{Bmatrix}k_x\\k_y\\k_{xy}\end{Bmatrix}\end{aligned}\right\} \tag{5-35}$$

5.6.2 反对称角铺设层合板

对称铺层的铺设角分别为 $+\alpha$ 与 $-\alpha$ 的反对称层合板，称为反对称角铺设层合板，图 5-9 为一二层反对称角铺设层合板。

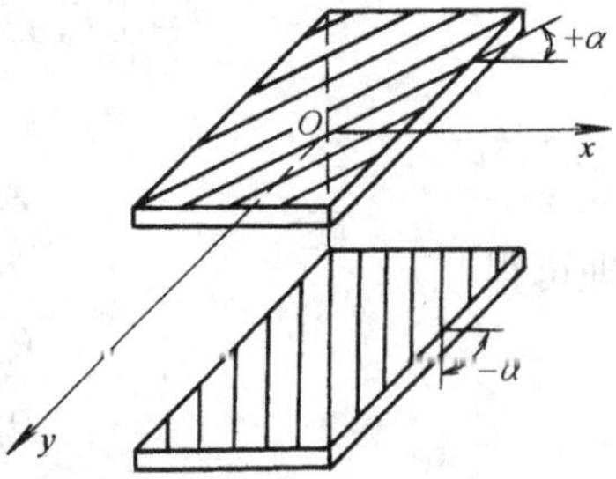

图 5-9 二层反对称角铺设层合板

对于反对称角铺设层合板，由于 $\overline{Q}_{16}$、$\overline{Q}_{26}$ 为铺设角 α 的奇函数，故有

$$A_{16}=A_{26}=D_{16}=D_{26}=0 \tag{5-36}$$

又由于 $\overline{Q}_{11}$、$\overline{Q}_{12}$、$\overline{Q}_{22}$、$\overline{Q}_{66}$ 为 α 的偶函数，所以

$$B_{11}=B_{12}=B_{22}=B_{66}=0 \tag{5-37}$$

这样，反对称角铺设层合板

$$\begin{Bmatrix}N_x\\N_y\\N_{xy}\end{Bmatrix} = \begin{bmatrix}A_{11} & A_{12} & 0\\ & A_{22} & 0\\ \text{对称} & & A_{66}\end{bmatrix}\begin{Bmatrix}\varepsilon_x^0\\\varepsilon_y^0\\\gamma_{xy}^0\end{Bmatrix} + \begin{bmatrix}0 & 0 & B_{16}\\ & 0 & B_{26}\\ \text{对称} & & 0\end{bmatrix}\begin{Bmatrix}k_x\\k_y\\k_{xy}\end{Bmatrix}$$

$$\begin{Bmatrix} M_x \\ M_y \\ M_{xy} \end{Bmatrix} = \begin{bmatrix} 0 & 0 & B_{16} \\ & 0 & B_{26} \\ \text{对称} & & 0 \end{bmatrix} \begin{Bmatrix} \varepsilon_x^0 \\ \varepsilon_y^0 \\ \gamma_{xy}^0 \end{Bmatrix} + \begin{bmatrix} D_{11} & D_{12} & 0 \\ & D_{22} & 0 \\ \text{对称} & & D_{66} \end{bmatrix} \begin{Bmatrix} k_x \\ k_y \\ k_{xy} \end{Bmatrix} \tag{5-38}$$

5.7 层合板刚度的坐标变换

层合板的刚度分量与坐标选取有关。前面的讨论总是将 xOy 坐标面固定在层合板的中面上，但在实际结构分析时往往结构元件的局部坐标与总体坐标不相符合，因而需要研究不同坐标系下刚度分量间的关系。

5.7.1 层合板刚度的转轴公式

将原坐标系 $Oxyz$ 绕 z 轴顺时针旋转 θ 角得到新坐标系 $Ox'y'z'$，并用上角标“′”标记新坐系中物理量，那么由式（5-14）的第一式有

$$A'_{ij} = \sum_{k=1}^{N} (Q'_{ij})_k (z_k - z_{k-1}) \tag{a}$$

但由式（2-53）知

$$(Q'_{ij})_k = [T_\sigma]^{-1} [\overline{Q}_{ij}]_k [T_\varepsilon] \tag{b}$$

式中，$[T_\sigma]$、$[T_\varepsilon]$ 分别为应力、应变转换矩阵，见式（2-47）、式（2-51）。

$$\begin{aligned} A'_{ij} &= \sum_{k=1}^{N} ([T_\sigma]^{-1}[\overline{Q}_{ij}][T_\varepsilon])(z_k - z_{k-1}) \\ &= [T_\sigma]^{-1} \sum_{k=1}^{N} (\overline{Q}_{ij})_k (z_k - z_{k-1}) [T_\varepsilon] \end{aligned} \tag{c}$$

即

$$A'_{ij} = [T_\sigma]^{-1} A_{ij} [T_\varepsilon] \tag{5-39}$$

同理可得

$$\begin{aligned} B'_{ij} &= [T_\sigma]^{-1} B_{ij} [T_\varepsilon] \\ D'_{ij} &= [T_\sigma]^{-1} D_{ij} [T_\varepsilon] \end{aligned} \tag{5-40}$$

5.7.2 层合板刚度的平行移轴公式

将原坐标系 $Oxyz$ 沿 z 正方向平移 d 得到新坐标系 $Ox'y'z'$，沿板厚方向两坐标系间关系为

$$z' = z + d \tag{d}$$

新坐标系中合力与合力矩为

$$\begin{Bmatrix} N'_x \\ N'_y \\ N'_{xy} \end{Bmatrix} = \int_{d-h/2}^{d+h/2} \begin{Bmatrix} \sigma_x \\ \sigma_y \\ \tau_{xy} \end{Bmatrix} \mathrm{d}z' = \int_{-h/2}^{h/2} \begin{Bmatrix} \sigma_x \\ \sigma_y \\ \tau_{xy} \end{Bmatrix} \mathrm{d}(z + d) = \begin{Bmatrix} N_x \\ N_y \\ N_{xy} \end{Bmatrix}$$

$$\begin{Bmatrix} M'_x \\ M'_y \\ M'_{xy} \end{Bmatrix} = \int_{d-h/2}^{d+h/2} \begin{Bmatrix} \sigma_x \\ \sigma_y \\ \tau_{xy} \end{Bmatrix} z' \mathrm{d}z' = \int_{-h/2}^{h/2} \begin{Bmatrix} \sigma_x \\ \sigma_y \\ \tau_{xy} \end{Bmatrix} (z+d)\mathrm{d}(z+d)$$

$$= \int_{-h/2}^{h/2} \begin{Bmatrix} \sigma_x \\ \sigma_y \\ \tau_{xy} \end{Bmatrix} z\mathrm{d}z + d\int_{-h/2}^{h/2} \begin{Bmatrix} \sigma_x \\ \sigma_y \\ \tau_{xy} \end{Bmatrix} \mathrm{d}z = \begin{Bmatrix} M_x \\ M_y \\ M_{xy} \end{Bmatrix} + \mathrm{d} \begin{Bmatrix} N_x \\ N_y \\ N_{xy} \end{Bmatrix} \tag{5-41}$$

新坐标中层合板的刚度为

$$\begin{aligned} A'_{ij} &= \sum_{k=1}^{N} (Q'_{ij})_k h_k = \sum_{k=1}^{N} (\overline{Q}_{ij})_k h_k = A_{ij} \\ B'_{ij} &= \sum_{k=1}^{N} (Q'_{ij})_k h_k \bar{z}'_k = \sum_{k=1}^{N} (\overline{Q}_{ij})_k h_k (\bar{z}_k + d) \\ &= \sum_{k=1}^{N} (\overline{Q}_{ij})_k h_k \bar{z}_k + d \sum_{k=1}^{N} (\overline{Q}_{ij})_k h_k \\ &= B_{ij} + dA_{ij} \\ D'_{ij} &= \sum_{k=1}^{N} (Q'_{ij})_k \left[h_k (\bar{z}'_k)^2 + \frac{h_k^3}{12} \right] \\ &= \sum_{k=1}^{N} (\overline{Q}_{ij})_k \left[h_k (\bar{z}_k + d)^2 + \frac{h_k^3}{12} \right] \\ &= D_{ij} + 2dB_{ij} + d^2 A_{ij} \end{aligned} \tag{5-42}$$

5.8 层合板刚度的实验验证

按照经典层合板理论得到的层合板刚度的预测值需要通过实验验证其正确与否。为此，首先应得到层合板刚度分量与某些结构参数（如正交铺设比等）变化关系的理论曲线，然后与实验结果比较。本节只介绍正交铺设与角铺设两种层合板的验证结果。

5.8.1 正交铺设层合板

N 层铺设角为0°与90°的铺层（单向板）交替叠合而成，奇数层为0°，偶数层为90°；各奇数层厚度均为 t_1，各偶数层厚度均为 t_2，t_1、t_2 不一定相等；层合板总厚度为 t。

1. 刚度系数的理论结果

引入正交铺设比 M 为奇数层总厚度与偶数层总厚度之比，即

$$M = \frac{\sum\limits_{k=\text{奇数}} t_{1_k}}{\sum\limits_{k=\text{偶数}} t_{2_k}} \tag{5-43}$$

需要说明的是，若0°、90°铺层非交替叠放时，M 没有任何意义。

再引入铺层主刚度比 F，即

$$F=\frac{Q_{22}}{Q_{11}}=\frac{\dfrac{E_2}{1-\nu_{12}\nu_{21}}}{\dfrac{E_1}{1-\nu_{12}\nu_{21}}}=\frac{E_2}{E_1} \tag{5-44}$$

这样，层合板的刚度分量 A_{ij}、B_{ij}、D_{ij} 可表示为正交铺设比 M、铺层主刚度比 F 的函数。

对称正交铺设（N 为奇数）层合板

由式（5-14）、式（5-43）与式(5-44)，可推得

$$\left.\begin{aligned}A_{11}&=\frac{1}{1+M}(M+F)tQ_{11}\\A_{12}&=tQ_{12}\\A_{22}&=\frac{1+MF}{M+F}A_{11}\\A_{16}&=A_{26}=0\\A_{66}&=tQ_{66}\end{aligned}\right\} \tag{5-45}$$

$$B_{ij}\equiv 0 \tag{5-46}$$

$$\left.\begin{aligned}D_{11}&=[(F-1)(P+1)]\frac{1+M}{M+F}\frac{A_{11}t^2}{12}\\D_{12}&=\frac{Q_{12}t^3}{12}\\D_{22}&=[(1-F)P+F]\frac{1+M}{M+F}\frac{A_{11}t^2}{12}\\D_{16}&=D_{26}=0\\D_{66}&=\frac{Q_{66}t^3}{12}\end{aligned}\right\} \tag{5-47}$$

式中

$$P=\frac{1}{(1+M)^3}+\frac{M(N-3)[M(N-1)+2(N+1)]}{(N^2-1)(1+M)^3} \tag{5-48}$$

反对称正交铺设（N 为偶数）层合板

$$\left.\begin{aligned}A_{11}&=\frac{1}{1+M}(M+F)Q_{11}t\\A_{12}&=Q_{12}t\\A_{22}&=\frac{1+MF}{M+F}A_{11}\\A_{16}&=A_{26}=0\\A_{66}&=Q_{66}t\end{aligned}\right\}\tag{5-49}$$

$$\left.\begin{aligned}B_{11}&=\frac{M(F-1)}{N(1+M)(M+F)}A_{11}t\\B_{22}&=-B_{11}\\B_{12}&=B_{16}=B_{26}=B_{66}=0\end{aligned}\right\}\tag{5-50}$$

$$\left.\begin{aligned}D_{11}&=[(F-1)R+1]\frac{1+M}{M+F}\frac{A_{11}t^2}{12}\\D_{12}&=\frac{Q_{12}t^3}{12}\\D_{22}&=[(1-F)R+F]\frac{1+M}{M+F}\frac{A_{11}t^2}{12}\\D_{16}&=D_{26}=0\\D_{66}&=\frac{Q_{66}t^3}{12}\end{aligned}\right\}\tag{5-51}$$

式中

$$R=\frac{1}{1+M}+\frac{8M\ (M-1)}{N^2\ (1+M)^3}\tag{5-52}$$

综上分析：

（1）以上两种正交铺设层合板，A_{ij}与层数N无关，A_{11}、A_{22}取决于M、F，其变化关系如图5-10、图5-11所示。A_{12}、A_{66}与M、F无关，与厚度（即层数N）有关。

（2）对称正交铺设层合板（N为奇数），$B_{ij}=0$。

（3）反对称正交铺设层合板（N为偶数），存在B_{11}、B_{22}元素，两者等值反号，与M、F的关系如图5-12所示。因为NB_{11}为常数，因而$N=2$时拉、弯间耦合效应最大；反之，当$N\to\infty$时，$B_{11}\to 0$。

（4）弯曲刚度D_{ij}是M、F、N的复杂函数。图5-13、图5-14分别表示了在几种F、N值下D_{11}与D_{22}的正则化值随M的变化关系。当$N=2$、$N=3$时，D_{11}、D_{22}出现极值；当$F\to 1$或$N\to\infty$时，$D_{11}\to\frac{A_{11}t^2}{12}$，$D_{22}\to\frac{A_{22}t^2}{12}$。

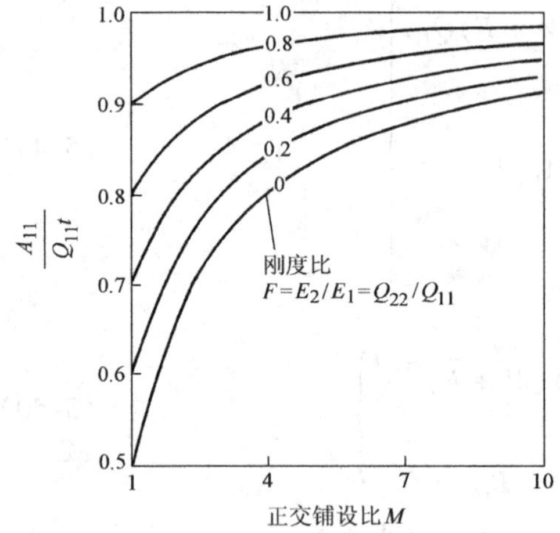

图 5-10 A_{11}值随 M、F 的变化情况

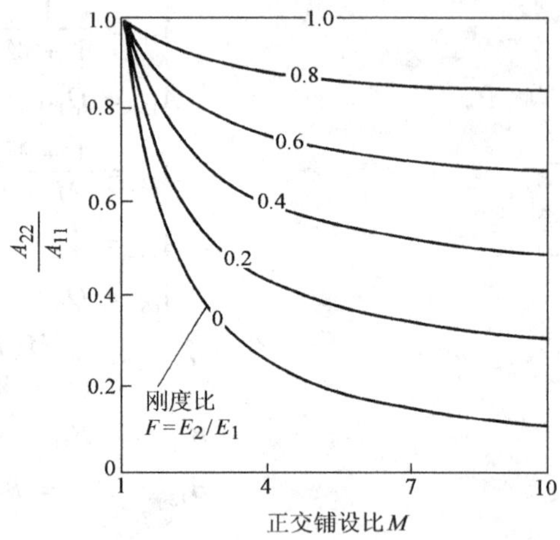

图 5-11 A_{22}值随 M、F 的变化情况

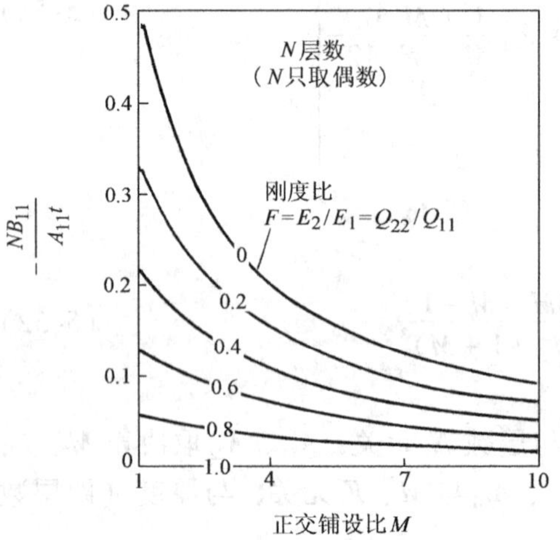

图 5-12 B_{11}值随 M、F 变化情况

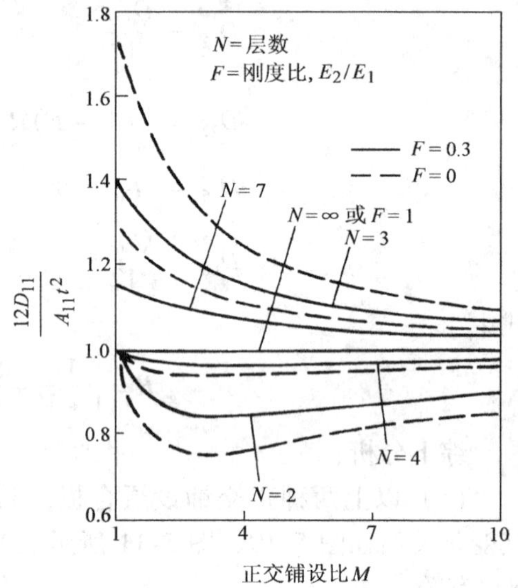

图 5-13 D_{11}值随 M、N 变化情况

2. 刚度系数的实验验证

如上分析，当层数 $N=2$、$N=3$ 时，两种层合板的刚度有极值，因而应在这种情况下来比较理论值与实验值。若此时两种值相符，那么当层数 N 为四层以上时，即在刚度系数值小的情况下，两种值更容易符合。因而实验在二层板和三层板中进行。

又由于实验过程是由已知的内力分量 N、M 测量应变分量 ε^0 与 k，这样由式（5-17）可知，实际上实验测得的是层合板的柔度系数 A'_{ij}、B'_{ij}和 D'_{ij}的值。但它们

都是 A_{ij}、B_{ij}、D_{ij} 求逆的值，因而只要将它们与 A'_{ij}、B'_{ij} 和 D'_{ij} 的理论值相比较，就可断定该层合板刚度系数理论值的正确与否。

图 5-15 给出了二层与三层正交铺设层合板柔度实验值和理论值，可见，两者相当吻合，因而正交铺设层合板刚度的理论计算是准确的。

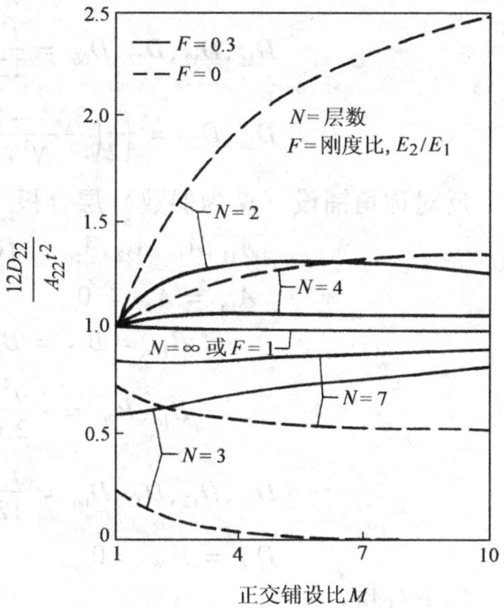

图 5-14　D_{22} 值随 M、N 的变化情况

5.8.2　角铺设层合板

层数为 N 层，铺设角为 $+\theta$、$-\theta$ 交替叠放而成，令所有铺层的厚度均相同，即正规角铺设层合板，这是一个特殊而实用的层合板。

1. 刚度系数的理论结果

对称角铺设（N 为奇数）层合板

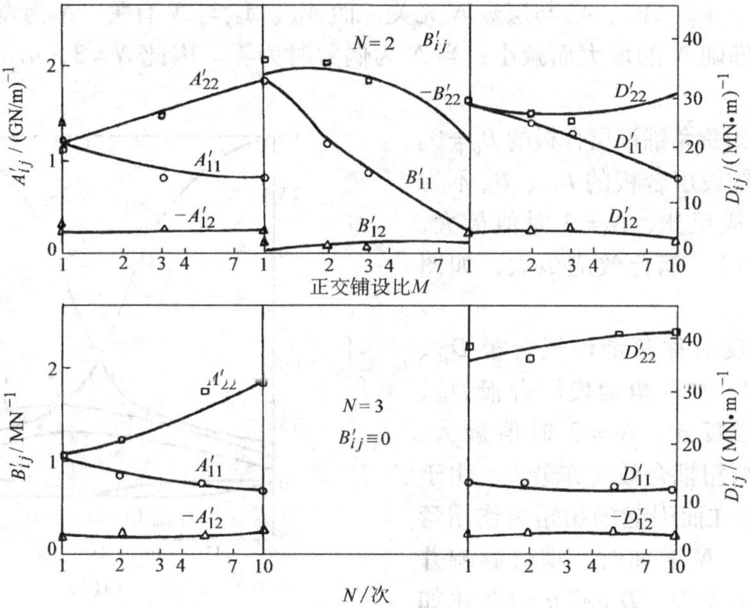

图 5-15　正交铺设层合板柔度理论值与实验值的比较

$$
\left.\begin{aligned}
A_{11},A_{12},A_{22},A_{66} &= t(\overline{Q}_{11},\overline{Q}_{12},\overline{Q}_{22},\overline{Q}_{66}) \\
A_{16},A_{26} &= \frac{t}{N}(\overline{Q}_{16},\overline{Q}_{26})
\end{aligned}\right\} \tag{5-53}
$$

$$B_{ij} \equiv 0 \tag{5-54}$$

$$\left.\begin{aligned} D_{11}, D_{12}, D_{22}, D_{66} &= \frac{t^3}{12}(\overline{Q}_{11}, \overline{Q}_{12}, \overline{Q}_{22}, \overline{Q}_{66}) \\ D_{16}, D_{26} &= \frac{t^3}{12}\left(\frac{3N^2-2}{N^3}\right)(\overline{Q}_{16}, \overline{Q}_{26}) \end{aligned}\right\} \tag{5-55}$$

反对称角铺设（N为偶数）层合板

$$\left.\begin{aligned} A_{11}, A_{12}, A_{22}, A_{66} &= t(\overline{Q}_{11}, \overline{Q}_{12}, \overline{Q}_{22}, \overline{Q}_{66}) \\ A_{16} = A_{26} &= 0 \end{aligned}\right\} \tag{5-56}$$

$$\left.\begin{aligned} B_{11} = B_{12} = B_{22} = B_{66} &= 0 \\ B_{16}, B_{26} &= -\frac{t^2}{2N}(\overline{Q}_{16}, \overline{Q}_{26}) \end{aligned}\right\} \tag{5-57}$$

$$\left.\begin{aligned} D_{11}, D_{12}, D_{22}, D_{66} &= \frac{t^3}{12}(\overline{Q}_{11}, \overline{Q}_{12}, \overline{Q}_{22}, \overline{Q}_{66}) \\ D_{16} = D_{26} &= 0 \end{aligned}\right\} \tag{5-58}$$

综上分析：

（1）图5-16为玻璃/环氧树脂角铺设层合板拉伸刚度A_{ij}与铺设角θ的关系曲线。A_{11}、A_{12}、A_{22}、A_{66}与层数N无关，而A_{16}、A_{26}与N有关：N为奇数时与N成反比，即随N的增大而减小；当N为偶数时为零。因此$N=3$，A_{16}和A_{26}的值最大。

（2）对称角铺设层合板的$B_{ij}=0$。反对称角铺设层合板的B_{16}、B_{26}不为零，与N成反比，$N=2$时值最大，当$\theta=45°$时，耦合效应最大，如图5-17所示。

（3）反对称角铺设层合板D_{16}、D_{26}均为零。对称角铺设层合板D_{16}、D_{26}与N成反比，$N=3$时值最大，$\theta=45°$时弯扭耦合效应亦最大。由于D_{16}、D_{26}存在而引起的扭矩为作用弯矩的30%，N增加时，耦合影响并不迅速减小。D_{16}/D_{11}随θ的变化如图5-18所示。

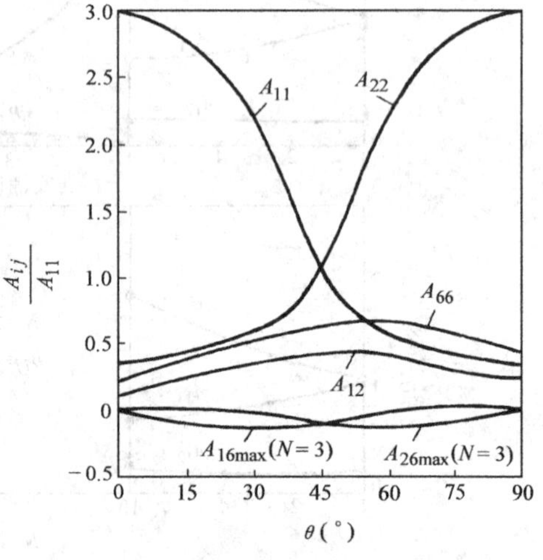

图5-16　玻璃/环氧树脂角铺设层合板A_{ij}与铺设角θ的关系曲线

2. 刚度系数的实验验证

图5-19为角铺设层合板柔度系数理论值与实验值的比较。由图可知，实验值与理论值吻合得较好。

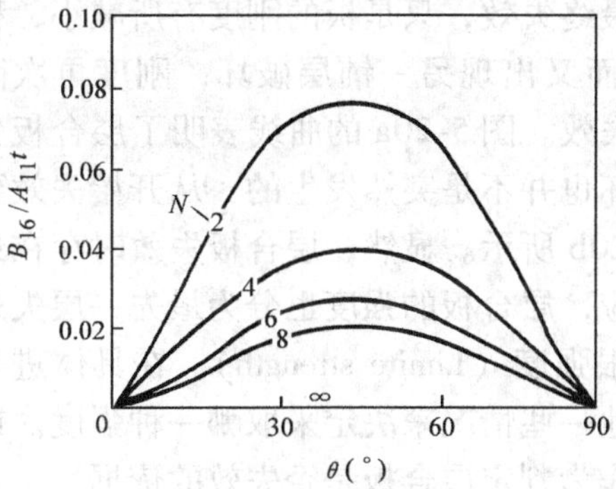

图 5-17　玻璃/环氧树脂角铺设层合板 B_{16} 与 θ 的关系曲线

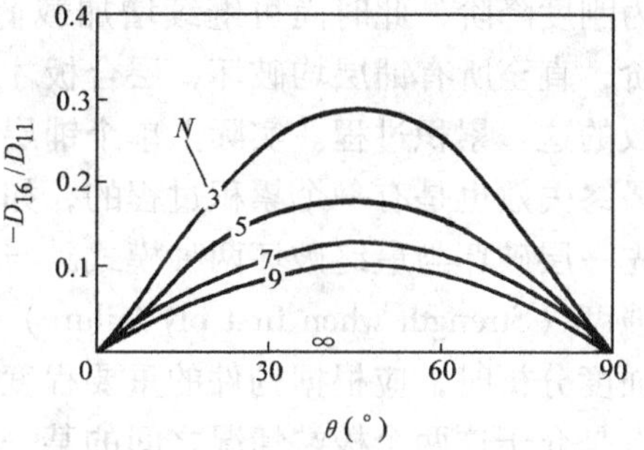

图 5-18　玻璃/环氧树脂角铺设层合板 D_{16} 与 θ 的关系曲线

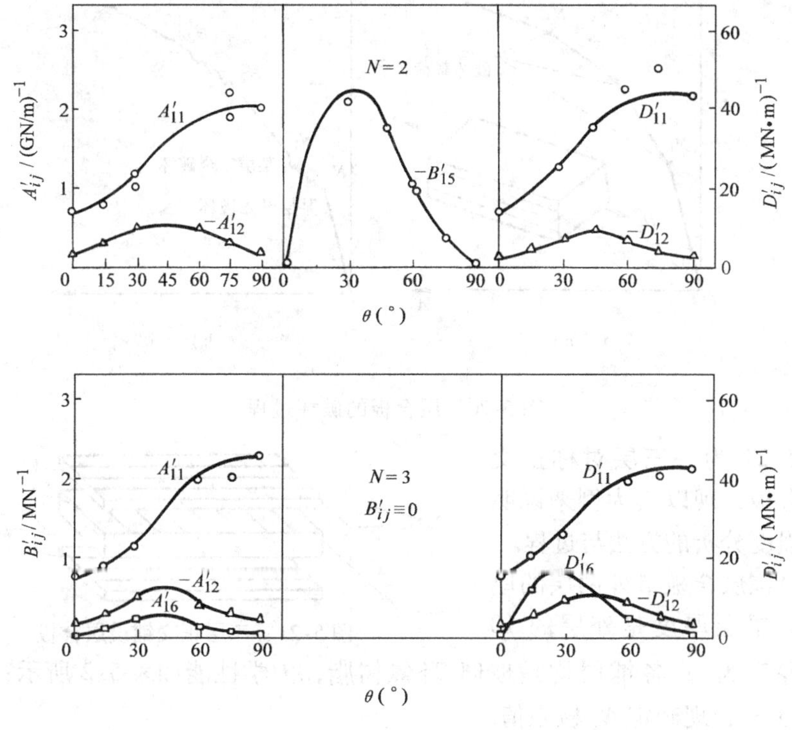

图 5-19　角铺设层合板柔度系数理论值与实验值的比较

5.9　层合板的强度分析

由于层合板在厚度方向是非均质的，因而即使在面内载荷作用下，各铺层的应力状态也不尽相同，于是在加载过程中，破坏首先从达到极限应力的那一层开始。但是一层破坏并不意味着整个层合板最终失效，只是板的刚度有所减小，称为刚度降阶，此时尚可继续增加载荷。继而又出现另一铺层破坏，刚度再次降阶，直至所有铺层均破坏，层合板才最终失效。图 5-20a 的曲线表明了层合板失效的这一累积过程。实际上单个铺层的破坏也并不是突然发生的，从开始失效到最终失效也是有一个累积过程的，如图 5-20b 所示。显然，层合板失效时存在最先一层破坏与最终破坏两种模式。与之对应，层合板的强度也分为最先一层失效强度（Strength when first ply failure）与极限强度（Limite strength）。在具体进行强度分析时，应根据构件的重要程度或其他一些情况来决定采取哪一种强度。或者是介于这两个极端情况之间的某一状态作为判定层合板是否失效的依据。

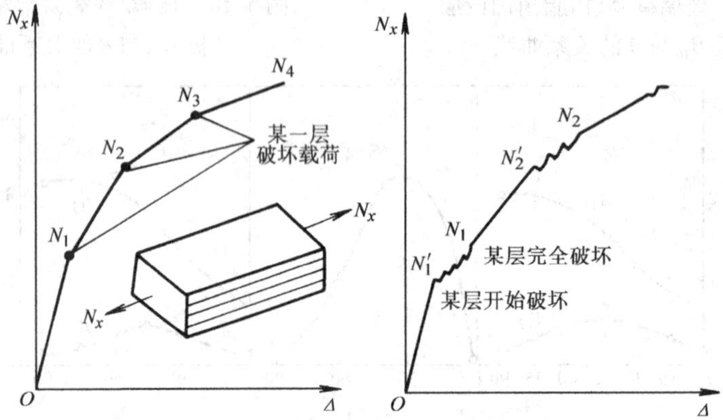

图 5-20　层合板的破坏过程

图 5-21 为一三层对称正交铺设层合板，现以其为例来说明层合板强度分析的方法与过程。

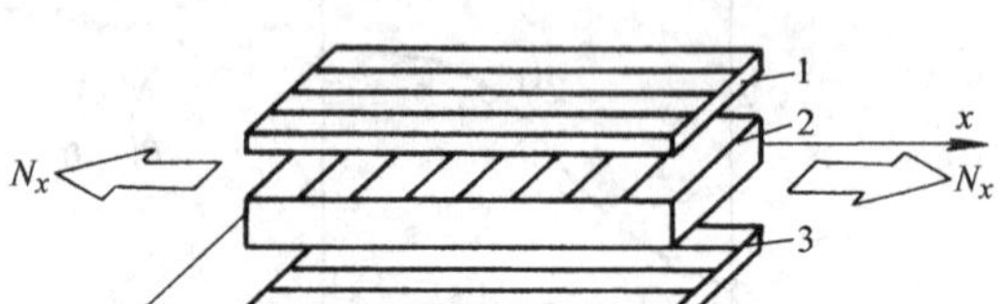

图 5-21　三层正交铺设层合板

假设该层合板最外两层的厚度相等，里层厚度是外层的 10 倍，总厚度为 t；各铺层均是玻璃/环氧树脂，力学性能如表 5-2 所示；板承受面内拉力 N_x，现确定 N_x 极限值。

表 5-2　玻璃/环氧树脂复合材料的力学性能

E_1/GPa	E_2/GPa	ν_{12}	G_{12}/GPa	$X_t = X_c$/GPa	Y_t/GPa	Y_c/GPa	S/GPa
53.74	17.95	0.25	8.63	1.034	0.027	0.138	0.041

第一步：计算初始层合板的刚度，分析各铺层中应力。

由式（5-43）、式（5-44）分别得正交铺设比 M 与主刚度比 F 为 $M = 0.2$，

$F=0.33$。

(1) 铺层(单向板)刚度 $[\overline{Q}]_k$ 的计算。据式(2-30)算得 $\nu_{21}=0.084$,再由式(2-46)算得材料主方向刚度系数为

$$\left.\begin{aligned}Q_{11}=54.92\text{GPa},\ Q_{12}=4.58\text{GPa},\\ Q_{22}=18.33\text{GPa},\ Q_{66}=8.62\text{GPa}\end{aligned}\right\}\tag{1}$$

由式(2-55)计算各铺层在 xy 坐标系下的刚度 $[\overline{Q}]_k$,由于为正交铺设,于是有

$$\left.\begin{aligned}[\overline{Q}]_1=[\overline{Q}]_3=\begin{bmatrix}54.92 & 4.58 & 0\\ 4.58 & 18.33 & 0\\ 0 & 0 & 8.62\end{bmatrix}_{1,3}\text{GPa}\\ [\overline{Q}]_2=\begin{bmatrix}18.33 & 4.58 & 0\\ 4.58 & 54.92 & 0\\ 0 & 0 & 8.62\end{bmatrix}_{2}\text{GPa}\end{aligned}\right\}\tag{2}$$

(2) 层合板的拉伸刚度 $[A]$ 的计算。由式(5-45)计算 A_{ij},得到

$$[A]=\begin{bmatrix}24.42 & 4.58 & 0\\ 4.58 & 48.82 & 0\\ 0 & 0 & 8.62\end{bmatrix}t\ \text{GPa}$$

(3) 各铺层应力的计算。由式(5-18)得到 $[A]$ 的逆 $[A]^{-1}$,即为 $[A']$,再由式(5-17)计算出层合板中面应变 $\{\varepsilon^0\}$。

$$[A']=[A]^{-1}=\begin{bmatrix}0.042 & -0.0039 & 0\\ -0.0039 & 0.0209 & 0\\ 0 & 0 & 0.116\end{bmatrix}\frac{1}{t}\ (\text{GPa})^{-1}$$

$$\begin{Bmatrix}\varepsilon_x^0\\ \varepsilon_y^0\\ \gamma_{xy}^0\end{Bmatrix}=[A']\begin{Bmatrix}N_x\\ 0\\ 0\end{Bmatrix}=\begin{Bmatrix}0.0417\\ -0.0039\\ 0\end{Bmatrix}\frac{N_x}{t}\tag{3}$$

$$\begin{Bmatrix}\sigma_x\\ \sigma_y\\ \tau_{xy}\end{Bmatrix}_{1,3}=[\overline{Q}]_{1,3}\begin{Bmatrix}\varepsilon_x^0\\ \varepsilon_y^0\\ \gamma_{xy}^0\end{Bmatrix}=\begin{Bmatrix}2.271\\ 0.119\\ 0\end{Bmatrix}\frac{N_x}{t}\text{MPa}\tag{4}$$

$$\begin{Bmatrix}\sigma_x\\ \sigma_y\\ \tau_{xy}\end{Bmatrix}_{2}=[\overline{Q}]_{2}\begin{Bmatrix}\varepsilon_x^0\\ \varepsilon_y^0\\ \gamma_{xy}^0\end{Bmatrix}=\begin{Bmatrix}0.746\\ -0.024\\ 0\end{Bmatrix}\frac{N_x}{t}\text{MPa}\tag{5}$$

第二步:采用 Tsai – Hill 强度准则,分析最先一层破坏时的强度。

将各铺层应力代入 Tsai – Hill 强度准则中,分别计算出铺层破坏时的载荷

N_x，其中最小的 N_x 值所对应的铺层就是最先破坏的铺层。

式（4）、式（5）表示的应力就是材料主方向下的应力，代入式（3-6）中

$$\frac{\sigma_1^2}{X^2}-\frac{\sigma_1\sigma_2}{X^2}+\frac{\sigma_2^2}{Y^2}+\frac{\tau_{12}^2}{S^2}=1 \tag{6}$$

得

$$第1、3层\ N_x/t=209.08\text{MPa} \tag{7}$$

$$第2层\ N_x/t=36.68\text{MPa} \tag{8}$$

比较式（7）、式（8），断定第2层首先破坏，破坏载荷即最先一层失效的强度为

$$(N_x/t)^{(1)}=36.68\text{MPa} \tag{9}$$

注意：式（9）中角标"(1)"表示第一次降阶。将式（9）代入式（4）、式（5），得第一次时降阶铺层的应力

$$\{\sigma_x\quad \sigma_y\quad \tau_{xy}\}_{1,3}^{\mathrm{T}}=\{82.866\quad 4.403\quad 0\}_{1,3}^{\mathrm{T}}\text{MPa} \tag{10}$$

$$\{\sigma_x\quad \sigma_y\quad \tau_{xy}\}_{2}^{\mathrm{T}}=\{27.508\quad -0.735\quad 0\}_{2}^{\mathrm{T}}\text{MPa} \tag{11}$$

由式（11）显见，$\sigma_x^{(2)}=27.508\text{MPa}\approx Y_t$，故断定第2层沿 x 方向拉断破坏。

由式（3）、式（9）得出第一次降阶时层合板的应变

$$\{\varepsilon_x^0\ \varepsilon_y^0\ \gamma_{xy}^0\}_{(1)}^{\mathrm{T}}=\{0.153\ -0.014\quad 0\}_{(1)}^{\mathrm{T}}\% \tag{11'}$$

第三步：第一次降阶后层合板的刚度与可继续增加的载荷。

（1）第一次降阶后铺层的刚度 $[\overline{Q}]_k$ 的计算。第1、3层的刚度不变；第2层因在 x 方向已破坏，故不能承受 x 方向应力和 xy 面内剪切，但尚能承受 y 方向应力，这时刚度为

$$\left.\begin{aligned}[\overline{Q}]_{1,3}^{(1)}&=\begin{bmatrix}54.92 & 4.58 & 0\\ 4.58 & 18.33 & 0\\ 0 & 0 & 8.62\end{bmatrix}_{1,3}^{(1)}\text{GPa}\\ [\overline{Q}]_{2}^{(1)}&=\begin{bmatrix}0 & 0 & 0\\ & 54.92 & 0\\ 0 & 0 & 0\end{bmatrix}_{2}^{(1)}\text{GPa}\end{aligned}\right\} \tag{12}$$

（2）第一次降阶后层合板的刚度的计算。因为第2层降价后，仍为对称层合板，故仍有 $B_{ij}\equiv 0$。

$$[A]_{(1)}=\begin{bmatrix}9.15 & 0.764 & 0\\ 0.764 & 48.82 & 0\\ 0 & 0 & 1.442\end{bmatrix}_{(1)} t\ \text{GPa} \tag{13}$$

（3）第一次降阶后，层合板刚度改变，板内应力将重新分布。在 $(N_x/t)^{(1)}=36.68\text{MPa}$ 作用下检查第1、3层是否破坏

$$[A']_{(1)}=[A]_{(1)}^{-1}=\begin{bmatrix}0.109 & -0.0017 & 0\\ -0.0017 & 0.0205 & 0\\ 0 & 0 & 0.694\end{bmatrix}_{(1)}\frac{1}{t}\ \text{GPa}^{-1} \tag{14}$$

$$\begin{Bmatrix}\sigma_x\\\sigma_y\\\tau_{xy}\end{Bmatrix}_{1,3}^{(1)}=[\bar{Q}]_{1,3}^{(1)}[A]_{(1)}^{-1}\begin{Bmatrix}\frac{N_x}{t}\\0\\0\end{Bmatrix}^{(1)}=\begin{Bmatrix}6.0\\0.47\\0\end{Bmatrix}_{1,3}^{(1)}\left(\frac{N_x}{t}\right)^{(1)}\text{MPa}\tag{15}$$

$$\begin{Bmatrix}\sigma_x\\\sigma_y\\\tau_{xy}\end{Bmatrix}_{2}^{(1)}=[\bar{Q}]_{2}^{(1)}[A]_{(1)}^{-1}\begin{Bmatrix}\frac{N_x}{t}\\0\\0\end{Bmatrix}^{(1)}=\begin{Bmatrix}0\\-0.09\\0\end{Bmatrix}_{2}^{(1)}\left(\frac{N_x}{t}\right)^{(1)}\text{MPa}\tag{16}$$

将式（15）代入式（6）中，可以证明在 $(N_x/t)^{(1)}=36.68\text{MPa}$ 下，第 1、3 层未破坏，可增加载荷，设为 $\{\Delta N_x\quad 0\quad 0\}_{(1)}^{\mathrm{T}}$。

（4）计算增加载荷后层合板的应变、应力增量。

$$\{\Delta\varepsilon_x^0\ \Delta\varepsilon_y^0\ \Delta\gamma_{xy}^0\}_{(1)}^{\mathrm{T}}=[A']_{(1)}\{\Delta N_x\ 0\ 0\}_{(1)}^{\mathrm{T}}=\{0.109\ -0.017\quad 0\}_{(1)}^{\mathrm{T}}\left(\frac{\Delta N_x}{t}\right)_{(1)}\tag{17}$$

$$\begin{Bmatrix}\Delta\sigma_x\\\Delta\sigma_y\\\Delta\tau_{xy}\end{Bmatrix}_{1,3}^{(1)}=[\bar{Q}]_{1,3}^{(1)}\begin{Bmatrix}\Delta\varepsilon_x^0\\\Delta\varepsilon_y^0\\\Delta\gamma_{xy}^0\end{Bmatrix}_{(1)}=\begin{Bmatrix}6.0\\0.47\\0\end{Bmatrix}_{1,3}^{(1)}\left(\frac{\Delta N_x}{t}\right)^{(1)}\text{MPa}\tag{18}$$

$$\begin{Bmatrix}\Delta\sigma_x\\\Delta\sigma_y\\\Delta\tau_{xy}\end{Bmatrix}_{2}^{(1)}=[\bar{Q}]_{2}^{(1)}\begin{Bmatrix}\Delta\varepsilon_x^0\\\Delta\varepsilon_y^0\\\Delta\gamma_{xy}^0\end{Bmatrix}_{(1)}=\begin{Bmatrix}0\\-0.09\\0\end{Bmatrix}_{2}^{(1)}\left(\frac{\Delta N_x}{t}\right)^{(1)}\text{MPa}\tag{19}$$

（5）一次降阶增加载荷后第 1、3 层的应力，可由式（10）、式（18）得到

$$\begin{Bmatrix}\sigma_x\\\sigma_y\\\tau_{xy}\end{Bmatrix}_{1,3}^{(1)}=\begin{Bmatrix}\sigma_x\\\sigma_y\\\tau_{xy}\end{Bmatrix}_{1,3}+\begin{Bmatrix}\Delta\sigma_x\\\Delta\sigma_y\\\Delta\tau_{xy}\end{Bmatrix}_{1,3}^{(1)}=\begin{Bmatrix}82.87\\4.403\\0\end{Bmatrix}+\begin{Bmatrix}6.0\\0.47\\0\end{Bmatrix}\left(\frac{\Delta N_x}{t}\right)^{(1)}\text{MPa}\tag{20}$$

（6）确定第 1、3 层破坏时所需的载荷增量 $(\Delta N_x)^{(1)}$。将式（20）代入式（6）中，得

$$\left(\frac{\Delta N_x}{t}\right)^{(1)}=45.88\text{MPa}\tag{21}$$

第四步：确定第二次降阶。

（1）将式（21）代回式（20）中，得第二次降阶时第 1、3 层的应力

$$\begin{Bmatrix}\sigma_x\\\sigma_y\\\tau_{xy}\end{Bmatrix}_{1,3}^{(2)}=\begin{Bmatrix}358.12\\25.97\\0\end{Bmatrix}_{1,3}^{(2)}\text{MPa}\tag{22}$$

由式（22）知，σ_y 接近 Y_t（$=27\text{MPa}$），σ_x 远小于 X_t，故可断定第 1、3 层是沿

y 向拉伸断裂。

（2）将式（21）代入式（17）中，再将结果代入式（11′）中，得到第二次降阶时层合板总应变

$$\begin{Bmatrix}\varepsilon_x^0\\ \varepsilon_y^0\\ \gamma_{xy}^0\end{Bmatrix}_{(2)}=\begin{Bmatrix}\varepsilon_x^0\\ \varepsilon_y^0\\ \gamma_{xy}^0\end{Bmatrix}_{(1)}+\begin{Bmatrix}\Delta\varepsilon_x^0\\ \Delta\varepsilon_y^0\\ \Delta\gamma_{xy}^0\end{Bmatrix}_{(1)}=\begin{Bmatrix}0.655\\ -0.022\\ 0\end{Bmatrix}\% \tag{23}$$

（3）第二次降阶时总载荷为

$$\left(\frac{N_x}{t}\right)^{(2)}=\left(\frac{N_x}{t}\right)^{(1)}+\left(\frac{\Delta N_x}{t}\right)^{(1)}=82.55\text{MPa} \tag{24}$$

第五步：第二次降阶后层合板的刚度与可继续增加的载荷。

第二次降阶后，第1、3层仍能承受 x 向载荷；第2层由于第一次降阶已不能承受 x 向载荷，只能承受 y 向载荷。

（1）第二次降阶后铺层的刚度 $[\overline{Q}]_k$ 的计算。

$$[\overline{Q}]_{1,3}^{(2)}=[Q]_{1,3}^{(2)}=\begin{bmatrix}54.92 & 0 & 0\\ 0 & 0 & 0\\ 0 & 0 & 0\end{bmatrix}_{1,3}^{(2)}\text{GPa} \tag{25}$$

$$[\overline{Q}]_{2}^{(2)}=[Q]_{2}^{(2)}=\begin{bmatrix}0 & 0 & 0\\ 0 & 54.92 & 0\\ 0 & 0 & 0\end{bmatrix}_{2}^{(2)}\text{GPa} \tag{26}$$

（2）第二次降阶后层合板的刚度 $[A]_{(2)}$ 的计算

$$[A]_{(2)}=\begin{bmatrix}9.15 & 0 & 0\\ 0 & 45.77 & 0\\ 0 & 0 & 0\end{bmatrix}t\ \text{GPa} \tag{27}$$

（3）第二次降阶后，在内力增量 $(\Delta N_x)^{(2)}$ 作用下层合板的应变增量为

$$\begin{Bmatrix}\Delta\varepsilon_x^0\\ \Delta\varepsilon_y^0\\ \Delta\gamma_{xy}^0\end{Bmatrix}_{(2)}=[A']_{(2)}\begin{Bmatrix}\Delta N_x\\ 0\\ 0\end{Bmatrix}^{(2)}=[A]_{(2)}^{-1}\begin{Bmatrix}\Delta N_x\\ 0\\ 0\end{Bmatrix}^{(2)}=\begin{Bmatrix}0.109\\ 0\\ 0\end{Bmatrix}\left(\frac{\Delta N_x}{t}\right)^{(2)} \tag{28}$$

（4）第二次降阶后第1、3层应力增量为

$$\begin{Bmatrix}\Delta\sigma_x\\ \Delta\sigma_y\\ \Delta\tau_{xy}\end{Bmatrix}_{1,3}^{(2)}=[\overline{Q}]_{1,3}^{(2)}\begin{Bmatrix}\Delta\varepsilon_x^0\\ \Delta\varepsilon_y^0\\ \Delta\gamma_{xy}^0\end{Bmatrix}_{(2)}=\begin{Bmatrix}6.0\\ 0\\ 0\end{Bmatrix}\left(\frac{\Delta N_x}{t}\right)^{(2)}\text{MPa} \tag{29}$$

（5）第二次降阶后第1、3层已不能承受 y 向载荷，故令 $\sigma_y=0$，第1、3层成为单向应力状态。考虑到式（22），第1、3层应力应为

$$\sigma_x = \{\sigma_x\}_{1,3}^{(2)} + \{\Delta\sigma_x\}_{1,3}^{(2)} = 358.12 + 6.0\left(\frac{\Delta N_x}{t}\right)^{(2)} \mathrm{MPa} = X_t = 1034\mathrm{MPa} \tag{30}$$

于是解出

$$\left(\frac{\Delta N_x}{t}\right)^{(2)} = 111.93\mathrm{MPa} \tag{31}$$

（6）将式（31）代回式（28）中

$$\begin{Bmatrix} \Delta\varepsilon_x^0 \\ \Delta\varepsilon_y^0 \\ \Delta\gamma_{xy}^0 \end{Bmatrix}_{(2)} = \begin{Bmatrix} 1.22 \\ 0 \\ 0 \end{Bmatrix}\% \tag{32}$$

（7）极限载荷（强度）为

$$\left(\frac{N_x}{t}\right) = \left(\frac{N_x}{t}\right)^{(2)} + \left(\frac{\Delta N_x}{t}\right)^{(2)} = 82.55\mathrm{MPa} + 111.93\mathrm{MPa} = 194.485\mathrm{MPa} \tag{33}$$

（8）最终失效时的总应变为

$$\varepsilon_x = \{\varepsilon_x\}_{(2)} + \{\Delta\varepsilon_x\}_{(2)} = (0.655 + 1.22)\% = 1.875\% \tag{34}$$

图5-22表明了该层合板破坏过程中载荷与应变间关系。

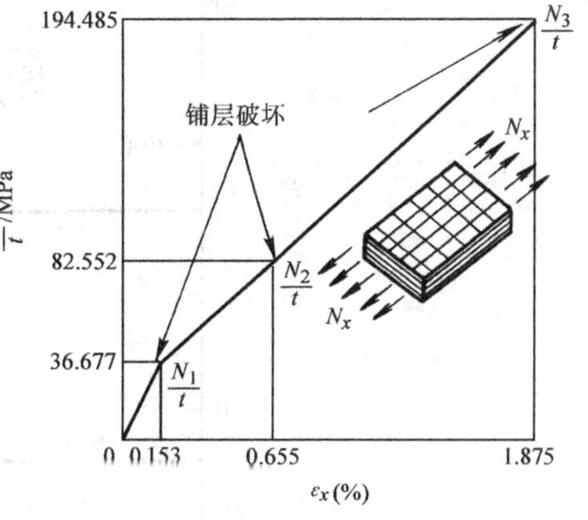

图5-22　层合板破坏过程载荷－应变曲线

综上所述，层合板强度分析大致按如下步骤进行：

（1）先设定各外载荷间比例，需比例加载。

（2）由各铺层性能，计算初始层合板的刚度。

（3）求各铺层的应力与外载荷间关系。

（4）选用强度准则，判断哪一层最先失效，得到最先一层失效层合板的强度。

（5）将层合板降阶，计算降阶后的刚度。

（6）检查其他铺层能否继续承载。

（7）增加载荷，重复（3）～（7）过程，直至所有铺层全部失效，即得到极限强度。

层合板的强度分析是个繁复的过程，应借助于计算机完成。

5.10 层合板的层间应力与边缘效应

5.10.1 层间应力与边缘效应

层合板是由性能不同的各个铺层（单向板）叠合粘结而成。在载荷作用下各铺层的变形理应不同，但由于已粘结构成一体，铺层与铺层之间必然要相互制约，通过层间产生相互作用力使变形协调，这就是层间应力（Interlaminar stress）。

理论分析与实验表明，层间应力在自由边缘（自由侧边或孔边）处最大，且具有奇异性。图 5-23 为一四层 $[\pm 45]_s$ 对称碳/环氧树脂层合板在 x 方向拉伸时，应力沿板宽（y 方向）变化曲线。由图可见，面内应力 σ_x、τ_{xy} 在板侧边缘附近急剧减小，τ_{xy} 在侧边处为零；而层间应力 τ_{xz} 却从零开始急剧增大，在边缘处无穷大。层间应力的存在，常常因引起板自由边缘分层破坏（Interface debond）而大大影响层合板的强度、刚度与疲劳性能等，这种现象称为边缘效应（Edge effcts）。

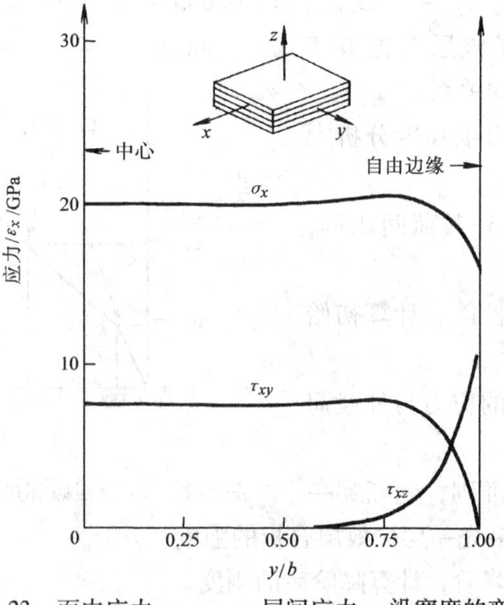

图 5-23　面内应力 σ_x、τ_{xy}，层间应力 τ_{xz} 沿宽度的变化

注：Pipes 和 Pagano（1970）对 I 型碳/环氧复合材料的计算结果，每层的弹性常数 $E_t = 140\text{GPa}$，$E >> 14.5\text{GPa}$，$G_t >> 6.0\text{GPa}$，$\nu_t >> 0.21$（宽度 $2b$ 取为 16 倍的各单层板的厚度）

5.10.2 层间应力与边缘效应的定性分析

在经典层合板理论中，由于假定铺层均在平面应力状态下，忽略了 σ_z、τ_{xz}、τ_{yz} 三个应力分量，因而无法求解层间应力。精确求解层间应力属于空间弹性力

学问题，这里只对层间应力作定性分析并简要介绍其变化规律。

产生层间切应力 τ_{xz} 与边缘效应的机理可用图 5-24 所示的两层角铺设层合板的拉伸试验来简要说明。铺层粘结前拉伸时各自产生拉伸与剪切耦合变形，如图 5-24a 所示。变形使铺层有旋转趋势，以使纤维尽可能地转向拉伸轴方向。两铺层粘结后，各自的运动受到对方的限制，于是在层间要发生剪切位移，产生切应力 τ_{xz}，当其达到极限值时就要在层间撕裂。图 5-24b 表明了在边缘 *ABCD* 处的边缘效应，图 5-25 是这一边缘效应的显微照片。

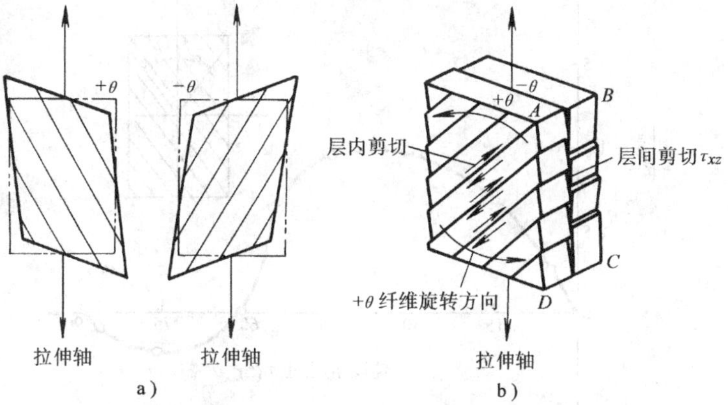

图 5-24　角铺设两层层合板拉伸时产生层间应力 τ_{xz} 与边缘效应的机理

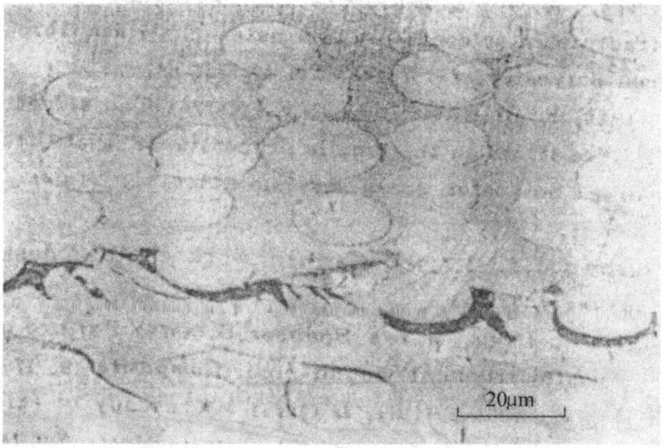

图 5-25　玻璃/聚酯树脂角铺设层合板的边缘效应（即图 5-24 中 *ABCD* 上的层间裂纹）

若层合板两相同铺层正交铺设，铺层 1（上层）的纤维沿 x 方向，铺层 2（下层）的纤维沿 y 方向，板承受 x 方向单向拉伸载荷。假如两铺层没有粘结，各自分开受力，则只会产生 σ_x 正应力和 ε_x、ε_y 变形。现铺层已粘结为一整体来受力，由于 x 方向变形要一致，但两铺层的刚度又不同，故 $\sigma_x^{(1)} > \sigma_x^{(2)}$。$y$ 方向变形也要一致，而上层 y 方向收缩得多，下层 y 方向收缩得少，为要保持变形一致，上层要试图向内拉下层，而下层却试图向外拉上层。这样上层将出现拉应力

$\sigma_y^{(1)}$，而下层将出现压应力 $\sigma_y^{(2)}$。可是板边缘是一自由边界，侧边上没有提供这样的力，只有产生层间应力 τ_{yz}来满足这一要求。

层间应力、边缘效应与各铺层的弹性性能、铺设角度、叠放顺序等有直接关系，图 5-26 所示为铺层的铺设角对层间应力的影响。当 $\theta = 35°$时，层间应力最大，在 0°、60°、90°时层间应力为零。

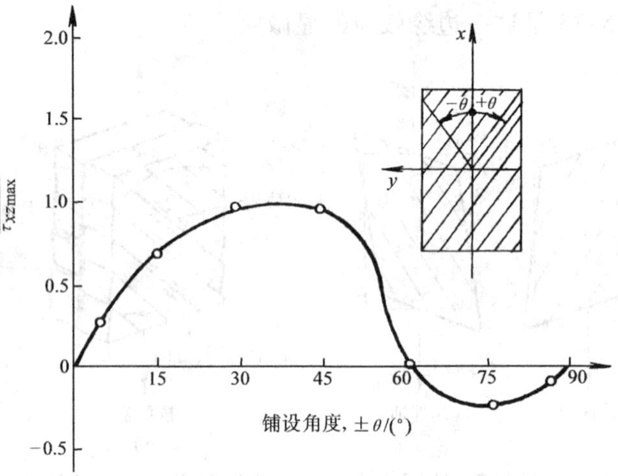

图 5-26　碳/环氧树脂层合板层间应力随铺设角的变化

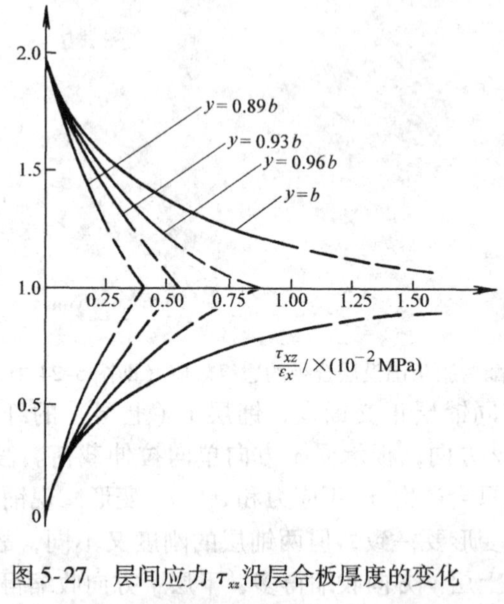

图 5-27　层间应力 τ_{xz}沿层合板厚度的变化

图5-27 所示为层间应力 τ_{xz} 沿板的厚度变化情况。在层合板上表面和中面处 τ_{xz}

为零，对于任何剖面，τ_{xz}的极值总发生在层间界面上（$z/t_1=1$），但τ_{xz}的最大值仍发生在边缘的层间界面上，并奇异。图 5-28 所示为层合板上表面铺层层间应力图。由图看出，为了平衡 σ_y 所产生的力和力矩，需产生层间切应力 τ_{yz} 和正应力 σ_z，σ_z 的分布如图 5-29 所示。图 5-30 所示为铺层叠放次序对层间正应力 σ_z 的影响图。叠放次序不同不但使应力大小、分布规律不同，有时还能改变符号。

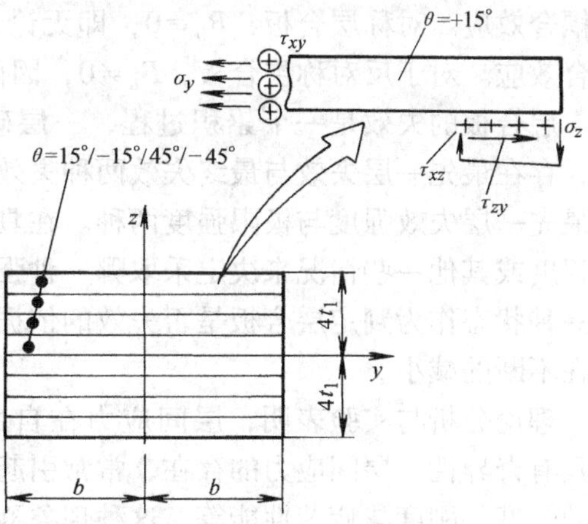

图 5-28　上表面铺层层间应力

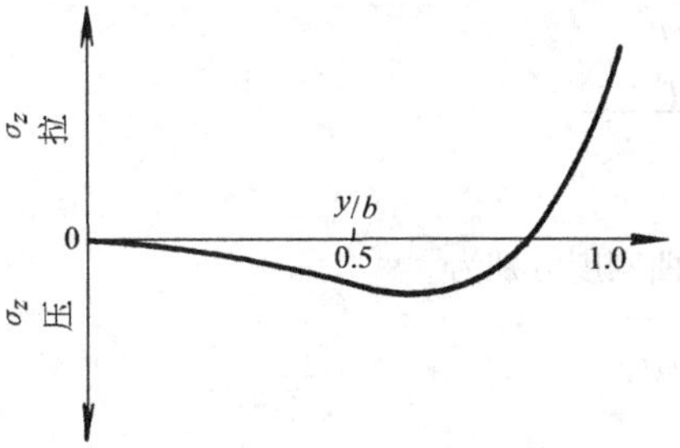

图 5-29　层间正应力 σ_z 沿宽度变化

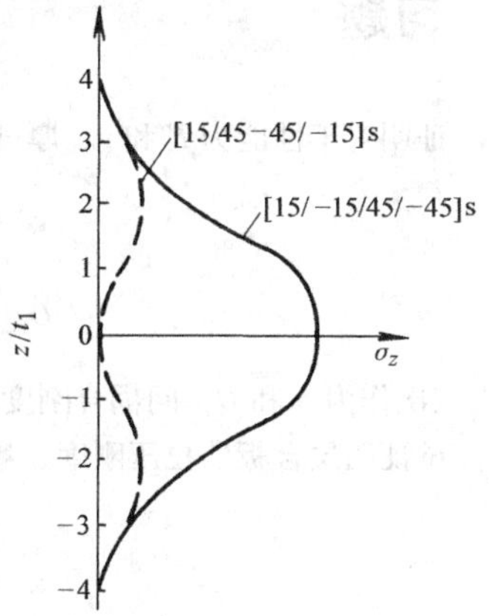

图 5-30　铺层叠放次序对层间应力 σ_z 的影响

5.11　结论与讨论

层合板的宏观力学性能，不仅与每一层单向板的力学性能有关，而且还与单向板的叠放次序有关。这样，可以不改变铺层（单向板）的材料，而将各铺层的材料主方向按不同的方向和不同的次序叠放，便会得到不同性能的层合板。

从经典层合板理论出发，研究层合板的刚度特性。正交异性单层板无任何刚度耦合效应，其独立的拉伸、弯曲刚度系数各有四个。广义正交异性单层板存在拉、剪耦合效应和弯、扭耦合效应，但其独立的拉伸、弯曲刚度系数仍各有四个。各向异性单层板不仅存在拉、剪耦合效应和弯、扭耦合效应，而且其独立的拉伸、弯曲刚度系数各有六个。无论是怎样的单层板，$B_{ij}=0$，即均不存在拉、弯耦合效应。对称层合板，$B_{ij}\equiv0$，即无论是怎样的对称层板，均不存在拉、弯耦合效应。对于反对称层合板，$B_{ij}\neq0$，因而存在拉、弯耦合效应。

层合板的失效是一个累积过程，一层破坏并不意味着整个层合板失效。于是，存在最先一层失效与最终失效两种失效模式。与之对应，层合板的强度也分为最先一层失效强度与极限强度两种。在具体进行强度分析时，应根据构件的重要程度或其他一些情况来决定采取哪一种强度，或者是介于两个极限情况之间的某一种状态作为判定层合板是否失效的依据。层合板在累积失效的过程中，其刚度在不断的减小。

理论分析与实验表明，层间应力在自由边缘（自由侧边或孔边）处最大，且具有奇异性。层间应力的存在，常常引起自由边边缘分层破坏而大大影响层合板的强度、刚度与疲劳性能等，这种现象称为边缘效应。

5.12 习题

5-1 证明对于性能为 E 和 ν，厚度为 t 的各向同性单层板，其拉伸与弯曲刚度为

$$A_{11}=A_{22}=\frac{Et}{1-\nu^2}$$

$$D_{11}=D_{22}=\frac{Et^3}{12\ (1-\nu^2)}$$

它们通常依次作为 A 和 D，问耦合刚度是什么？

5-2 试证明层合板的拉压刚度、耦合刚度、弯曲刚度分别为

$$A_{ij}=\sum_{k=1}^{N}(\overline{Q}_{ij})_k t_k$$

$$B_{ij}=\sum_{k=1}^{N}(\overline{Q}_{ij})_k t_k \bar{z}_k$$

$$D_{ij}=\sum_{k=1}^{N}(\overline{Q}_{ij})_k\left(t_k\bar{z}_k^2+\frac{t_k^3}{12}\right)$$

式中，t_k 为第 k 层厚度，即 $t_k=z_k-z_{k-1}$；$\bar{z}_k$ 为第 k 层中面的坐标，即 $\bar{z}_k=\frac{1}{2}(z_k+z_{k-1})$。

5-3 推导式（5-53）、式（5-54）、式（5-55）、式（5-56）、式（5-57）、式（5-58）。

5-4 改变层合板中单向板的铺设角而不改变其铺层次序，问下列刚度的组合是否改变？

$$A_{11}+A_{22}+2A_{12},\ B_{11}+B_{22}+2B_{12},\ D_{11}+D_{22}+2D_{12}$$

$$A_{66}-A_{12},\ B_{66}-B_{12},\ D_{66}-D_{12}$$

5-5 证明对称于中面层合板的耦合刚度 B_{ij} 为零。

5-6 如果层合板的总厚度保持不变，试证明反对称角铺设层合板的耦合刚度系数 B_{16} 和 B_{26} 随着层数增加而趋于零。

5-7 已知各单向板的刚度为 $Q_{11}=54\text{GPa}$，$Q_{22}=12.75\text{GPa}$，$Q_{12}=4.9\text{GPa}$，$Q_{66}=6.86\text{GPa}$，各单向板的厚度均为 0.1cm。试计算下列层合板的所有刚度系数。

$[90/45/-45/0]_T, [90/0]_S, [-45/45/-45/45]_T$

5-8　T300/5208 复合材料层合板 $[45/0]_S$ 和 $[45/0/45]_T$，单层厚度 $t=1\text{mm}$。如果$N_1=N_2=4\text{kN/m}$，$N_6=0$，$M_1=2.5\text{kN}\cdot\text{m/m}$，$M_2=M_6=0$。试计算这两种层合板中面的应变、曲率（扭率）以及各层应力。

5-9　当平行移轴的距离为多少时可使耦合刚度为零？并说明此时的弯曲刚度系数 D'_{11}为极小值。

5-10　对于 $t_{奇数}=t_{偶数}$的特殊情况，推导对称正交铺设（N 为奇数）层合板的刚度的表达式。

5-11　对于 $t_{奇数}=t_{偶数}$（$M=1$）的特殊情况，推导反对称正交铺设（N 为偶数）层合板的刚度的表达式。

5-12　有一角铺设对称层合板，各单向板的铺设角、厚度分别为 90°，2t/22.5°，t/-22.5°，2t/22.5°，t/90°，2t 。层合板承受面内力分量 $N_x=49.03\text{MPa}$，$N_y=55.9\text{MPa}$，其余为零；厚度 $t=0.2\text{cm}$，试选用 Tsai-Hill 强度准则，校核该层合板的强度。

5-13　试计算 $[0/90]_S$ 碳/环氧树脂等厚度层合板在 M_x 作用下的极限强度。材料的力学性能为 $E_1=205.16\text{GPa}$，$X_t=1.04\text{GPa}$，$E_2=5.17\text{GPa}$，$Y_t=0.041\text{GPa}$，$\nu_{12}=0.25$，$S=0.069\text{GPa}$，$G_{12}=2.59\text{GPa}$，$X_c=0.689\text{GPa}$，$Y_c=0.118\text{GPa}$。

第 6 章　复合材料结构设计

6.1　复合材料结构设计的新理念

复合材料结构设计（Structure design of composite material）是一个复杂的系统工程问题，它涉及载荷条件、工作环境、设计要求、材料选取、成型方法及工艺过程、力学分析、检验测试、维护与修补、安全性、可靠性及成本等诸多因素。

与传统金属材料结构设计最大的不同是，复合材料本身的可设计性以及复合材料结构往往是材料与结构一次成型。由此给复合材料结构设计提供了极大的自由度，也因此产生了新的设计思想与方法。

6.1.1　宏观、细观和微观层面上的复合材料结构一体化设计

复合材料包含增强相、基体相与界面相，确切地说，或从细观角度来讲，复合材料本身就是一种结构。以前述层合板为例，可视为宏观结构，而组成层合板的各个铺层（单向板）可视为细观结构，而铺层中又包含纤维、基体与界面，可视为微观结构。这就是说，一个层合板结构可分解为宏观、细观与微观三个层次。

纤维与基体的性能、纤维的体积含量、界面的粘结强度等均直接影响着铺层的刚度与强度；铺层的铺设角、叠放次序、层数、铺层厚度等又影响着层合板的强度与刚度。因而，要想设计出满足一定刚度与强度要求的层合板，必须在宏观层面上根据层合板的承载要求、工作环境、结构形状等设计层合板的宏观性能与结构参数；在细观层面上设计铺层的性能与结构参数；在微观层面上设计纤维、基体、界面性能与微结构参数等。这就是在宏观、细观、微观层面上一体化设计的思想。

6.1.2　在材料、工艺和设计层面上的复合材料结构一体化设计

在传统金属材料的结构设计中，均质材料可以用少数几个性能参数表示，很少考虑材料的结构与制造工艺问题，也就是说，材料、结构与设计具有一定意义上的相对独立性。而复合材料却不同，材料性能与微结构参数、工艺参数有很强的依赖关系。

由于复合材料的材料形成与制品的成型是同时完成的，因而复合材料的工艺水平和工艺过程直接影响材料与制品的性能。比如，复合材料的薄弱环节是层间

抗剪强度，它除与纤维的表面质量有关外，还受制品中空隙率（Porosity）的极大影响。试验表明，当空隙低于4%时，空隙率每增加1%，层间抗剪强度就降低7%。而空隙率与纤维的表面处理工艺、挤胶工艺、固化时的压力以及纤维的铺设过程等工艺密切相关。

复合材料制品结构与使用受力情况不同，在成型时采用的工艺方法也不同。比如，单向受力杆件和梁应采用拉挤（Pull - extrusion）工艺，因为拉挤成型可保证制品在顺着纤维方向上具有最大的强度与刚度；板壳构件可采用连续纤维铺叠（Layup）、缠绕（Filament winding）工艺，以实现各个方向具有不同强度和刚度的要求；对于载荷情况不很清楚或承受随机分布载荷的制品，选用短切纤维模压、喷射（Spray up）等成型方法可以获得近似各向同性性能。

总之，在设计一开始要从整体上考虑材料性能、结构特点与工艺实现。

6.1.3 复合材料及其结构的软设计

目前软科学理论已经应用到工程技术领域，形成了诸如工程软设计理论、结构软设计理论等新的学科分支。比如，近些年来对工程结构可靠性方面的研究就是一种软科学理论。

强度允许范围是具有模糊性与随机性的。例如，构件的工作应力是999MPa与1001MPa是没有实质性差别的，但若以最大拉应力准则$\sigma \leqslant 1000$MPa作为设计准则时，前者是允许的，后者是不允许的。实际上，这里的允许概念是相对的、模糊的。把模糊集合人为地规定成有明确边界的普通集合，自然要出现矛盾，这个矛盾只能用软科学才能解决。

与传统材料相比，复合材料是具有随机性的，影响复合材料性能的诸如组分材料、体积比和分布、界面形态，成型工艺等因素在很大程度上是未确定的、模糊的。另外，复合材料及其结构使用工况也有不确定的因素。所有这些，均需采用软科学、软设计来解决。

6.1.4 复合材料及其结构的虚拟设计

将计算机的仿真、虚拟技术应用到复合材料及其结构设计中，可大大缩短研制周期，降低设计成本，优化设计方案。

复合材料结构设计所涉及的知识领域比较广泛，鉴于本节前面各章节的预备知识的有限性，本章将定性讨论材料设计、结构设计的一些原则性的问题以及较详尽讨论层合板的设计问题。

6.2 复合材料结构设计概述

复合材料结构设计是选用不同材料综合各种设计（如层合板设计、典型结构设计、连接设计等）的反复过程，是将组分材料性能及复合材料细微观结构同时考虑，以获得人们所期望的材料及结构特性。与传统材料设计不同，它涉及多个设计变量的优化及多层次设计选择。在设计中考虑的主要因素为：设计条件、结构重量、制造工艺、研制成本、质量控制等。

从大的方面讲，复合材料结构设计包括材料设计与结构设计两大部分，每一部分又与工艺方案联系紧密。图 6-1 列出了复合材料结构设计的基本步骤，主要为：

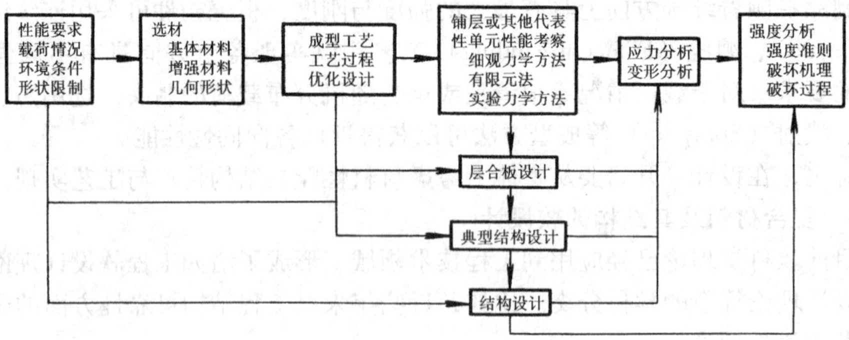

图 6-1　复合材料结构设计基本步骤

（1）明确设计条件。例如，材料与结构的性能要求，载荷情况，环境条件，结构限制等。

（2）材料设计。包括组分材料选取，铺层性能确定，层合板或层合壳设计等。

（3）结构设计。杆、梁、柱、板、壳等典型结构设计与有针对性复合材料具体结构设计。

（4）工艺设计。包括增强体处理工艺，铺设、加温加压、固化等工艺设计。

结构设计前必须了解以下已知条件：

1. 结构性能要求

（1）结构所能承受的各种载荷状态的载荷值，使用寿命。

（2）对结构形状和尺寸的限制以及与相邻结构件的几何与载荷传递关系，为各种配件与仪器等附件提供固定位置。

（3）结构重量限制，这对运输机械、航空与航天器尤为重要。

2. 载荷情况

对于冲击载荷应使结构具有足够的抗冲击能力；对于交变载荷，应按疲劳强度与疲劳寿命设计等。

3. 环境条件

（1）机械条件，包括振动、冲击、噪声、加速度等。

（2）物理条件，如压力、温度、湿度等。

（3）气象条件，包括风雨、冰雪、日光等。

（4）大气条件，如放射性、盐雾、风沙等。

4. 可靠性、安全性与经济性

可靠性是指结构在所规定的使用寿命内，在给定的载荷情况和环境条件下，充分实现所预期的性能而保证结构正常工作的能力。这种能力用概率来度量。可靠性分析分为结构静强度可靠性分析与结构疲劳强度（Fatigue strength）可靠性分析等。

一个最优的结构设计最终要体现在安全性与经济性这一矛盾的两个方面。一般来说，要提高可靠性就得增加初期成本，而维修成本是随可靠性增加而降低的，所以，总成本最低时（即经济性最好）的可靠性为最合理。

6.3 材料设计

材料设计（Material design）通常是指选用几种组分材料复合制成具有预期性能的复合材料的过程。对于层合板、层合壳一类的层合复合材料结构，铺层是结构的基本单元，铺层设计可视为材料设计；而将板和壳的设计列入结构设计中。

6.3.1 组分材料的选择

对于纤维增强类复合材料的纤维，通常选用玻璃纤维、Kevlar49 纤维或碳纤维。表 6-1 列出了玻璃、Kevlar49、碳纤维增强复合材料的特性，供选择纤维时参考。对于硼纤维，由于其直径大、刚度大，要求的弯曲半径大，故应用受到限制。

表 6-1 玻璃、Kevlar49、碳纤维/树脂的比较

项 目	玻璃/树脂	Kevlar49/树脂	碳纤维/树脂
成本	低	中等	高
体积质量	大	小	中等
加工	容易	困难	较容易
抗冲击性能	中等	好	差
透波性	良好	最佳	不透电波，半导体性质
可选用形式	多	厚度规格较少	厚度规格较少
使用经验	丰富	不多	
强度	较高	比抗拉强度高	比抗拉强度高
		比抗压强度低	比抗压强度高
刚度	低	中等	高

（续）

项　目	玻璃/树脂	Kevlar49/树脂	碳纤维/树脂
断裂伸长率	大	中等	小
耐湿性	差	差	好
热胀系数	适中	沿纤维方向接近零	沿纤维方向接近零

除了单一纤维外，还可以选用两种或两种以上不同纤维制成混杂纤维铺层。混杂纤维（Hybrid fibre）复合材料的特点在于能以一种纤维的优点来弥补另一种纤维的缺点。例如，碳纤维与Kevlar49的热胀系数几乎相同，混合后不仅能减轻重量，而且克服了Kevlar49压缩性能差，碳纤维抗冲击能力低的弱点。碳纤维与玻璃纤维混合，尽管价格便宜，但重量较大，而且由于热胀系数的差异致使内应力较高。

碳纤维复合材料的基体主要选用环氧树脂，而需耐高温时应采用聚酰亚胺树脂。玻璃纤维复合材料的基体一般选用不饱和聚脂树脂和环氧树脂。Kevlar49复合材料的基体主要选用环氧树脂。

6.3.2　按刚度要求进行材料设计

对于编织类复合材料（Woven composites），如玻璃布、粗纱布等，由组分材料性能、体积比得到复合材料性能的解析解是困难的。而对于单向纤维增强的单向板（铺层）来说，可按第4章的解析计算方法设计铺层的刚度。即

$$\left.\begin{aligned} E_1 &= E_f v_f + E_m(1 - v_f) \\ \nu_{12} &= \nu_f v_f + \nu_m(1 - v_f) \end{aligned}\right\} \qquad (6\text{-}1)$$

式中，E_1、ν_{12}分别为单向板沿纤维方向拉伸时的弹性模量与泊松比；E_f、E_m分别为纤维、基体的弹性模量；ν_f、ν_m分别为纤维、基体的泊松比；v_f为纤维的体积比。

由此可以看出，影响复合材料弹性常数的因素可分为两类：一类为组分材料的弹性性能，另一类为细微观结构参数，如体积比等。在按刚度要求进行材料设计时，必须充分考虑这两类因素。

对于单向板在垂直纤维方向弹性模量E_2与板面内切变弹性模量G_{12}，图6-2给出了正方形排列时，纤维体积比$v_f = 0.5 \sim 0.7$范围内，E_2/E_m与E_f/E_m间的关系；图6-3表示了G_{12}/G_m与G_f/G_m间关系。

6.3.3　按强度要求进行材料设计

与按刚度要求进行材料设计相似，使用已知性能材料制造具有所需强度复合材料的工作，首先应确定其强度是否在复合材料所能达到的范围之内。这个范围就是对纤维与基体材料强度的要求范围。但是，由于强度问题很复杂，例如，复合材料的强度与组分材料的基本特性（延性还是脆性）、细微观结构、损伤机

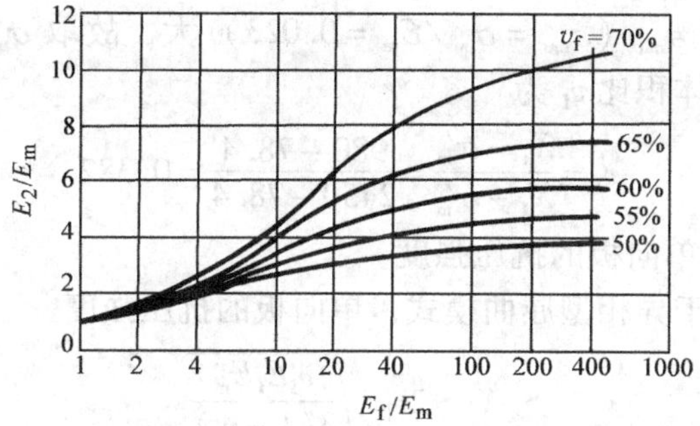

图 6-2　组分材料与体积比对单向板弹性模量 E_2 的影响

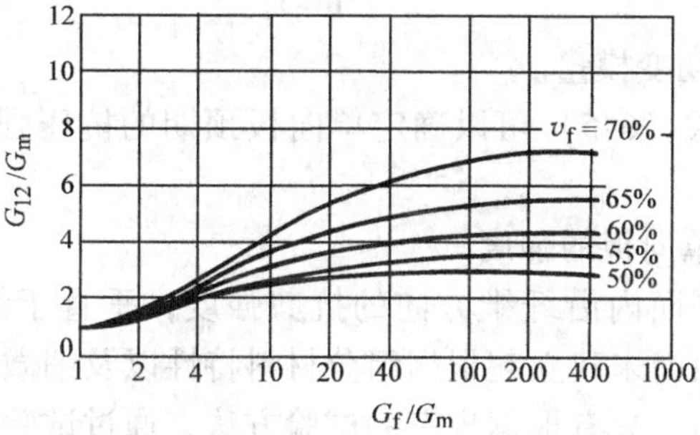

图 6-3　组分材料与体积比对单向板切变模量 G_{12} 的影响

理及演化形式、失效模式、加载路径等因素有关，因而这一领域的研究进展得十分缓慢。从组分材料特性与细微观结构参数计算单向板强度的理论，目前仅限于纤维方向的抗拉与抗压强度。

1. 沿纤维方向单向板的抗拉强度

由 4.7 节所述，对于假定均匀强度纤维，按式（4-36），即单向板沿纤维方向的抗拉强度

$$X_t = X_f v_f + \sigma'_m(1-v_f) \tag{6-2}$$

可解出满足单向板抗拉强度 X_t 的纤维体积比 v_f 的值，即

$$v_f = \frac{X_t - \sigma'_m}{X_f - \sigma'_m} \tag{6-3}$$

式（6-2）、式（6-3）中，σ'_m 为与纤维破坏应变相对应基体的应力值，X_f 为纤维的抗拉强度。

下面举例说明。若要求单向板的抗拉强度 $X_t=980\text{MPa}$，组分材料玻璃纤维的弹性模量 $E_f=68.6\text{GPa}$，抗拉强度 $X_f=2.45\text{GPa}$；环氧树脂的弹性模量 $E_m=$

3.43GPa，屈服点 $\sigma_{ms}=78.4\text{GPa}$。由于纤维断裂应变 ε_{fu}（$\varepsilon_{fu}=X_f/E_f=0.036$）比基体的屈服应变 ε_{mu}（$\varepsilon_{mu}=\sigma_{ms}/E_m=0.023$）大，故取 $\sigma'_m=\sigma_{ms}=78.4\text{MPa}$，这样，必须的纤维体积比 v_f 为

$$v_f=\frac{X_t-\sigma'_m}{X_f-\sigma'_m}=\frac{980-78.4}{2450-78.4}=0.382$$

2. 沿纤维方向单向板的抗压强度

由 4.8 节，对于异相型屈曲模式，单向板的抗压强度

$$X_c\approx 2v_f\sqrt{\frac{v_f E_f E_m}{3(1-v_f)}} \tag{6-4}$$

对于同相型屈曲模式，单向板的抗压强度

$$X_c=\frac{G_m}{1-v_f} \tag{6-5}$$

式中，G_m 为基体的切变模量。

由式（6-4）、式（6-5）可以确定单向板预期的抗压强度为 X_c 时所需的纤维体积比 v_f。

3. 沿其他方向单向板的强度

对于在单向板平面内沿纤维方向的抗剪强度，垂直于纤维方向的抗拉、抗压、抗剪强度，目前尚未建立起根据组分材料特性以及细微观结构参数求解的理论。对于这些强度值，只有根据现有的试验方法，通过试验来确定。

6.4 层合板设计

层合板设计（Laminate design）的任务是根据单向板（铺层）的性能确定层合板中铺层的取向（即铺设方向），各铺层的铺设次序，各定向铺层相对于总层数的百分比和总层数（层合板厚度）等。

由于层合板力学行为的复杂性，目前，层合板一般都设计成对称层合板，且是铺设方向均衡的对称层合板（Balanced symmetric laminate）。又鉴于铺设方向过多所带来的复杂性，一般铺层的铺设方向限于选择0°，90°，和 ±45°方向。若要设计成准各向同性层合板（Quasi isotropic laminate），可采用［0/60/120］s 或［0/45/－45/90］s 层合板。

铺层的铺设方向一般依据层合板所承受的载荷来确定。通常，0℃铺层来承受轴向载荷，±45℃铺层承受剪切载荷，90℃铺层承受横向载荷和控制泊松比，如表 6-2 所示。

表 6-2　铺层铺设方向的确定

载荷	铺层铺设方向	
轴向 （拉伸或压缩）		0°铺层
剪切	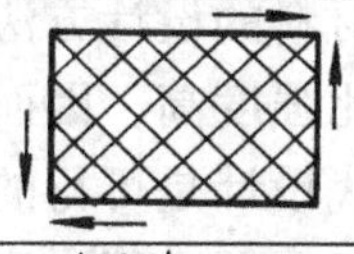	±45°铺层
双轴向 + 剪切	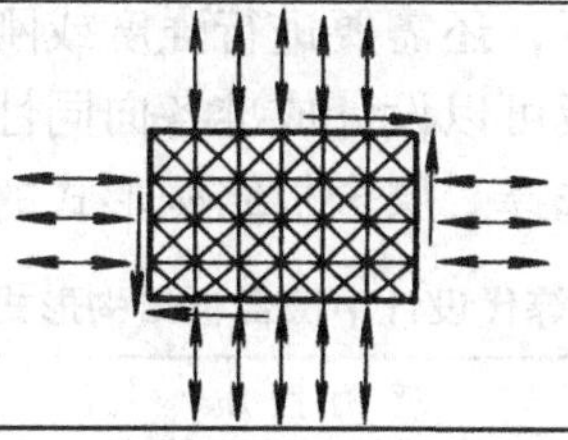	0°、90°、±45°铺层

各铺层的铺设次序可按如下原则确定：

1）应使各铺层铺设方向沿层合板厚度均布，即层合板的铺层组数尽可能地大，或者说使每一铺层组中的单层数尽可能地少，一般不超过四层。这样做的目的是可减少两种铺层组层间分层的可能性。

2）若含有 ±45°铺层，一般要使 ±45°铺层成双铺设，以减少 ±45°铺层与 0°或 90°铺层之间的层间剪应力。同时，要尽量使 ± 45°层位于层合板的外表面，以改善层合板的受压稳定性，冲击性能和连接孔的强度。

3）若要设计成变厚度层合板，应使板外表面铺层保持连续，而变更其内部铺层。为避免层间剪切破坏，各层台阶宽度应相等，并要等于或大于 2. 5mm。为防止铺层边缘剥离，用一层内铺层覆盖在台阶上（如图 6-4 所示）。

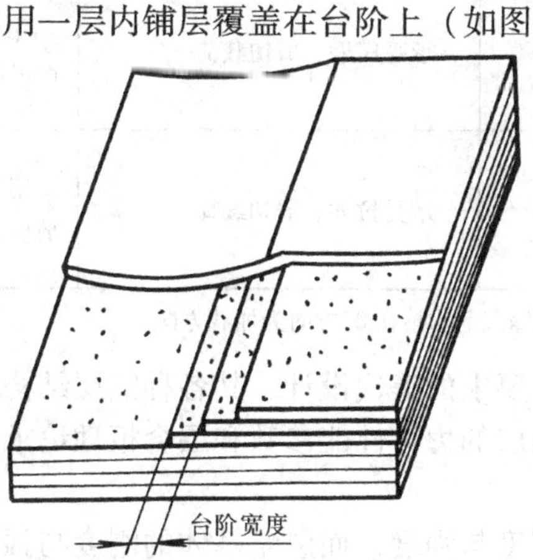

图 6-4　变厚度层合板的铺层台阶

至于各铺层的层数、层合板总层数的确定，是根据对层合板设计要求综合考虑确定的，一般可采用等代设计法、准网络设计法、卡彼特曲线设计法、主应力设计法等。

6.4.1 等代设计法

等代设计法是指在载荷和使用环境不变的条件下，用相同形状的复合材料层合板来代替其他材料，并用原来材料的设计方法进行设计，以便保证强度或刚度要求。由于复合材料的比刚度、比强度高，因而代替其他材料时可减轻自重。对于不承力或承力很小的构件，等代设计是可行的；但对于承力较大的构件，这种设计法有时可行，有时不可行，还需要进行强度或刚度校核。

采用等代设计法，层合板可以设计成准各向同性的，亦可设计成非准各向同性的，一般可按主要应力来选择。层合板结构形式的选择如表6-3所示。

表6-3 等代设计中层合板结构形式的选择

层合板结构形式	受力性质	用途
$[0/90]_S$ 或 $[90/0]_S$	承受拉伸、压缩载荷以及有限的剪切载荷	用于主要应力状态为拉应力或压应力以及拉、压双向应力状态的构件设计
$[45/-45]_S$ 或 $[-45/45]_S$	承受拉伸、剪切载荷	用于主要应力为剪应力的构件设计
$[0/90/45/-45]_S$	承受拉伸、压缩、剪切载荷	用于板面内一般应力状态的构件设计
$[90/45/-45]_S$	承受压缩、剪切载荷	用于承受压缩应力和剪应力，而剪应力为主要应力的构件设计
$[0/45/-45]_S$	承受拉伸、剪切载荷	用于承受拉应力和剪应力，而剪应力为主要应力的构件设计

注：表中所指的拉伸或压缩载荷均指在0°方向为加载方向。

对于有强度或刚度要求的等代设计，其各种铺层结构形式构成层合板的刚度或强度性能，可根据铺层的力学性能参数和层合板理论求解。

6.4.2 准网络设计法

仅考虑纤维方向刚度与强度，而忽略基体的刚度与强度，按应力方向和应力大小确定各定向铺层百分比的层合板设计方法称为准网络设计法，或称为应力比设计法。该设计法适用于设计面内变形下的层合板。步骤如下：

（1）计算应力。首先按准各向同性层合板计算出层合板应力 N_x、N_y、N_{xy}，得到应力比

$$N_x : N_y : N_{xy} = 1 : K_1 : K_2 \tag{6-6}$$

这里以 x 方向应力为单位值，K_1，K_2 分别为 y 向应力和面内应力相对于 x 方向应力的比值。

（2）确定定向铺层比。根据应力比确定各定向铺层比。即 N_x 对应于0°方向铺设的铺层；N_y 对应于90°方向铺设的铺层；N_{xy}对应于 ±45°方向铺设的铺层。若设 n_x，n_y，n_{xy}分别对应于各方向铺设铺层的层数，那么应使层数比

$$n_x : n_y : n_{xy} = 1 : K_1 : 2K_2 \tag{6-7}$$

（3）重新计算应力。由上述铺层层数比所构造的层合板，重新计算出层合板的应力 N'_x、N'_y、N'_{xy}。

（4）判别比值误差。将应力比 $N'_x : N'_y : N'_{xy}$与应力比 $1 : K_1 : K_2$ 比较，判别比值误差是否超差（一般结构可取10%，航空结构取5%），若超差，需调整各定向铺层层数比，直至计算的应力比与前一次应力比的误差在规定范围之内。

（5）确定各定向铺层的层数。根据在外载荷作用下，各定向铺层比构成层合板的许用应力（由计算的层合板强度除以相应的安全因数得到）确定层合板的总厚度 h。由于各定向铺层的厚度之比也为

$$h_x : h_y : h_{xy} = 1 : K_1 : 2K_2 \tag{6-8}$$

这里

$$h = h_x + h_y + h_{xy} \tag{6-9}$$

若每个铺层厚度均为 h_0，则可算出各定向铺层的层数为

$$n_x = \frac{h_x}{h_0},\ n_y = \frac{h_y}{h_0},\ n_{xy} = \frac{h_{xy}}{h_0} \tag{6-10}$$

（6）构成层合板。根据各定向铺层方向及层数，按镜面对称方式叠合成层合板。

6.4.3 主应力设计法

当结构只承受一种载荷，且结构受载情况不变化时，使层合板材料主方向与主应力方向一致的层合板设计方法，称为主应力设计法。由于只承受一种载荷，层合板在平面应力状态下有三个应力分量，必存在两个主应力。由于复合材料层合板的强度有方向性，对于铺层沿着纤维方向的强度往往远远大于垂直于纤维方向的强度，所以在采用正交各向异性层合板时，一般使材料主方向与主应力方向一致的设计方法可充分发挥材料的性能。

图6-5与图6-6分别给出 T300/5208 碳纤维复合材料单向板与 $[0/\pm30]_S$层合板的强度与主应力比的关系图。图中强度值是根据 Tsai - Wu 张量强度准则，

且取材料影响因数 $F_{12}=-1/2$ 以及基于最先一层失效强度算得的。图6-6 的层合板，其 0°铺层方向均位于最大主应力 σ_1 的方向。

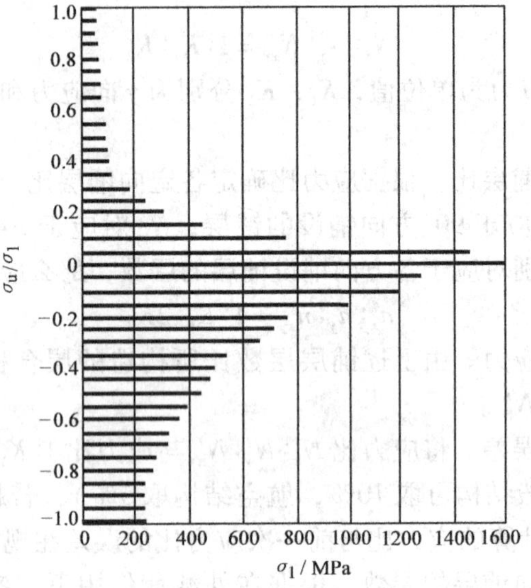

图 6-5　T300/5208 碳纤维复合材料单向板（铺层）的强度与主应力比的关系图

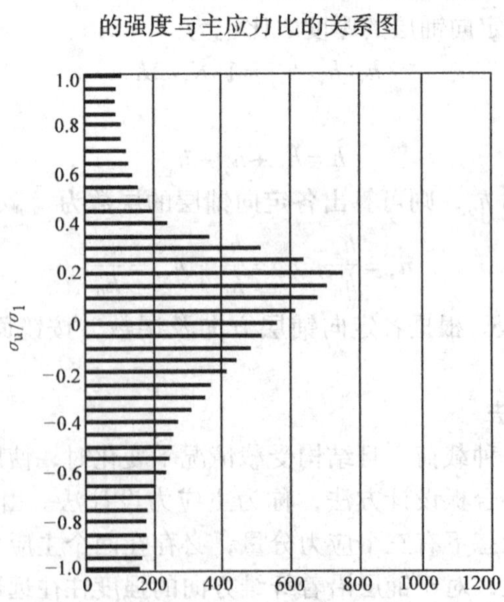

图 6-6　T300/5208 碳纤维复合材料［0/±30］$_s$ 层合板的强度与主应力比的关系图

对于各向同性材料或准各向同性复合材料层合板，由于强度性能的方向性不明显，所以不宜采用主应力设计法（如图 6-7、图 6-8 所示）。

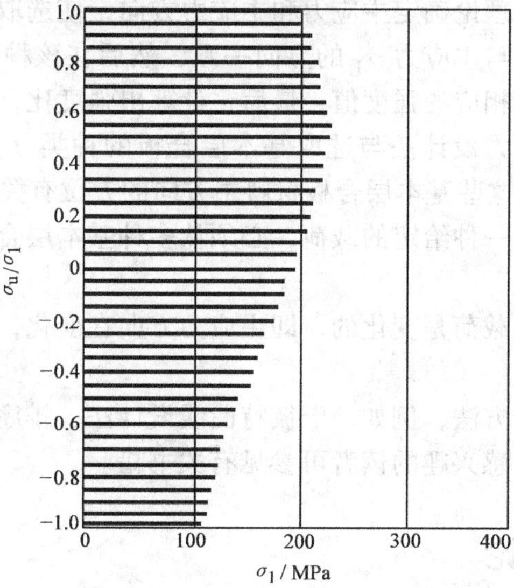

图 6-7　铝合金的强度与主应力比的关系图

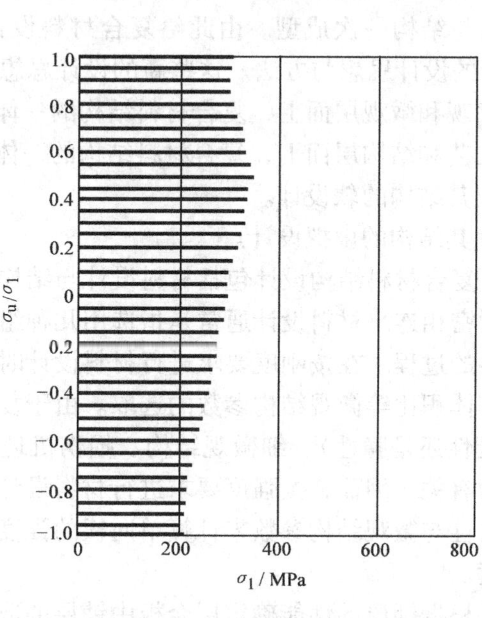

图 6-8　T300/5208 准各向同性层合板
$[0/\pm60]_S$ 的强度与主应力比的关系图

所谓层合板材料主方向与主应力方向一致，是指使选取的某种基本层合板（系正交各向异性层合板）强度大的材料主方向与主应力 σ_1 的方向一致。因而，首先需按照应力状态理论确定主应力和主应力方向，使选取的某种基本层合板强度较大的材料主方向与主应力 σ_1 的方向一致，然后在该种层合板的强度与主应力比的关系图中找到相应的强度值，最后，计算出强度比，以判断该设计是否合理。由此可知，主应力设计法与选取基本层合板的种类（如 $[0]_T$，$[\pm 15]_S$，$[0/\pm 30]_S$ 等）以及这些基本层合板材料主方向的方位有关。为了得到较为优化的层合板结构，对于一种给定的载荷，必须从多种基本层合板的研究中完成层合板设计。

若层合板承受的载荷是变化的，即主应力方向在变化，那么主应力设计法不宜采用。

尚有其他种设计方法，例如，卡彼特曲线设计法、排序设计法等，因篇幅有限，这里不再介绍，感兴趣的读者可参见有关书籍。

6.5 结论与讨论

与传统金属材料结构设计最大的不同是，复合材料本身的可设计性以及复合材料结构往往是材料与结构一次成型。由此给复合材料设计提供了极大的自由度，也因此产生了新的设计思想与方法。这些新的设计思想与方法主要有：

（1）在宏观、细观和微观层面上，复合材料结构的一体化设计。

（2）在材料、工艺和结构层面上，复合材料结构的一体化设计。

（3）复合材料及其结构的软设计。

（4）复合材料及其结构的虚拟设计。

从大的方面讲，复合材料结构设计包括材料设计与结构设计两大部分，每一部分又与工艺方案紧密相连。材料设计通常是指选用几种组分材料复合制成具有预期性能的复合材料的过程。在按刚度要求进行材料设计时，必须充分考虑组分材料的弹性性能与其体积比等微观结构参数的选取。由于复合材料的强度与组分材料的基本特性（延性还是脆性）、细微观结构、损伤机理及演化形式、失效模式、加载路径等因素有关，因而，按强度要求进行材料设计的研究还进展得十分缓慢。从组分材料特性与微观结构参数来计算单向板的强度，目前仅限于纤维方向的抗拉与抗压强度。

层合板设计，是根据铺层的性能确定层合板中铺层的取向，铺设次序，各铺层相对于总层数的百分比与总层数等。由于层合板力学性能的复杂性，目前一般均设计成铺设方向均衡的对称层合板。至于各铺层的层数、层合板总层数等，是根据对层合板设计要求综合考虑确定的，可采用等代设计法、准网络设计法、卡波特曲线设计法、主应力设计法等。

6.6 习题

6-1 简述复合材料结构设计。

6-2 什么是材料设计，怎样进行材料设计？

6-3 简述层合板的设计。

第 7 章　复合材料力学的几个专题

7.1　纤维端部的应力与应变分布

第 4 章与第 5 章在分析单向板和层合板的刚度与强度时，均假设纤维除了在板的表面外都不终止，或者说纤维很长以致于与纤维端部相关的效应被忽略。可是，随着纤维长径比的减小，纤维端部效应（Effects of fibre ends）变得重要了。由于纤维与周围基体的应力、应变场因纤维的不连续而发生改变，因此随着纤维长度变小，使得纤维刚化与增强基体的“效率”下降。研究纤维端部的应力、应变分布，对于研究连续纤维复合材料的断裂以及短纤维复合材料（Short fibre composite materials）的断裂将有重要意义，因为长纤维会断成不连续的若干短纤维。

考虑埋在弹性模量较低的基体中的一根长度为 l 的纤维，如图 7-1a 所示。若纤维与基体粘结完好，作用在基体上的应力将通过纤维与基体的界面传递给纤维。在纤维端部区域，纤维的应变小于基体的应变，应变场由图 7-1b 所示，界面的切应变、切应力如图 7-1c、d 所示。Cox（1952 年）假设界面完好且厚度无限小，基体与纤维均为弹性变形，用“剪切滞后分析”（Shear lag analysis）法，求得纤维中的拉应力 σ_f 与界面切应力 τ 分别为

$$\sigma_f = E_f\varepsilon_m\left\{1-\frac{\cosh\left[\beta\left(\frac{1}{2}l-x\right)\right]}{\cosh\left(\frac{1}{2}\beta l\right)}\right\} \tag{7-1}$$

$$\tau = E_f\varepsilon_m\left[\frac{G_m}{2E_f\ln\ (R/r)}\right]\frac{\sinh\left[\beta\left(\frac{1}{2}l-x\right)\right]}{\cosh\left(\frac{1}{2}\beta l\right)} \tag{7-2}$$

$$\beta = \left[\frac{2G_m}{E_f r^2\ln\ (R/r)}\right]^{\frac{1}{2}} \tag{7-3}$$

其中，$2R$ 为纤维的间距（mm）；$2r$ 为纤维直径（mm）。

图 7-1e 表示了 σ_f 与 τ 的分布规律。由此可见，在纤维端部（即 $x=0$），拉应力 σ_f 为零，而切应力 τ 最大；在纤维中部（即 $x=\frac{1}{2}l$），拉应力 σ_f 最大，而

切应力 τ 几乎减小为零。这种结果说明：由于纤维端部的一段长度内没能承担足够的载荷，这将使得在同样的外载条件下长度为 l 的纤维中的平均应力小于连续纤维中的平均应力。增强效果随纤维的平均长度的减小而下降，这是因为纤维总长度的更大比例没能充分承载的缘故。纤维中可能达到的最大应变值，应为作用于整体复合材料上的应变 ε，故纤维中最大应力为 $E_f\varepsilon$。为了达到这一最大值，纤维的长度必须大于临界长度 l_c。图 7-1e 为长度大于 l_c 的纤维，纤维端部区域未充分受载的长度为$\frac{1}{2}l_c$。

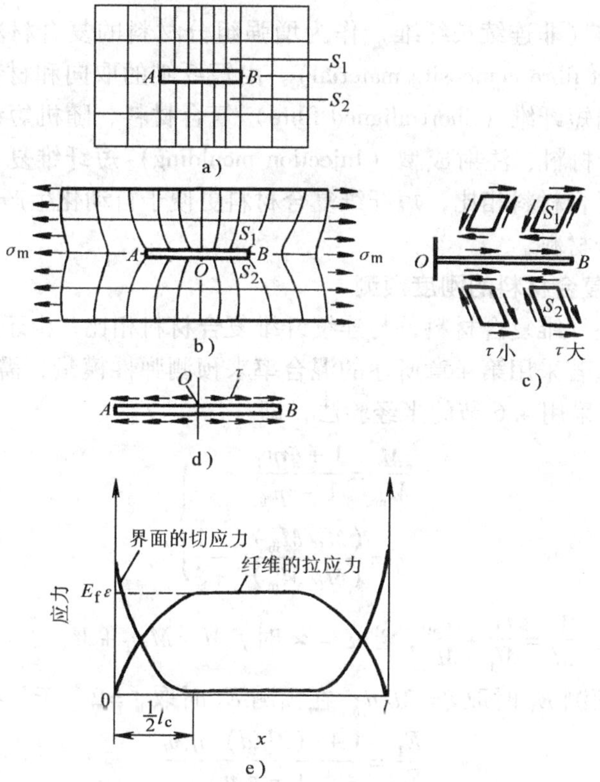

图 7-1 纤维端部的应力与应变分布

载荷传递需要很好的界面粘接（Interface bond），增强效果依赖于界面强度（Interface strength）。纤维端部区域很高的切应力会导致：①界面的剪切脱粘（Interface shear debonding）；②基体内聚破坏（Matrix cohesive failure）；③纤维内聚破坏（Fibre cohesive failure）；④基体的剪切屈服（Matrix shear yield）。这些将依赖于与这些过程相关的相对破坏强度。

由式（7-1）、式（7-2）可以计算出纤维端部的最大界面切应力与纤维中部的最大拉应力的比值

$$\frac{\tau_{\max}}{\sigma_{\mathrm{fmax}}}=\left[\frac{G_{\mathrm{m}}}{2E_{\mathrm{f}}\ln\ (R/r)}\right]^{\frac{1}{2}}\coth\left(\frac{1}{4}\beta l\right) \tag{7-4}$$

对于长纤维，式（7-4）简化为

$$\frac{\tau_{\max}}{\sigma_{\mathrm{fmax}}}=\left[\frac{G_{\mathrm{m}}}{2E_{\mathrm{f}}\ln\ (R/r)}\right]^{\frac{1}{2}} \tag{7-5}$$

7.2 短纤维复合材料

以短切纤维（非连续长纤维）作为增强组分材料的复合材料，称为短纤维复合材料（Short fibre composite material）。由短纤维的取向和材料加工工艺的不同，可分为定向短纤维（Short aligned fibre）复合材料、随机短纤维（Short random fibre）复合材料、注射成型（Injection moulding）短纤维复合材料。与上述的连续长纤维复合材料相比，短纤维复合材料更便于自动化生产。本节只讨论前两种短纤维复合材料。

7.2.1 短纤维复合材料的刚度预测

对于定向短纤维复合材料，与连续纤维复合材料相比，由于短纤维的增强效率的降低，那么若采用第4章所述的混合率来预测弹性模量，需引入一个小于1的因数η，这里采用4.6节的半经验法，即

$$\left.\begin{aligned}\frac{M}{M_{\mathrm{m}}}&=\frac{1+\xi\eta v_{\mathrm{f}}}{1-\eta v_{\mathrm{f}}}\\ \eta&=\frac{(M_{\mathrm{f}}/M_{\mathrm{m}})\ -1}{(M_{\mathrm{f}}/M_{\mathrm{m}})\ +\xi}\end{aligned}\right\} \tag{a}$$

当$\xi=0$时，$\frac{1}{M}=\frac{v_{\mathrm{f}}}{M_{\mathrm{f}}}+\frac{v_{\mathrm{m}}}{M_{\mathrm{m}}}$；当$\xi=\infty$时，$M=M_{\mathrm{f}}v_{\mathrm{f}}+M_{\mathrm{m}}v_{\mathrm{m}}$。对于定向短纤维复合材料，在预测$E_1$时取$\xi=2l/d$；在预测$E_2$时取$\xi=2$，于是有

$$\begin{aligned}\frac{E_1}{E_{\mathrm{m}}}&=\frac{1+\ (2l/d)\ \eta_1 v_{\mathrm{f}}}{1-\eta_1 v_{\mathrm{f}}}\\ \frac{E_2}{E_{\mathrm{m}}}&=\frac{1+\eta_2 v_{\mathrm{f}}}{1-\eta_2 v_{\mathrm{f}}}\\ \eta_1&=\frac{(E_{\mathrm{f}}/E_{\mathrm{m}})\ -1}{(E_{\mathrm{f}}/E_{\mathrm{m}})\ +2\ (l/d)}\\ \eta_2&=\frac{(E_{\mathrm{f}}/E_{\mathrm{m}})\ -1}{(E_{\mathrm{f}}/E_{\mathrm{m}})\ +2}\end{aligned} \tag{7-6}$$

式中，l、d分别为纤维的长度与直径。

由式（7-6）可见，E_2与连续长纤维复合材料的E_2相同。

对于随机短纤维复合材料，在面内是各向同性的，预测材料模量 E_r 的经验公式为

$$E_r = \frac{3}{8}E_1 + \frac{5}{8}E_2 \tag{7-7}$$

式中，E_1、E_2 分别表示具有相同纤维长径比与体积比的定向短纤维复合材料的两个方向的模量，可用式（7-6）求得或试验测定。

7.2.2 短纤维复合材料强度预测

1. 定向短纤维复合材料沿纤维方向的抗拉强度

由连续长纤维复合材料强度的混合律，可得到定向短纤维复合材料强度预测的混合律公式为

$$\sigma_c = \overline{\sigma_f} v_f + \sigma_m v_m \tag{b}$$

式中，σ_c、$\overline{\sigma_f}$、σ_m 分别为复合材料平均应力、纤维中平均应力、基体中应力，且

$$\overline{\sigma_f} = \frac{1}{l}\int_0^l \sigma_f \mathrm{d}x \tag{c}$$

如果纤维端部区域的正应力 σ_f 采用线性分布（最简单情况），并假定纤维端部处基体已屈服，则

$$\left.\begin{aligned} \overline{\sigma_f} &= \frac{1}{2}\sigma_{fmax} = \frac{\tau_s l}{d} \quad (l < l_c) \\ \overline{\sigma_f} &= \sigma_{fmax}\left(1 - \frac{l_c}{2l}\right) \quad (l > l_c) \end{aligned}\right\} \tag{7-8}$$

所以，复合材料的平均应力为

$$\left.\begin{aligned} \sigma_c &= \frac{1}{2}\sigma_{fmax} v_f + \sigma_m v_m \quad (l < l_c) \\ \sigma_c &= \sigma_{fmax}\left(1 - \frac{l_c}{2l}\right) v_f + \sigma_m v_m \quad (l > l_c) \end{aligned}\right\} \tag{7-9}$$

若纤维长度 l 远大于临界长度 l_c，则式（7-9）中的第二式变为

$$\sigma_c = \sigma_{fmax} v_f + \sigma_m v_m \quad (l \gg l_c) \tag{7-10}$$

即为 4.7 节中的式（a），是连续长纤维复合材料的平均应力。

这样，根据纤维的长度，定向短纤维复合材料的强度可由式（7-9）预测，分如下三种情况：

（1）若 $l < l_c$，则 σ_{fmax} 达不到 X_f，纤维不会断裂，于是整个复合材料的抗拉强度由基体或界面强度决定，其强度可近似表示为

$$X_c = \frac{\tau_s l}{d} v_f + X_m v_m \quad (l < l_c) \tag{7-11}$$

（2）若 $l > l_c$，则 $\sigma_{fmax} = X_f$，于是

$$X_c = X_f\left(1-\frac{l_c}{2l}\right)v_f + \sigma_{(\varepsilon_{xf})m}v_m \qquad (l > l_c) \tag{7-12}$$

（3）若 $l \gg l_c$，则

$$X_c = X_f v_f + \sigma_{(\varepsilon_{xf})m}v_m \qquad (l \gg l_c) \tag{7-13}$$

式中，$\sigma_{(\varepsilon_{xf})m}$为纤维断裂时应变$\varepsilon_{xf}$所对应的基体应力。

由于短纤维的增强效率没有连续长纤维高，因而与连续长纤维增强复合材料相比，短纤维的临界体积比应较高。在短纤维复合材料中，纤维末端引起基体的应力集中降低了强度。

2. 定向短纤维复合材料的偏轴抗拉强度

由于应力和纤维夹角θ从0°增加到90°时，破坏模式将发生变化，给定向短纤维复合材料的偏轴抗拉强度分析带来复杂性。有三种可能的破坏机理：纤维断裂、基体剪断与拉断。

在θ较小时，主要是纤维断裂，连续长纤维复合材料强度为$X_\theta = \dfrac{X_c}{\cos^2\theta}$，对于短纤维复合材料，可引入一小于1的修正因数$\eta$，即

$$X_{s\theta} = \eta\frac{X_c}{\cos^2\theta} \qquad (0 \leqslant \theta \leqslant \theta_1) \tag{7-14}$$

$$\theta_1 = \arctan\,(S_m/X_c) \tag{7-15}$$

式中，S_m是最弱界面处的抗剪强度。

θ为中间值时，主要是界面剪切破坏或与纤维平行的基体剪切破坏，此时有

$$X_{s\theta} = \frac{S_m}{\sin\theta\cos\theta} \qquad (\theta_1 \leqslant \theta \leqslant \theta_2) \tag{7-16}$$

$$\theta_2 = \arctan\,(X_m/S_c) \tag{7-17}$$

θ值增大接近90°时，假定是在平面应变下基体破坏，此时短纤维复合材料的抗拉强度为

$$X_{s\theta} = \frac{X_m}{\sin^2\theta} \qquad (\theta_2 \leqslant \theta \leqslant 90°) \tag{7-18}$$

式中，X_m取基体抗拉强度或平面应变下最弱界面破坏应力最小者。

3. 随机短纤维复合材料的抗拉强度

在定向短纤维复合材料的偏轴抗拉强度分析基础上，假设在极限应变值之后计算$\theta=0°\sim90°$范围内复合材料的偏轴抗拉强度平均值，得出随机短纤维复合材料的抗拉强度，即按式（7-14）、式（7-16）、式（7-18）逐段连续函数积分得到

$$X_{s\theta} = \frac{2S_m}{\pi}\left(2+\ln\frac{\eta X_c X_m}{S_m}\right) \tag{7-19}$$

7.3 复合材料的疲劳

复合材料与金属材料的结构构造不同，疲劳机理也不相同，疲劳性能有很大差异。总的说来，复合材料抗疲劳破坏性能优于金属材料，图 7-2 表明两者的优劣。

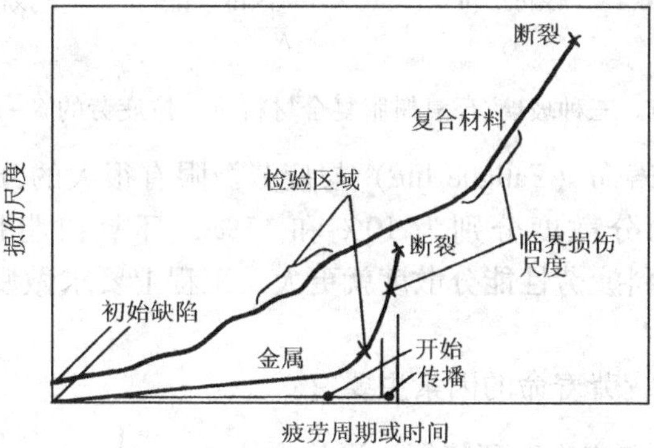

图 7-2 复合材料与金属材料的疲劳性能

复合材料在疲劳过程中，尽管初始损伤（如纤维断裂、脱粘、基体断裂、脱层等）尺寸远大于金属材料中的初始缺陷，但疲劳寿命却高于金属材料。复合材料疲劳损伤（Fatigue of composite material）是累积的，在破坏之前，损伤已有了较大的发展。而金属材料疲劳损伤的累积却很隐蔽，破坏有很大的突发性。金属材料在交变载荷作用下往往出现一个单一的疲劳主裂纹，这一主裂纹控制着最终的疲劳破坏；而对于复合材料，疲劳破坏很少是由单一裂纹控制着，往往是在高应力区出现较大规模的损伤。这些损伤包括：界面脱粘（Interface debonding）、基体断裂（Matrix fracture）、纤维断裂（Fibro break）、脱层（Delamination）等。

7.3.1 疲劳性能及其影响因素

工程中一般采用 $S-N$（应力 - 寿命）曲线来描述材料的疲劳性能（Fatigue behavior）。对于复合材料疲劳性能研究的最基础工作是测定它在各种不同受力状态下的应力 - 寿命曲线，如拉 - 拉疲劳，拉 - 压疲劳，压 - 压疲劳。

图 7-3 给出了三种玻璃/环氧树脂复合材料拉 - 拉疲劳的 $S-N$ 曲线。大量试验表明，复合材料没有明显的疲劳极限（Fatigue strength），需要定义一个“条件疲劳极限”，一般指定循环次数 N 为 5×10^6 或 10^7 时试件不破坏时所对应的应力就是条件疲劳极限。

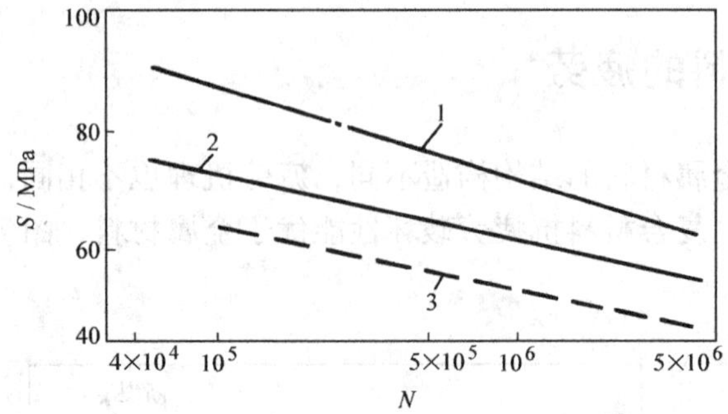

图 7-3　三种玻璃/环氧树脂复合材料拉－拉疲劳的 $S-N$ 曲线

复合材料疲劳寿命（Fatigue life）与疲劳极限有很大的分散性。由于碳纤维和玻璃纤维强度的分散度分别为 10% 和 15%，环氧树脂强度的分散度也有 10%，因而复合材料疲劳性能分散度就更大。工程上要求做疲劳试验的试件最少为 10～15 个。

影响复合材料疲劳寿命的因素主要有：

（1）平均应力和应力循环特征。平均应力 $\sigma_m = \frac{1}{2}(\sigma_{max} + \sigma_{min})$ 和应力循环特征 $R = \sigma_{min}/\sigma_{max}$ 对疲劳性能影响很大。一般采用 $S-S$ 曲线表示它们的影响。图 7-4 给出三种不同基体正交玻璃/环氧树脂层合板的 $S-S$ 曲线，表明了不同基体（脆性与耐温性）对不同 R 值时的复合材料疲劳性能的影响。

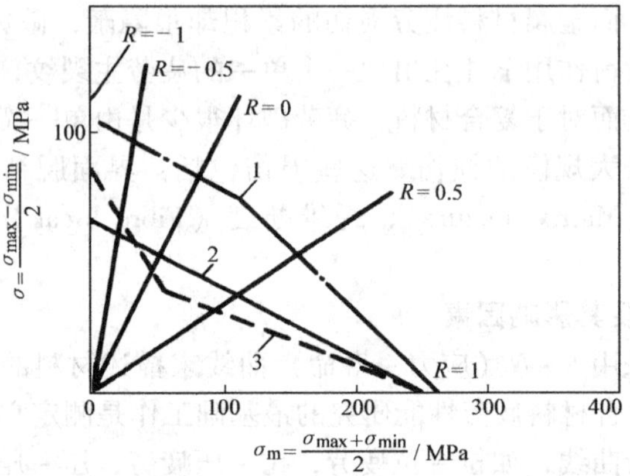

图 7-4　三种玻璃/环氧树脂正交层合板的 $S-S$ 曲线

（2）加载频率。加载频率对疲劳寿命有显著影响，尤其是纤维体积比较低、破坏由基体控制的复合材料，基体的粘弹性和复合材料的损伤将引起温度升高而使基体性能降低。这类材料对加载频率、速率是十分敏感的。例如 AS3501— 6 石墨/环氧树脂 $[\pm 45]_{2S}$层合板试样，频率为0.1Hz时的疲劳寿命是1Hz时的两倍。

（3）组分材料与铺层方式。不同组分材料参数和铺层方式对疲劳性能有明显影响，这主要是不同铺层使损伤扩展、分层扩展过程不同造成的。

（4）缺口。对于金属材料，缺口对疲劳性能影响很大。但是对于复合材料，受交变载荷作用时却表现出对切口的不敏感性。这主要是因为在切口根部形成一个损伤区域缓和了应力集中，疲劳过程中，损伤区继续扩展并同时松弛了切口根部的应力集中。

（5）环境温度与湿度。温度与湿度不但影响材料本身的强度，而且影响其残余应力状态，这样，自然要对疲劳性能产生影响。

7.3.2 复合材料疲劳寿命的预测

预测复合材料的疲劳寿命，有以下三种理论模型。

1. 疲劳裂纹扩展速率

线弹性断裂力学认为，决定疲劳裂纹扩展的是应力强度因子的幅值 ΔK，Paris 由此得出下列公式

$$\frac{\mathrm{d}a}{\mathrm{d}N} = C_0 \ (\Delta K)^n \tag{7-20}$$

式中，$\mathrm{d}a/\mathrm{d}N$ 为疲劳裂纹扩展速度，C_0 为材料常数，n 为扩展指数。

式（7-20）是针对金属材料疲劳裂纹（Fatigue crack）扩展的，它对复合材料基体（树脂等）和短纤维复合材料也适用。然而对于其他连续纤维或织物增强的复合材料，预制了切口的试件在疲劳过程中并不是以主裂纹扩展的形式，而是以损伤区扩展的形式而产生破坏。虽然有人采用柔度的增量来表示当量裂纹长度的增加，实验的结果也表明了 Paris 公式的近似适用性。但是，对于一个没有预制切口的试件，其疲劳破坏更观察不到主裂纹的形成和扩展，而是以损伤的形式扩展，这样，用疲劳裂纹扩展速率的方法来预测寿命是困难的，应采用累积损伤理论。

2. 累积损伤理论

Miner 从数学上定义，材料在应力水平 σ 下的疲劳寿命为 N，当在此应力水平 σ 下受载 n 周时，材料的损伤为 $D = n/N$。显然 $D = 1$ 时材料破坏。在幅值变化的交变应力作用下，Miner 的线性累积损伤理论认为，当

$$\sum_{\sigma_i} D_i = \sum_{\sigma_i} \frac{n_i}{N_i} = 1 \tag{7-21}$$

时材料发生破坏。式中，n_i 表示在第 i 个应力水平 σ_i 作用的应力循环周数，N_i 为该应力水平下的疲劳寿命，$\sum\limits_{\sigma_i}$ 表示对整个过程中所有 σ_i 水平对应的周数求和。

若已经测得材料的 $S-N$ 曲线以及载荷谱，则可预测何时发生破坏。某些试

验表明复合材料不完全遵守这一规律，当应力由低变高时，$\sum D_i$ 往往小于 1 时发生破坏；而当应力由高变低时，$\sum D_i$ 往往大于 1 时发生破坏，因此有人提出非线性累积损伤理论，即 $\sum_{\sigma_i}\left(\frac{n_i}{N_i}\right)^{\alpha}=1$。关于非线性累积损伤理论，这里不再详述，读者可参见有关书籍。

3. 剩余强度（Residual strength）理论

由式（7-21）可知，材料损伤随疲劳周数增加而发展，材料是由于内在缺陷的发生与发展而破坏的，而这些缺陷的发生与发展，取决于载荷、环境等外在因素。就材料整体而言，缺陷可以采用累积损伤 D 来表征。在另一方面，使材料破坏的临界载荷随裂纹长度的增加而降低。从累积损伤的观点来看，材料的强度是随着累积损伤 D 的增大而降低的。

基于上述假定，剩余强度理论认为，在外加交变载荷作用下，由于损伤 D 的扩展，材料的强度由其静强度 $R(o)$ 下降到剩余强度 $R(n)$，一旦外加载荷的峰值 S_{max} 达到材料的剩余强度 $R(n)$，材料便破坏。

以上只是这一理论的基本思想，要利用这一理论进行疲劳寿命的预测，从数学上看还需了解：损伤 D 的演化规律、剩余强度与损伤的关系等。目前，这一理论已得到众多研究者的关注，研究工作正在进行之中。

7.4 结论与讨论

在纤维增强复合材料中，纤维会破断成不连续的若干段纤维，致使复合材料中存在着纤维端部区域和纤维端部效应。纤维端部区域很高的切应力会导致：界面的剪切脱粘；基体内聚破坏；纤维内聚破坏；基体剪切屈服等。因而，纤维端部效应，使得纤维增强效果随着纤维平均长度的减小而下降。这样，纤维的长度必须大于其临界长度 l_c 时，纤维才具有增强效果。

短纤维复合材料是以短切纤维作为增强材料，由短纤维的取向和材料加工工艺的不同，分为定向短纤维复合材料、随机短纤维复合材料和注射成形短纤维复合材料。

复合材料的疲劳是个累积损伤的过程，疲劳破坏很少是由单一裂纹控制着，往往是在高应力区出现较大规模的损伤。这些损伤包括：界面脱粘，基体断裂，纤维断裂，脱层等。

复合材料的抗疲劳性能要优于金属材料，其疲劳寿命与疲劳极限具有很大的分散性，主要取决于平均应力、加载频率、组分材料、铺层方式、缺口、环境温度与湿度等因素。

7.5 习题

7-1 某一定向短纤维复合材料，若纤维长度 $l=20\text{mm}$、直径 $d=8\mu\text{m}$、弹性模量 $E_f=320\text{GPa}$、体积比 $v_f=0.78$，基体材料的弹性模量 $E_m=2.8\text{GPa}$，试预测该定向短纤维复合材料的弹性模量 E_1 与 E_2。

7-2 若习题 7-1 中改为随机短纤维复合材料，其他条件不变，试预测该随机短纤维复合材料的弹性模量 E_r。

7-3 简述影响复合材料疲劳寿命的主要因素有哪些？

7-4 复合材料疲劳寿命预测的理论模型有哪些？

第 8 章　聚合物的粘弹性与屈服行为

8.1　引言

聚合物（Polymer）是由大量的各类单体分子通过化合反应而形成的高分子材料，常见的有塑料、化纤、橡胶、粘结剂等种类。所谓高分子，是指它们是由各原子呈共价键结合的长键状大分子组成。由于单个分子的分子量很大，又称为大分子。聚合过程的细节控制着所形成的聚合物类型，至于聚合物的性质，则主要由其自身结构决定。聚合物具有轻巧、价廉和便于加工成型等优点，在用途和用量上都有迅速增长的趋势。他们所具有的一些独特性能，如橡胶体的高弹性和粘结剂的高粘结性等，更是其他材料无法替代的。本章和后面两章将介绍聚合物材料的力学行为。

根据材料性质和化学键的排列，聚合物可分为：热塑性、热固性、人造橡胶和含离子键四种。按其结构状态可分为：晶体型和非晶体型。某些热塑性塑料如聚乙烯和聚丙烯等是部分结晶体，他们有一定韧性；其他热塑性塑料，如聚苯乙烯、有机玻璃和聚碳酸脂等，以及所有的热固性塑料都是非结晶型聚合物，他们较脆和透明。

聚合物性态与温度和时间或应变速率关系很大。由于温度和时间或应变速率存在着广泛的等效关系，这里将以温度 T 作为主要的特征参数。图 8-1 所示为非晶态聚合物的模量 E 随温度 T 变化的典型曲线。对于非晶体型聚合物，存在玻璃态的转变温度 T_g。以 T_g 为界，聚合物被分为截然不同的两种状态，即玻璃态和橡胶态。前者的性态接近于脆性玻璃，模量取值约为 10^9Pa 水平；后者却具有很高的非线性弹性变形能力，模量取值约为 10^6Pa 水平。

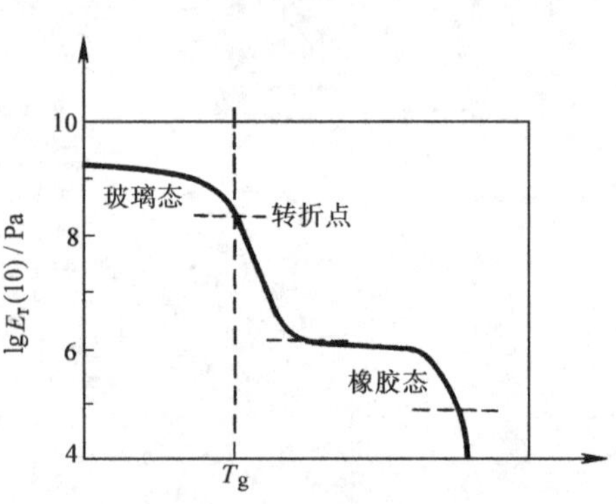

图 8-1　非晶态聚合物的模量 E 随温度 T 变化的典型曲线

在不同的条件下，聚合物表现出多种类型的变形，如弹性变形、粘弹性变形和塑性变形等。粘性变形是不可恢复的、与时间有关的变形。当聚合物上作用荷载时，首先发生弹性变形，接着发生粘性变形（如蠕变）。一般工程结构中，粘性变形最终远远大于弹性变形。当聚合物上作用很高的荷载时，将产生塑性变形。

8.2 聚合物的粘弹性行为

8.2.1 基本概念

一般工程材料，例如钢铁等，在常温下其应力－应变关系均与时间无关。近代工程中有不少材料，例如混凝土、塑料（增强或非增强塑料）以及某些生物组织，它们的应力－应变关系都与时间有关，这种现象称为粘弹性（Viscoelasticity）。许多材料展示了应变率和时间相关的行为，例如聚合物的粘弹性行为。粘弹性材料反应的特征是衰减惯性，如应变的蠕变和应力的松弛。聚合物表现出明显的粘弹性变形，是一种介于弹性和粘性之间的变形行为。

粘弹性材料中的应力是应变与时间的函数，因而应力－应变－时间关系可由下述方程描述

$$\sigma = f(\varepsilon, t) \tag{8-1}$$

这就是所谓非线性粘弹性（Non-linear viscoelasticity）。为了简化分析过程，可以将式（8-1）简化为应力－应变线性方程，但仍包含时间函数，即

$$\sigma = \varepsilon f(t) \tag{8-2}$$

此即为线性粘弹性（Linear viscoelasticity）。

弹性、线性粘弹性与非线性粘弹性的应力－应变关系的比较，可由图 8-2 加以说明。从图中可以看出，对于粘弹性材料，当应力保持不变时，应变随时间的增加而增加，材料内部的原子弹性地移动到新的位置。随着时间推移，应变继续发展，分子内旋结构脱开，这种现象称为蠕变（Creep）。

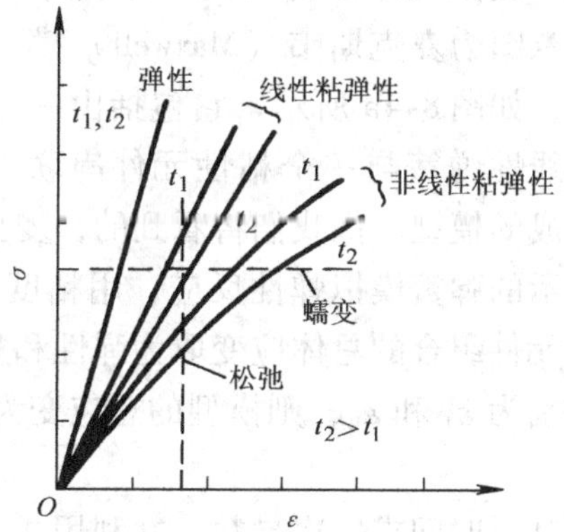

图 8-2 弹性、线性粘弹性与非线性粘弹性的应力－应变关系

当应变保持不变时，应力随时间的增加而减小，这种现象称为松弛（Relaxation）。需要指出的是，一般弹性材料在较高的温度下也会出现蠕变和松弛。所不同的是，粘弹性材料在一般环境温度下，便会产生这两种效应。

此外，粘弹性材料的应力－应变－时间关系还具有温度敏感性，即与温度有

关。大部分金属材料虽然在常温下表现为弹塑性性态，但在一定温度下却表现出粘弹塑性性态。本章所指“粘弹性材料”是广义的，即在一定的条件下具有线性粘弹性性态的材料。

8.2.2 两种基本元件

弹性固体与粘性流体代表着粘弹性材料的两种极端状态。弹性固体在荷载除去后其变形能回复到其初始状态；而粘性流体则不具有变形回复的可能性。弹性固体的应力直接与应变有关；而粘性流体中的应力，除静水压力分量外，则与应变速率有关。

弹性固体与粘性流体的上述问题可以分别采用螺旋弹簧和阻尼器模拟。二者分别称为弹性元件（Elastic element）与粘性元件（Viscous element）。这两种元件以不同方式组合成新的模型，用以描述线性粘弹性的某些性态。

图 8-3a、b 所示分别为表示弹性元件的线性弹簧和表示粘性元件的阻尼器。对弹性元件有

$$\sigma = k\varepsilon \tag{8-3}$$

对粘性元件有

$$\sigma = \eta \frac{\mathrm{d}\varepsilon}{\mathrm{d}t} \tag{8-4}$$

式中，k 为弹簧刚度系数；η 为粘度；$\mathrm{d}\varepsilon/\mathrm{d}t$ 为应变速率。

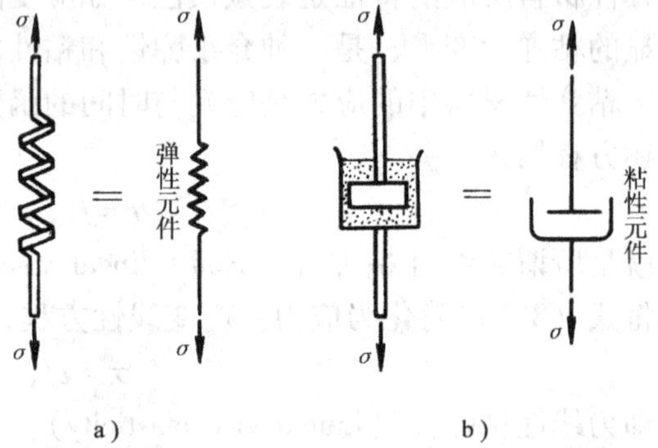

图 8-3 弹性元件的线性弹簧和粘性元件的阻尼器
a）弹性元件 b）粘性元件

8.2.3 串联模型

线性粘弹性材料的一个简单示意图为麦克斯韦（Maxwell）模型，如图 8-4a 所示，它包括由一个线性弹簧与一个粘性元件串联而成的模型。像我们将看到的，麦克斯韦模型展示了似流似固的行为。用刚度 k 表示的弹簧模拟弹性反应，用粘度 η 表示的粘性元件模拟粘性反应。弹簧和粘性元件组合的总体应变取为弹性和粘性应变的和。设弹性元件和粘性元件的应变分别为 ε_1 和 ε_2，则模型的总应变为

$$\varepsilon_{\mathrm{t}} = \varepsilon_1 + \varepsilon_2 \tag{8-5}$$

将其对时间求一次导数，并利用式（8-3）和式（8-4），可得

$$\frac{\mathrm{d}\varepsilon_{\mathrm{t}}}{\mathrm{d}t} = \frac{1}{k}\frac{\mathrm{d}\sigma}{\mathrm{d}t} + \frac{\sigma}{\eta} \tag{8-6}$$

它描述了粘弹性材料的应力 - 应变 - 时间关系，称为本构方程（Constitutive equation）。

将式（8-6）改写为

$$\frac{d\sigma}{dt}+\frac{\sigma}{\tau}=k\frac{d\varepsilon}{dt} \tag{8-7}$$

式中，$\tau=\eta/k$ 称为松弛时间。

式（8-7）是关于应力 σ 的一个常系数常微分方程，右边项 $k\frac{d\varepsilon}{dt}$可以转换成为力的函数，通过卷积积分求得解答

$$\sigma(t)=\int_{-\infty}^{t}k\exp[-(t-t')/\tau]\frac{d\varepsilon(t')}{dt'}dt' \tag{8-8}$$

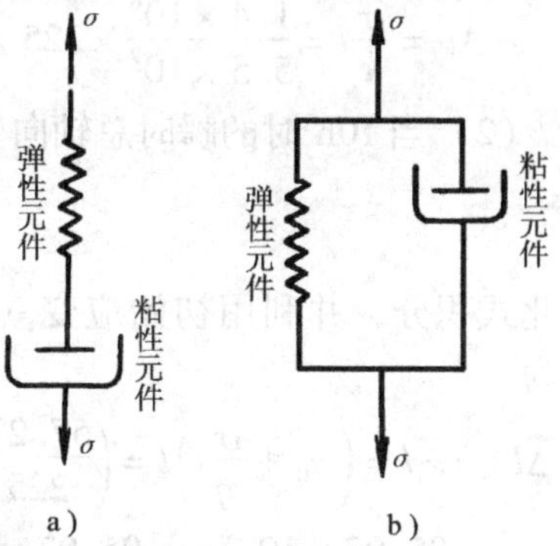

图 8-4　麦克斯韦模型和开尔文模型

对于更一般的一维模型，应力给出为

$$\sigma(t)=\int_{-\infty}^{t}R(t-t')\frac{d\varepsilon(t')}{dt'}dt' \tag{8-9}$$

式中，积分核函数 $R(t)$ 称为松弛模量。

对于 Maxwell 模型的特殊情况，松弛模量由 $R(t)=k\exp(-t/\tau)$ 给出。

8.2.4 并联模型

两种基本元件并联而成的模型，称为开尔文模型（Kelvin－Voigt model），如图 8-4b 所示。模型的总应力为二者应力之和，即

$$\sigma=\sigma_1+\sigma_2 \tag{8-10}$$

利用式（8-3）和式（8-4），得到

$$\sigma=k\varepsilon+\eta\frac{d\varepsilon}{dt} \tag{8-11}$$

或者通过分离变量后积分，写为

$$\frac{t}{\eta}=-\frac{1}{k}\ln(\sigma-k\varepsilon)+C \tag{8-12}$$

这就是开尔文模型的本构方程，其中 C 为积分常数，由初始条件确定。

例 8-1　直径 $d=114$mm，长度 $l=225$mm 的水泥圆柱，承受轴向荷载后，横截面上的正应力为 1.4MPa。假定其性态可用麦克斯韦模型模拟，且已知 $k=5.5$GPa，$\eta=3.0\times10^{14}$Pa·s。试求

（1）刚加载时的轴向变形 Δl。

（2）若应力保持不变，求 10h 后的总轴向变形量 Δl_t。

（3）10h 后，若应变保持不变，求还要经过多少小时，应力将衰减到初始值的 80%。

解　（1）刚加载时的轴向变形。刚加载时的瞬时变形与时间无关，其变形为弹性变形，即

$$\Delta l=\frac{\sigma}{k}l=\frac{1.4\times10^{6}}{5.5\times10^{9}}\times225\times10^{-3}\text{m}=57.27\times10^{-6}\text{m}=57.27\times10^{-3}\text{mm}$$

（2）当10h时的瞬时总轴向变形量。因为应力保持不变，根据式（8-6），有

$$\frac{\mathrm{d}\varepsilon_{t}}{\mathrm{d}t}=\frac{\sigma}{\eta}$$

对此式积分，并利用初始应变（$t=0$，$\varepsilon_0=\Delta l/l$），得到10h时的瞬时总轴向变形为

$$\Delta l_{t}=\varepsilon_{t}l=\left(\varepsilon_{0}+\frac{\sigma}{\eta}t\right)l=\left(\frac{57.27\times10^{-6}}{225\times10^{-3}}+\frac{1.4\times10^{6}}{3\times10^{14}}\times10\times3600\right)\times225\times10^{-3}\text{m}$$
$$=95.07\times10^{-6}\text{m}=95.07\times10^{-3}\text{mm}$$

（3）在10h后应力松弛到初始值的80%时所需的时间。因为应变保持不变，由式（8-6）得到

$$-\frac{\eta}{k}\frac{\mathrm{d}\sigma}{\sigma}=\mathrm{d}t$$

对等式两边积分，得到

$$\frac{\eta}{k}\ln\frac{\sigma(t_1)}{\sigma(t_2)}=t_2-t_1=\Delta t$$

由此算得

$$\Delta t=\frac{3\times10^{14}}{5.5\times10^{9}}\ln\frac{1.0}{0.8}=12170\text{s}=3.38\text{h}$$

从以上分析中，可以看到弹簧瞬时弹性和粘壶延迟粘性的性质。

例8-2 高分子聚合物制成的拉杆，承受轴向均匀拉伸，其横截面上的正应力为$\sigma=1\text{MPa}$。在这一应力下记录拉伸过程中应变与时间的数据如表8-1所示。

表8-1 当$\sigma=1\text{MPa}$时拉杆的应变与时间的数据

t/s	3.6×10^{3}	7.2×10^{3}	36.0×10^{3}	72.0×10^{3}
ε/（$\times10^{-3}$）	6.0	8.4	10.0	10.0

假定这种聚合物的性态可以用开尔文模型描述，试根据试验数据确定其弹性模量和粘度。

解 式（8-11）在（$\mathrm{d}\varepsilon/\mathrm{d}t$）$-\varepsilon$坐标中可由一直线描述，该直线在纵坐标上的截距为$\sigma/\eta$，其斜率为$-k/\eta$。根据已给试验数据，取$\mathrm{d}\varepsilon/\mathrm{d}t=\Delta\varepsilon/\Delta t$，计算结果如表8-2所示。

表8-2 计算结果

$\frac{\mathrm{d}\varepsilon}{\mathrm{d}t}$/（$\times10^{-7}$）$\text{s}^{-1}$	16.67	6.67	0.56	0
ε/（$\times10^{-4}$）	60	84	100	100

据此可画出应变率与应变 $(\mathrm{d}\varepsilon/\mathrm{d}t)-\varepsilon$ 的关系曲线，如图 8-5 所示。图中直线在纵坐标上的截距给出

$$\frac{\sigma}{\eta}=40\times10^{-7}\mathrm{s}^{-1}$$

已知 $\sigma=1\mathrm{MPa}$，于是得到粘度为

$$\eta=\frac{1\times10^{6}}{40\times10^{-7}}\mathrm{Pa\cdot s}=2.5\times10^{11}\mathrm{Pa\cdot s}$$

图 8-5 中给出直线的斜率为

$$-\frac{k}{\eta}=-\frac{40\times10^{-7}}{100\times10^{-4}}\mathrm{s}^{-1}=-0.40\times10^{-3}\mathrm{s}^{-1}$$

由此求得材料的弹性模量为

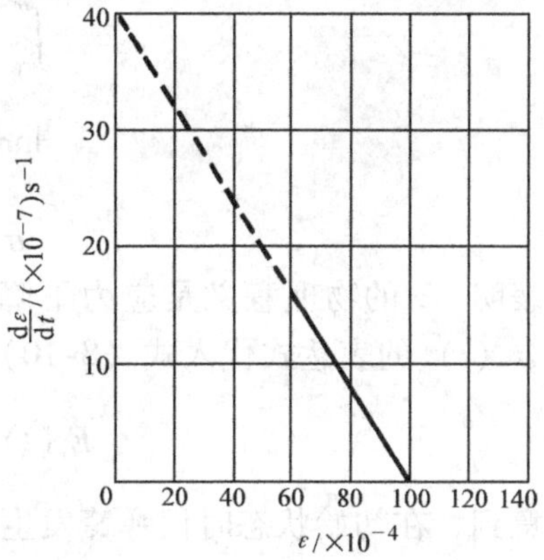

图 8-5　应变率与应变关系曲线

$$k=2.5\times10^{11}\times0.40\times10^{-3}\mathrm{Pa}=1.0\times10^{8}\mathrm{Pa}=0.1\mathrm{GPa}$$

8.3　拉普拉斯变换的应用

8.3.1　简单模型

对于粘弹性材料的问题，应用拉普拉斯（Laplace）变换求解，可以避免对应力－应变本构方程的积分运算，从而带来很大的方便。在附录 A 中列出了部分的拉普拉斯变换式，许多问题可以通过查表计算。我们首先讨论由图 8-6 给出的应力松弛问题，然后再讨论如何应用拉普拉斯变换求解粘弹性问题。

由图 8-6 可以看到，当时间增加时，应变保持为常值，而应力随着时间发生变化。材料的松弛模量（Relaxation modulus）可以表示为

$$E_{\mathrm{t}}=\frac{\sigma(t)}{\varepsilon_0} \qquad (8\text{-}13)$$

由于应变保持不变，$\frac{\mathrm{d}\varepsilon}{\mathrm{d}t}=0$，式（8-6）变为

$$\frac{\mathrm{d}\sigma}{\mathrm{d}t}=-\frac{1}{\tau}\sigma \qquad (8\text{-}14)$$

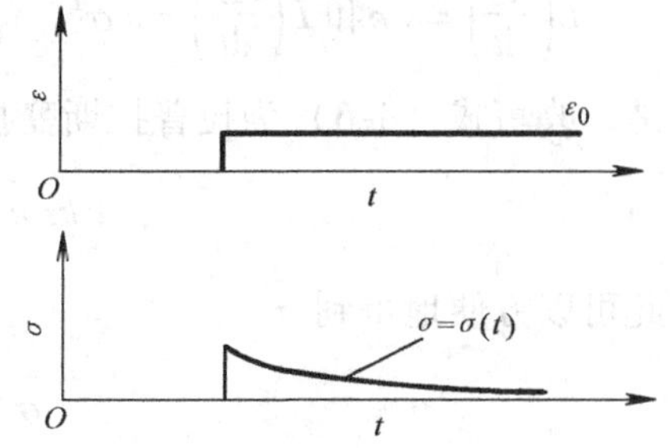

图 8-6　在应力松弛试验中观察到的应力和应变情况

式中，松弛时间 $\tau=\frac{\eta}{k}$。

上式分离变量后积分，得到

$$\int_{\sigma_0}^{\sigma}\frac{\mathrm{d}\sigma}{\sigma} = -\frac{1}{\tau}\int_0^t \mathrm{d}t$$

$$\ln\sigma - \ln\sigma_0 = -\frac{t}{\tau}$$

$$\sigma(t) = \sigma_0 \mathrm{e}^{-\frac{t}{\tau}} \tag{8-15}$$

这表明，τ 的物理意义是应力下降到初始值 σ_0 的 1/e 倍时所需的时间。这样，将 σ（t）的表达式代入式（8-10），可以得到松弛模量为

$$E_r(t) = \frac{\sigma(t)}{\varepsilon_0} = \frac{\sigma_0}{\varepsilon_0}\mathrm{e}^{-\frac{t}{\tau}} \tag{8-16}$$

注意到，在初始状态时仅弹簧发生变形，则初始应力与初始应变的关系为

$$\sigma_0 = k\varepsilon_0 \tag{8-17}$$

于是式（8-16）变为

$$E_r(t) = k\mathrm{e}^{-\frac{t}{\tau}} \tag{8-18}$$

松弛模量与时间的这一重要的关系如图 8-7 所示。其中，两个可变参量 k 和 τ 分别代表在试验中 $t=0$ 时的模量（或为玻璃模量 E_g）和 $t=\tau$ 时的模量 k/e。

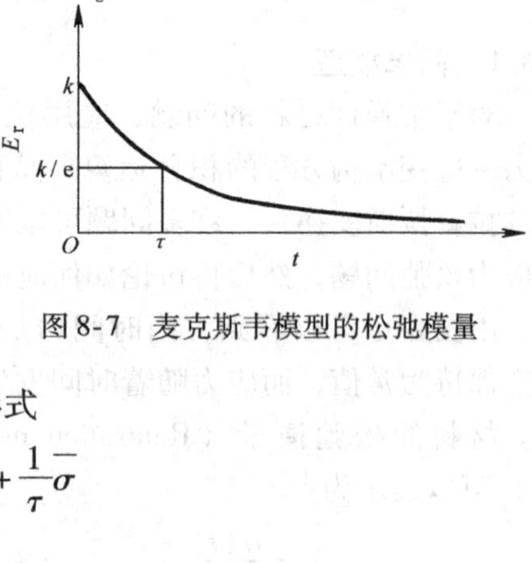

图 8-7 麦克斯韦模型的松弛模量

由于应力和应变的初始值为零，且时间 t 的坐标自左向右，因此函数对时间求导数的拉普拉斯变换恰好是拉普拉斯变量 s 乘以变换函数。通常在函数上面加一横线表示变换函数。如

$$L\left(\frac{\mathrm{d}\varepsilon}{\mathrm{d}t}\right) = s\,\overline{\varepsilon} \text{和} L\left(\frac{\mathrm{d}\sigma}{\mathrm{d}t}\right) = s\,\overline{\sigma}$$

于是，改写式（8-6）为拉普拉斯变换的形式

$$ks\,\overline{\varepsilon} = s\,\overline{\sigma} + \frac{1}{\tau}\overline{\sigma}$$

据此可以方便地得到 $\overline{\sigma}$

$$\overline{\sigma} = \frac{ks}{s+\frac{1}{\tau}}\overline{\varepsilon} \tag{8-19}$$

这是相应于拉普拉斯平面的材料应力 - 应变关系。在应力松弛的情形下，应变函数 $\varepsilon(t)$ 可以表示为常值的 ε_0 乘以海维赛德（Heaviside）函数，即单位阶跃函数 $u(t)$，即

$$\varepsilon(t) = \varepsilon_0 u(t) \quad u(t) = \begin{cases} 0 & t<0 \\ 1 & t\geqslant 0 \end{cases}$$

对上式取拉普拉斯变换有

$$\bar{\varepsilon}=\frac{\varepsilon_0}{s}$$

然后，将 $\bar{\varepsilon}$ 代入式（8-16）并除以 ε_0，则有

$$\frac{\bar{\sigma}}{\varepsilon_0}=\frac{k}{s+\frac{1}{\tau}} \tag{8-20}$$

考虑拉普拉斯的逆变换

$$L^{-1}\frac{1}{s+a}=\mathrm{e}^{-at}\text{和}L^{-1}\bar{\sigma}=\sigma(t)$$

对式（8-20）作逆变换得到

$$\frac{\sigma(t)}{\varepsilon_0}=E_{\mathrm{r}}(t)=k\mathrm{e}^{-\frac{t}{\tau}} \tag{8-21}$$

这一结果与式（8-18）的结果是一致的，同样给出了松弛模量与时间的重要关系。

以上，将拉普拉斯变换应用于简单的麦克斯韦串联模型。对于大体积的粘性材料或热沥青，麦克斯韦模型是一种合理的模型。但是大多数聚合物材料并不具有这种无约束的粘流性态，其性态变化最终受到包裹方式和各种联接形式的限制，因此需要发展更为精细的弹簧－粘性元件模型。

8.3.2 标准线性固体模型

由弹簧－粘性元件并联后再与弹簧串联的力学模型，如图 8-8 所示，称为开尔文标准线性固体模型（Standard linear solid model），用以描述材料的蠕变，即在应力不变的情形下应变与时间之间的关系。

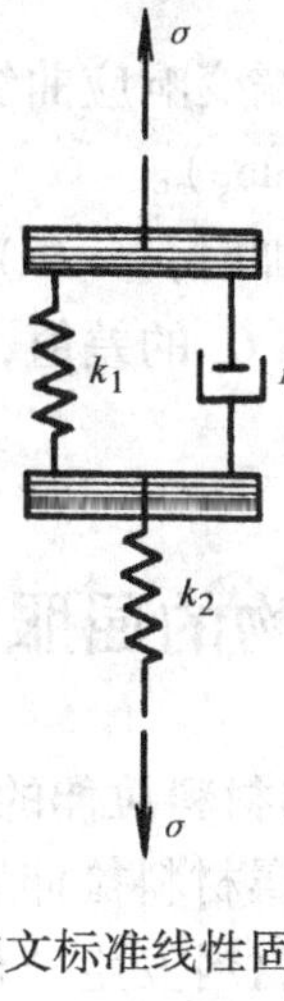

图 8-8　开尔文标准线性固体的蠕变模型

引入弹簧柔度（Spring flexibility）的概念。柔度对应于弹簧刚度（Spring stiffness），二者互为倒数关系，$C_1=1/k_1$，$C_2=1/k_2$。

模型的并联部分应变 ε_1 无论对弹性元件还是粘性元件均为同一数值，而应力为二者之和，即

$$\sigma=\sigma_1+\sigma_2=\frac{\varepsilon_1}{C_1}+\eta\frac{\mathrm{d}\varepsilon_1}{\mathrm{d}t} \tag{8-22}$$

对上式作拉普拉斯变换，有

$$\bar{\sigma}=\frac{\bar{\varepsilon}_1}{C_1}+\eta s\,\bar{\varepsilon}_1 \tag{8-23}$$

等式两边同乘以 C_1 并利用 $\tau=\eta C_1$，得

$$\overline{\varepsilon}_1=\frac{C_1\overline{\sigma}}{\tau\left(s+\frac{1}{\tau}\right)} \tag{8-24}$$

考虑到模型串联部分的弹簧应变 $\varepsilon_2=C_2\sigma$，经拉普拉斯变换为 $\overline{\varepsilon}_2=C_2\overline{\sigma}$，模型的总应变为并联部分与串连部分的应变之和

$$\overline{\varepsilon}=\overline{\varepsilon}_2+\overline{\varepsilon}_1=\left[C_2+\frac{C_1}{\tau\left(s+\frac{1}{\tau}\right)}\right]\overline{\sigma} \tag{8-25}$$

在蠕变试验中的材料应力保持为常值，即 $\sigma(t)=\sigma_0=\text{const}$，故有 $\overline{\sigma}=\frac{\sigma_0}{s}$。将此值代入式(8-25)，并作拉普拉斯逆变换，则开尔文标准线性固体模型的蠕变响应，即应变与时间的关系为

$$\frac{\varepsilon(t)}{\sigma_0}=C_c(t)=C_2+C_1(1-e^{-\frac{t}{\tau}}) \tag{8-26}$$

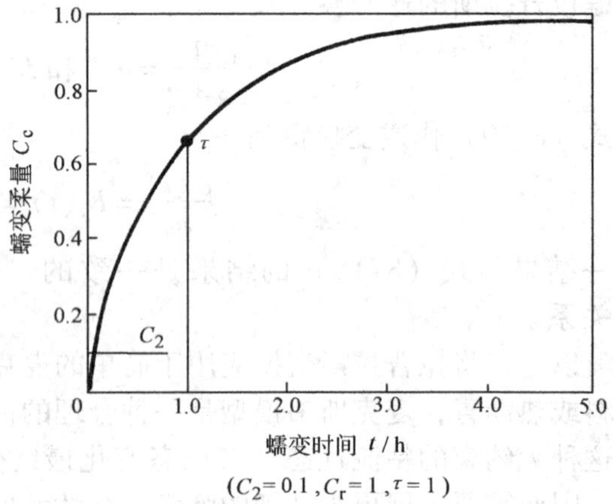

图 8-9 开尔文标准线性固体模型的蠕变响应曲线

图 8-9 所示为蠕变响应曲线。图中，C_2 为材料的玻璃态柔量；$C_c(t)$ 为蠕变柔量(Creep compliance)。

当时间增加时，$C_c(t)$ 以指数形式增加并接近于材料的橡胶态柔量 C_r。C_1 则刚好是 C_2 和 C_r 的差值，见式（8-26）。于是，蠕变柔量可以表示为

$$C_c=C_2+(C_r-C_2)(1-e^{-\frac{t}{\tau}}) \tag{8-27}$$

8.4 聚合物的屈服与应变软化和硬化行为

8.4.1 聚合物材料拉伸的应变软化和硬化行为

大多数金属材料拉伸后产生塑性变形，是由于内部晶格发生许多相互牵连的位错。位错时材料发生“硬化”，因而若要继续变形，需要施加更大的力。

如果要求已经发生应变硬化的某些非金属材料能够承受进一步拉伸，则要求材料结构有明显的转变，如在聚乙烯（Polyethylene）材料中发生的那样。图 8-10 所示为聚乙烯材料拉伸试验应力 - 应变曲线。这种材料为半结晶体，试验开始时的晶体为薄片状，厚约 10nm，像轮辐那样径向向外排列，若在球形域内则

称为球粒。应变增加时，这些球粒首先沿应变方向变形；应变进一步增加时，球粒破坏分开，所产生的薄碎片沿分子主轴方向重新组合，成为纤维状的微结构。由于强共价键沿受力方向的有序排列，材料表现出更高的强度和刚度，比材料的原始状态大约能提高一个数量级。

许多天然聚合物，如蜘蛛丝、人体肌腱、木材纤维等，均呈纤维状。根据承受荷载的需要，这些材料以特殊方式优化有序的排列。复合材料正是应用这种机理，定向其分子键或采用纤维增强以达到提高强度和刚度的目的。

图 8-10 中聚合物的应力 - 应变曲线表明，屈服前曲线便开始弯曲，应力和应变的关系不再保持线性，有一应变软化过程。软化（Softening）表示了切线模量值的下降。在应变软化的过程中，可观察到微观结构中的开裂释放（Breaking loose）。其后，材料进入塑性流动状态，形成初始屈服点处的明显不稳定状态，即在屈服点附近应力 - 应变曲线出现下凹形状。

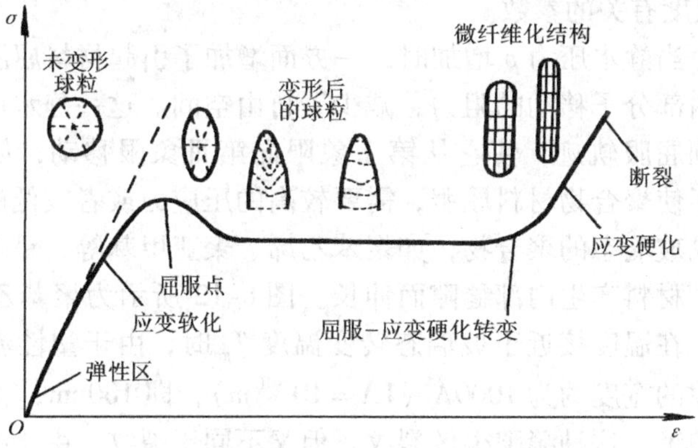

图 8-10　聚乙烯材料拉伸试验应力 - 应变曲线

铝材的拉伸试验亦有应变软化过程，一旦塑性流动发生，就会继续进行直至试件断开。而聚合物的流动过程则不然，屈服后流动的过程可以使材料硬化（Hardening），它使变形材料的缩颈区域能承受不断增加的真实应力 σ_i（$\sigma_i = \frac{f}{A}$，A 为缩颈后的横截面面积）。所谓硬化，通常是指由于晶体材料的内部位错作用或聚合物分子的有序排列，使得每一连续的应变增量需要一更大的应力增量。这种现象又称为应变硬化（Strain hardening）。

利用聚合物应变软化 - 屈服 - 应变硬化的特点，在工程上可以充分发挥材料的性能。应用化学的方法，使分子结构有序排列，可以大大提高纤维状结构的轴向强度和刚度。

8.4.2　聚合物材料的屈服行为

对于金属材料，静水压力对屈服轨迹不会发生影响，反而能够大幅度地提高金属的可延展性，有利于金属的成型加工。对于聚合物，在压缩应力状态下抵抗屈服的能力远远大于拉伸应力状态。在聚合物中能够观察到的原子滑移运动，要求具有类似分子间移动的“自由空间”。由于这一自由空间被压缩应力缩减了，因此难以通过变形过程使聚合物形成固定的形状。这就是大量的汽车车体（壳）仍然采用钢材而不采用塑料制造的原因之一。

考虑静水压力 p 对聚合物的影响，最大切应力屈服准则（特雷斯卡，Tresca）$\sigma_1-\sigma_3=\sigma_s$ 应改写为

$$\sigma_1-\sigma_3=\sigma_s+Ap \tag{8-28}$$

与最大切应力屈服准则平行应用的另一准则——形状改变比能屈服准则（米泽斯，Mises）应改写为

$$\sqrt{\frac{1}{2}[(\sigma_1-\sigma_2)^2+(\sigma_2-\sigma_3)^2+(\sigma_3-\sigma_1)^2]}=\sigma_s+Ap \tag{8-29}$$

式中，A 为与温度有关的参数。

可以看出，当静水压力 p 增加时，一方面增加了引起材料屈服的切应力；另一方面增加了内部分子移动的阻力，减少了自由空间。这一静水压力的影响修改了米泽斯的椭圆屈服轨迹，使它从第Ⅰ象限向第Ⅲ象限移动，如图 8-11 所示。可以看出，为了使聚合物材料屈服，需要较高的压应力或者较低的拉应力。

某些非结晶玻璃态的聚合物，如聚苯乙烯、聚亚甲基等，呈现奇特的屈服机理。由于拉伸，材料产生内部缝隙而伸长。图 8-12 所示为聚苯乙烯材料的拉伸屈服状态图片。在温度接近于玻璃态转变温度 T_g 时，由于塑性流动产生大量的缝隙。这些缝隙的宽度约为 1000Å（1Å = 10^{-10}m），即 100nm，长度约为几个微米，即几千个纳米。这种缝隙很像裂纹，但又不同于裂纹。由于缝隙张开，部分材料被拉成丝状，这些丝从缝隙一侧贯穿到另外一侧。对于这种屈服现象，通常

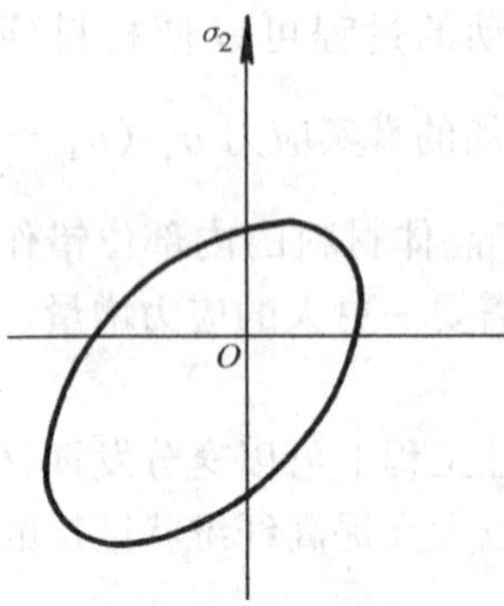

图 8-11 静水压力效应对米泽斯椭圆屈服轨迹的影响

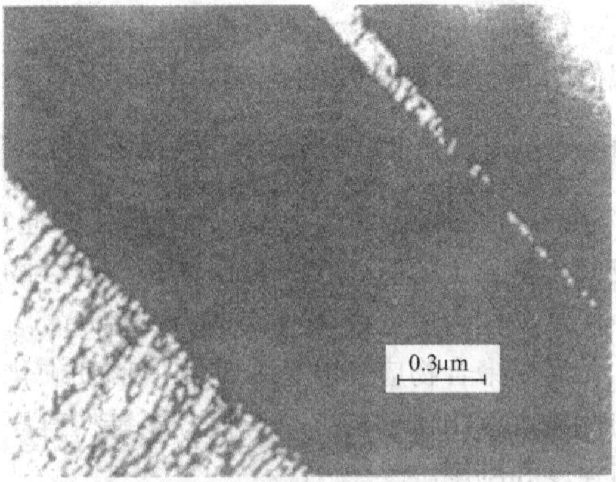

图 8-12 聚苯乙烯材料拉伸屈服图片

采用的准则为

$$\sigma_1-\sigma_2=A(T)+\frac{B(T)}{\sigma_1+\sigma_2} \tag{8-30}$$

显然，上式等号左边的量与切应力有关，右边第二项中的分母与静水压力分量有关，A 和 B 均为与温度有关的参数。由式（8-30）可以画出蝙蝠翼状的屈服轨迹，如图 8-13 所示。拉伸缝隙屈服不会发生在压应力场中。

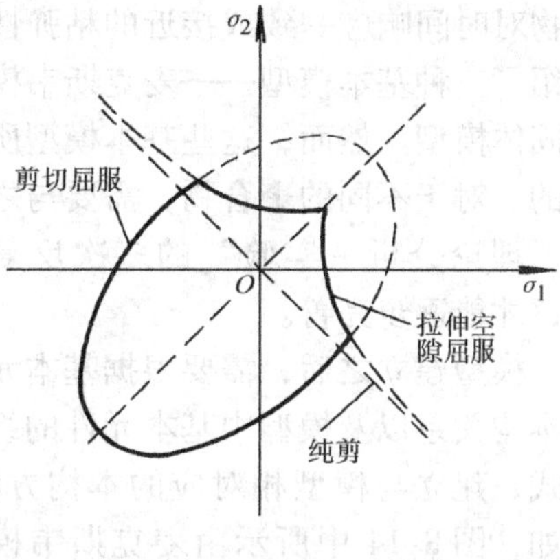

图 8-13　非结晶玻璃态聚合物的屈服轨迹

拉伸缝隙是一种屈服机理，但是当缝隙宽度增加且缝隙间的丝被拉断时，材料呈脆性断裂。拉伸缝隙屈服轨迹与剪切屈服轨迹相交的点为延－脆转换屈服应力，即破坏形式从剪切屈服到脆性破坏的过渡点。拉伸缝隙屈服与环境介质有很大关系，例如丙酮可以促使材料的自由体积扩张，从而大大加剧脆性破坏的趋势。相反，如果掺入其他材料也可以改变拉伸屈服现象，如橡胶颗粒的夹杂，可以稳定现有的缝隙，使其不至于形成真正的裂纹，从而大大增加材料的韧性。

8.5　结论与讨论

8.5.1　结论

本章在建立聚合物的力学模型时，首先定义了两种基本元件——弹性元件和粘性元件，给出了基本元件的串联和并联两种基本模型，以及由它们组合的标准线性固体模型，并且给出了相应的本构方程。应用这些方程，可以分别求解应变蠕变和应力松弛问题，主要的数学手段为微分方程的积分解答和拉普拉斯变换，后者是解决复杂线性粘弹性力学模型问题的主要手段。

通过聚合物材料拉伸应力－应变曲线的力学行为描述，与传统金属材料的拉伸试验结果进行分析比较，这样就涉及到研究聚合物的粘弹性力学行为、线性和非线性、蠕变和松弛，以及屈服和塑性行为等。

对于粘弹性材料，影响其力学行为的四个主要因素是应力、应变、温度和时间。虽然这些因素也影响金属材料的力学行为，如温度和时间，但是其影响远比对聚合物小。对于聚合物，温度变化影响弹性模量的量级可以从 10^9Pa 到 10^6Pa，材料性质将发生质的变化。与钢材相比，聚合物具有重量轻，耐腐蚀等优点，所以将会在越来越多的领域中代替钢材，因此聚合物的应用前景广阔。

8.5.2 讨论

1. 粘弹性模型与相应的本构方程

本章的分析过程表明，解决聚合物的线性粘弹性问题，最重要的是建立与聚合物对时间响应一致或接近的粘弹性模型，并由模型建立相应的本构方程。这里介绍了三种基本模型——麦克斯韦模型和开尔文模型，以及由它们组合的标准线性固体模型。然而，这些基本模型所能解决的聚合物的线性粘弹性问题毕竟是有限的。对于不同的聚合物，需要与之相对应的粘弹性模型，这往往需要经过“实验－理论分析－实验”的多次反复过程，才能逐步完善。

模型建立之后，需要根据基本元件的本构关系以及模型中基本元件的组合方式，建立与模型相对应的本构方程。例如，图 8-14 中所示由麦克斯韦模型与弹性元件并联的模型，称为麦克斯韦线性固体模型，读者不妨写一写它的本构方程，并与图 8-8 中所示的标准线性固体模型的本构方程相比较。

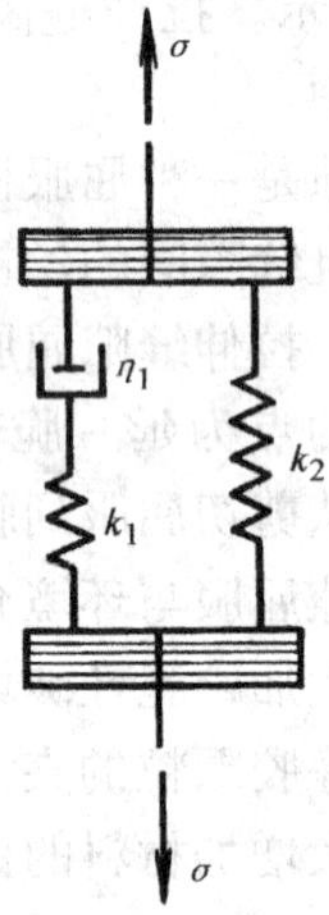

图 8-14　麦克斯韦线性固体模型

又如，图 8-15 所示的是线性粘弹性模型的一般情形，其中图 8-15a 所示为多个麦克斯韦模型并联而成，称为广义麦克斯韦模型；图 8-15b 所示为多个开尔文模型串联而成，称为广义开尔文模型。它们的本构方程可以表示为

$$p_0\sigma + p_1\dot{\sigma} + p_2\ddot{\sigma} + \cdots = g_0\varepsilon + g_1\dot{\varepsilon} + g_2\ddot{\varepsilon} + \cdots \tag{8-31}$$

有兴趣的读者不妨论证上述表达式，并写出其中的系数 p_0，$p_1\cdots$与 g_0，g_1，…与弹性元件和粘性元件的常数之间的关系。

2. 各种粘弹性模型所能处理问题的范围

线性粘弹性材料在不变应力作用下，应变对时间的响应可以表示为

$$\varepsilon(t) = C_{\mathrm{c}}(t)\sigma_0 \tag{8-32}$$

式中，$C_{\mathrm{c}}(t)$ 表示材料在单位应力作用下的应变响应。

类似地，线性粘弹性材料在不变应变作用下，应力对时间的响应可以表示为

$$\sigma(t) = E_{\mathrm{r}}(t)\varepsilon_0 \tag{8-33}$$

式中，$E_{\mathrm{r}}(t)$ 表示材料在单位应变作用下的应力响应。

不难看出，式（8-32）和式（8-33）可以分别用于处理应变蠕变和应力松弛问题。因此，对于某一种粘弹性模型，若能将其本构方程写成式（8-32）的形式，亦即建立蠕变柔量 $C_{\mathrm{c}}(t)$ 的表达式，可用这种模型处理蠕变问题，否

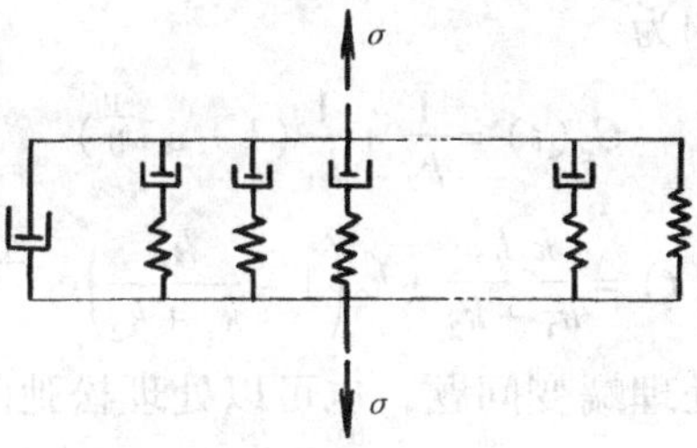

a)

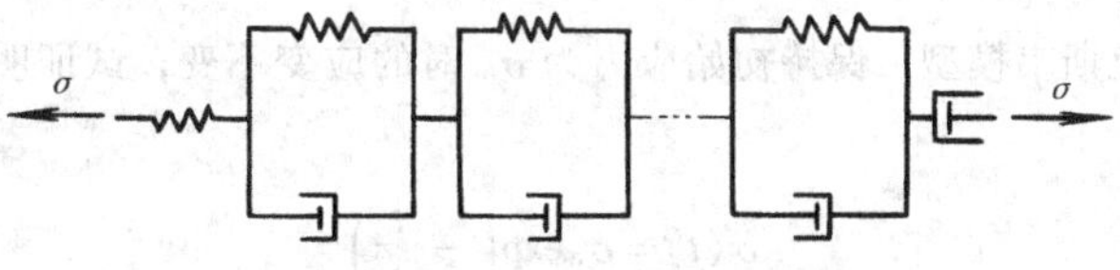

b)

图 8-15　线性粘弹性模型的一般情形

则不能。类似地，某一种模型的本构方程若能够写成式（8-33）的形式，亦即可以建立松弛模量 $E_r(t)$ 的表达式，则这一模型便可以用于处理应力松弛问题。

以麦克斯韦模型为例，由式（8-3）、式（8-4）和式（8-5）可以导出

$$\varepsilon(t)=\left(\frac{1}{k}+\frac{t}{\eta}\right)\sigma_0 \tag{8-34}$$

于是，这种模型的蠕变柔量为

$$C_c(t)=\frac{1}{k}+\frac{t}{\eta} \tag{8-35}$$

若将式（8-33）代入麦克斯韦模型的本构方程（8-6），则可得到松弛模量的表达式

$$E_r(t)=e^{-\frac{k}{\eta}t} \tag{8-36}$$

于是，式（8-33）可以写成

$$\sigma(t)=e^{-\frac{k}{\eta}t}\varepsilon_0 \tag{8-37}$$

上述结果表明，麦克斯韦模型既可以处理蠕变问题，又可以处理松弛问题。

读者可以证明，对于开尔文模型，其蠕变柔量为

$$C_c(t)=\frac{1}{k}\left(1-e^{-\frac{k}{\eta}t}\right) \tag{8-38}$$

而松弛模量却为一常量。因此，开尔文模型只能用于处理蠕变问题，而不能用于处理松弛问题。

有兴趣的读者还可以证明，对于图 8-8 所示的开尔文标准线性固体模型，其

蠕变柔量和松弛模量分别为

$$C_c(t)=\frac{1}{k_2}+\frac{1}{k_1}\left(1-e^{-\frac{k_1 t}{\eta_1}}\right) \tag{8-39}$$

$$E_r(t)=\frac{k_1 k_2}{k_1+k_2}+k_2\left(1-\frac{k_1}{k_1+k_2}\right)e^{-\frac{k_1+k_2}{\eta_1}t} \tag{8-40}$$

可见，这种模型既可以处理蠕变问题，也可以处理松弛问题。

8.6 习题

8-1 对于麦克斯韦模型，保持初始应力为 σ_0 时的应变不变，试证明经过时间 t 后，其应力由下式给出

$$\sigma(t)=\sigma_0\exp\left(-\frac{t}{\lambda}\right)$$

并说明其中 λ 的物理意义。

8-2 承受轴向拉伸的橡胶带，当横截面上应力为 $\sigma_0=10\text{MPa}$ 时，其纵向正应变为 0.5，然后保持应变不变，50 天后应力减小为 5MPa。试计算若保持同样应变，再经过 50 天后应力减少到什么数值。

8-3 对于开尔文模型，若粘弹性材料的弹性模量为 k，则在保持应力不变的情形下，试证明经过时间 t 后，其应变值由下式给出

$$\varepsilon(t)=\frac{\sigma}{k}\left[1-\exp\left(\frac{t}{\lambda}\right)\right]$$

并说明其中 λ 的物理意义。

8-4 线性粘弹性模型，包括一个刚度系数为 k 的弹簧和一个粘度为 η 的粘性元件，如图 8-16 所示。试用拉普拉斯变换方法描述蠕变响应，其中应力为常数。

8-5 证明习题 8-4 给出的并联模型不能用来描述应力松弛问题。

8-6 如图 8-17 所示麦克斯韦标准线性固体模型的弹簧刚度系数分别为 k_1 和 k_2，粘度为 η_1。试证明其本构方程为

$$(k_2+k_1)\ \frac{d\varepsilon}{dt}+\frac{k_2\varepsilon}{\tau}=\frac{d\sigma}{dt}+\frac{\sigma}{\tau}$$

式中，$\tau=\frac{\eta_1}{k_1}$。

8-7 证明麦克斯韦标准线性固体模型的蠕变柔量表达式为

$$C_c(t)=\frac{\varepsilon(t)}{\sigma_0}=\frac{1}{k_2}+\left[\frac{1}{k_1+k_2}-\frac{1}{k_2}\right]e^{-\frac{t}{\tau_c}}$$

式中，$\tau_c=\frac{k_2+k_1}{k_2}\tau$。

8-8 举例说明影响粘弹性材料力学行为的四个主要因素。

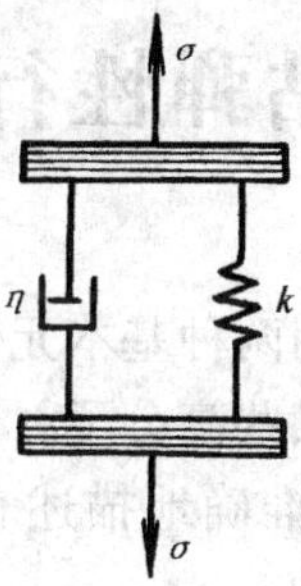

图 8-16　习题 8-4 图

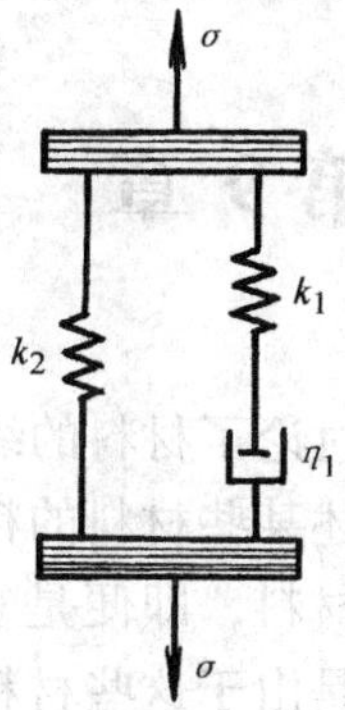

图 8-17　习题 8-6 图

第9章 材料的非线性粘弹性行为

第8章讨论了材料的线性粘弹性力学行为。应用两种基本元件的不同组合模型，可以描述某些材料的粘弹性性态，但是，对于某些高分子材料和生物材料以及一些合金材料，即便是复杂的组合模型，也很难准确地描述它们的粘弹性行为。这主要是由于这些材料的粘弹性行为是非线性的。

研究非线性粘弹性问题，一般不采用两种基本元件的组合模型。而是首先通过实验确定不同应力水平下应变与时间的关系曲线，在此基础上确定材料的本构方程，进行应力和变形分析。

9.1 非线性应变蠕变

蠕变的特征是材料在名义应力不变的情况下，应变缓慢地增加，材料表现出“粘性”。这种现象又称为滞弹性响应（Anelasticity response）。

对蠕变起重要作用的因素之一是时间。在拉伸应力保持不变的情形下，蠕变随着时间增加引起构件的长度不断增加，而横截面的面积不断缩小，导致真应力不断增加。当真应力达到材料的极限应力时，构件便发生断裂。

对蠕变起重要作用的另一因素是构件的工作温度。对于金属及合金发生蠕变的温度范围为

$$0.5T_m < T < T_m \tag{9-1}$$

式中，T_m 为材料的熔点温度；T 为构件的工作温度。二者均以热力学温度表示。

上述温度范围正是扩散活跃的温度区域。因而有一种理论认为，蠕变是热激活过程（Thermally activated process）的表现。

发生蠕变的最低温度称为蠕变临界温度（Critical temperature of creep）。蠕变临界温度因材料而异：软金属（例如铅）以及某些非金属材料（例如塑料）在常温下即可发生蠕变；而耐热合金，则在很高的温度下才会发生蠕变。

蠕变时材料的本构方程以试验结果为基础。图9-1为材料在应变－时间坐标系中当温度相同时，在四种不同名义应力下的蠕变曲线。曲线在某一点处的斜率 $d\varepsilon/dt=\dot{\varepsilon}$ 称为蠕变应变速率（Creep strain rate），简称为蠕变率。

蠕变曲线一般分为三个阶段：

第Ⅰ阶段为初始阶段或瞬态蠕变阶段，这一阶段时间很短，蠕变率是递减的。

第Ⅱ阶段为等速蠕变阶段或准粘性蠕变阶段（Quasiviscous creep stage），这一阶段的蠕变率保持恒定。

第Ⅲ阶段为非稳定蠕变阶段，蠕变率不断增加直至构件断裂。

在整个蠕变过程中，第Ⅱ阶段的蠕变率最小，称为最小蠕变率。

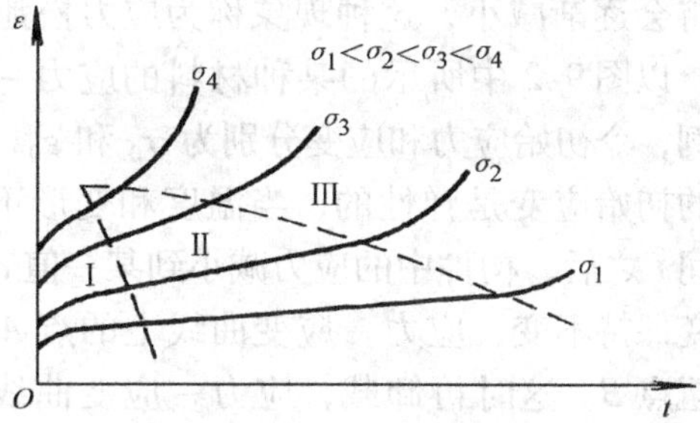

图 9-1　当温度相同时，材料蠕变曲线的三个阶段

蠕变应变表达式的一般性描述，包括第Ⅰ和第Ⅱ阶段蠕变应变与时间关系的表达式为

$$\varepsilon = \alpha t^{1/3} + \beta t \tag{9-2}$$

式中，ε 为蠕变应变；t 为时间；α 和 β 为材料常数。

将式（9-2）加以扩展，使之包含蠕变的第Ⅲ阶段，则有

$$\varepsilon = \alpha t^{1/3} + \beta t + \gamma t^3 \tag{9-3}$$

式中，γ 为另一个材料常数，且 α、β 和 γ 均为应力与温度的函数。

在实际计算中，由于第Ⅰ阶段蠕变过程为瞬间过程，常常将其略去，而只考虑第Ⅱ阶段的蠕变过程。

关于第Ⅱ阶段蠕变过程的解释有不少理论，其中最著名的理论是认为蠕变的第Ⅱ阶段是一种热激活过程，因而蠕变过程与激活能（Activation energy）有关。基于这一理论，蠕变率由下述方程描述

$$\dot{\varepsilon} = A_0 \mathrm{e}^{-Q/RT} \tag{9-4}$$

式中，A_0 为材料常数，单位为 h^{-1}；Q 为蠕变过程激活能，单位为 J/mol；R 为摩尔气体常数（Molar gas constant），单位为 J/（mol · K）；T 为热力学温度，单位为 K。

在应力不变的情形下，对于给定的应变值 ε，式（9-4）可改写为

$$\left(\frac{Q}{R}\right)_\sigma = T(\ln A_0 + \ln t - \ln\varepsilon) = T(B + \ln t) \tag{9-5}$$

在确定的温度下，第Ⅱ阶段蠕变率与所承受的应力之间的关系为

$$\varepsilon = k\sigma^n \tag{9-6}$$

式中，k 和 n 均为材料常数。

9.2　非线性应力松弛

当构件的工作温度等于或超过蠕变温度时，若应变保持不变，则构件中的应

力将会逐渐减小，这种现象称为应力松弛。

以图9-2中所示的某种材料的应力－应变曲线为例，令初始应力和应变分别为 σ_0 和 ε_0，假定构件中的初始应变是弹性的，当温度和变形不变，经过时间 t 之后，构件中的应力减小到某一值 σ。因为总应变保持不变，应力－应变曲线上的点 A 将铅垂地移至点 B。这时再卸载，应力－应变曲线上的点 B 将沿着与加载路线 OA 平行的路线移至应力为零的点 C。显然，这时应变不为零，是不可恢复的塑性变形，用 ε 表示，它是时间 t 的函数。于是有

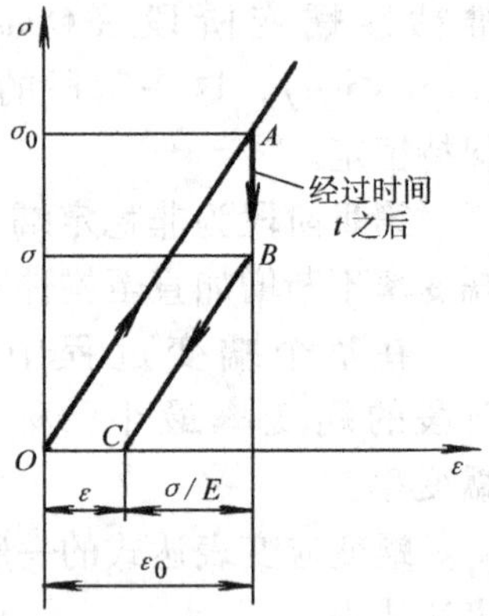

图9-2　某种材料应力松弛时的应力－应变曲线

$$\varepsilon_0 = \varepsilon + \frac{\sigma}{E} \tag{9-7}$$

将上式对时间求一次导数，考虑到 $\varepsilon_0 = \text{const}$ 和 $\frac{d\varepsilon_0}{dt} = 0$，得到

$$\varepsilon = -\frac{d\sigma}{E dt} \tag{9-8}$$

将非线性蠕变应力－应变关系式（9-6）带入上式并积分，得到

$$\int_0^t dt = -\int_{\sigma_0}^{\sigma_t} \frac{d\sigma}{Ek\sigma^n} \tag{9-9}$$

通过此式可解出应力由 σ_0 松弛至 σ_t 时所需经历的时间为

$$t = \frac{1}{Ek(n-1)}\left(\frac{1}{\sigma_t^{n-1}} - \frac{1}{\sigma_0^{n-1}}\right) \tag{9-10}$$

可见，蠕变的应力－应变关系是分析应力松弛的基础。

9.3　工程应用实例

工程中有关非线性粘弹性的应变蠕变与应力松弛分析问题，有的可以直接应用本章所介绍的理论，有些则需要依靠经验公式。这些经验公式是在试验的基础上，通过某些假定而得到的。下面分别介绍一些工程应用实例。

例9-1　采用易熔合金线作为延时爆破灭火器中的引信，长75mm，直径7.5mm，它与弹簧串联在一起，如图9-3所示。引信与弹簧连接处 B 安有一固定销钉。由于固定销钉的存在，尽管弹簧处于受拉状态，但引信并不受

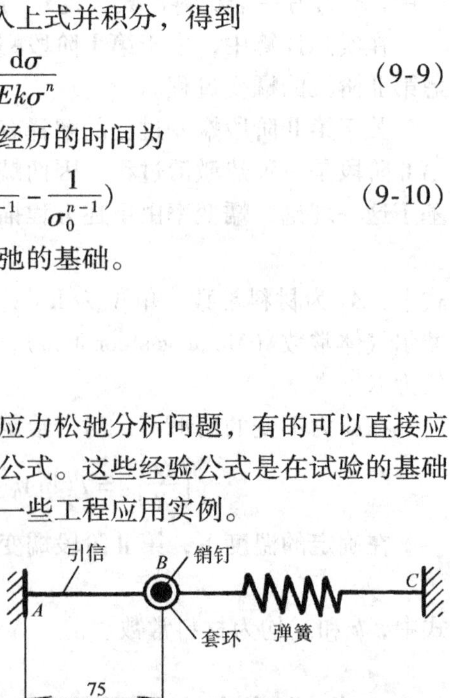

图9-3　易熔合金线延时爆破装置

力，灭火器不发生爆破。当固定销钉除去后，弹簧立即将450N 的力施加在引信上。随着时间的增加，引信因蠕变而不断伸长，当其伸长 2.5mm 时，灭火器发生爆破。假定这种易熔合金第Ⅱ阶段的蠕变率可由下式描述

$$\dot{\varepsilon}=A_0\left(\frac{\sigma}{\sigma_0}\right)^n$$

其中，$A_0=2.68\times10^{-5}\text{min}^{-1}$；$\sigma_0=7\text{MPa}$；$n=7.68$。已知弹簧刚度系数 $k=25\text{N/mm}$。试确定爆破灭火器延迟爆破的时间。

解 令从除去固定销钉到爆破所经历的时间为 t，在此时间内引信的蠕变伸长为 x，则弹簧施加在引信上的力为 $450-kx=450-25x$，单位为 N。引信的应变和蠕变率分别为

$$\varepsilon=\frac{x}{75},\quad \dot{\varepsilon}=\frac{1}{75}\frac{\mathrm{d}x}{\mathrm{d}t} \tag{a}$$

将 $\dot{\varepsilon}=A_0\left(\frac{\sigma}{\sigma_0}\right)^n$ 代入上式，得

$$\sigma_0^n=\frac{\mathrm{d}x}{75}=A_0\sigma^n\mathrm{d}t=A_0\left(\frac{45-25x}{A}\right)^n\mathrm{d}t \tag{b}$$

式中，A 为引信的横截面面积。将式（b）积分

$$\frac{(\sigma_0A)^n}{75A_0}\int_0^{2.5}\frac{\mathrm{d}x}{(450-25x)^n}=\int_0^t\mathrm{d}t \tag{c}$$

由此得到延迟爆破的时间为

$$t=\frac{(\sigma_0A)^n}{2.5\times75A_0}\frac{1}{(n-1)(450-25x)^{n-1}}\Bigg|_0^{2.5}\text{min}$$

$$=\frac{\left(7\times\frac{\pi\times7.5^2}{4}\right)^{7.68}}{2.5\times75\times2.68\times10^{-5}\times6.68}\left[\frac{1}{387.5^{6.68}}-\frac{1}{450^{6.68}}\right]\text{min}=130\text{min}$$

例 9-2 高分子聚合材料制成的薄壁管平均直径 $D=200\text{mm}$，内压 $p=0.7\text{MPa}$。高分子聚合材料的拉伸蠕变试验数据如表 9-1 所示，表中 $\dot{\varepsilon}$ 为第Ⅱ阶段的蠕变率。

表 9-1 材料的拉伸蠕变试验数据

σ/MPa	6.9	13.8	20.7	27.6	34.5
$\dot{\varepsilon}$/（$\times10^{-6}\text{min}^{-1}$）	0.20	0.48	0.97	1.72	3.38

假设管子两端不封闭（不承受轴向力），其环向拉应力不能超过 17.5MPa。试求管子所需壁厚，并计算 1000h 后管子的直径将增加多少。

解 根据所限制的环向应力 $\sigma_t\leqslant17.5\text{MPa}$，确定管子所需壁厚

$$\sigma_t = \frac{pD}{2\delta} = \frac{0.7\times10^6\times200\times10^{-3}}{2\delta}\text{MPa} \leqslant 17.5\times10^6\text{MPa}$$

由此解出壁厚

$$\delta = \frac{0.7\times10^6\times200\times10^{-3}}{2\times17.5\times10^6}\text{m} = 4\times10^{-3}\text{m} = 4\text{mm}$$

将所给的材料蠕变试验数据绘成 $\sigma-\dot{\varepsilon}$ 曲线，如图 9-4 所示。根据 $\sigma-\dot{\varepsilon}$ 曲线，当 $\sigma=17.5$MPa 时，蠕变率 $\dot{\varepsilon}=0.75\times10^{-6}\text{min}^{-1}$。

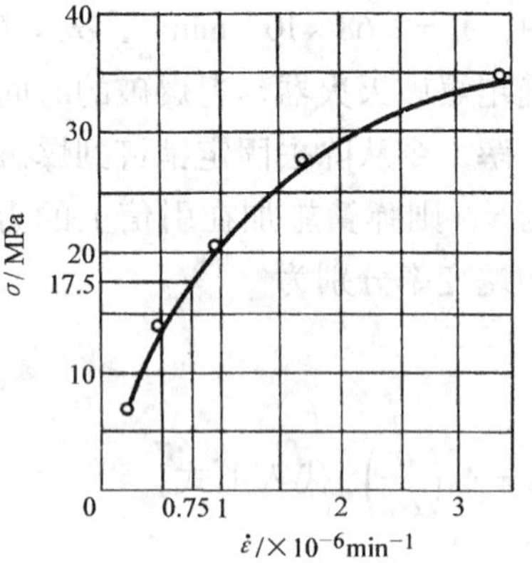

图 9-4　材料蠕变试验数据的 $\sigma-\dot{\varepsilon}$ 曲线

利用式 $\mathrm{d}\varepsilon/\mathrm{d}t=\dot{\varepsilon}$，积分 1000h 后的应变

$$\int_0^{\varepsilon_t}\mathrm{d}\varepsilon = 0.75\times10^{-6}\int_0^{1000\times60}\mathrm{d}t$$

得到环向应变

$$\varepsilon_t = 4.5\times10^{-2}$$

而

$$\varepsilon_t = \frac{\Delta D}{D}$$

由此求得 1000h 后管子的直径增加量为

$$\Delta D = \varepsilon_t D = 4.5\times10^{-2}\times200\text{mm} = 9\text{mm}$$

例 9-3　铝铜合金在同一应力、不同温度下的蠕变试验数据如表 9-2 所示，表中 $\dot{\varepsilon}$ 为第Ⅱ阶段的蠕变率。若已知合金的摩尔气体常数 $R=8.314$J/（mol·K），试求材料常数 A_0 与激活能 Q 的值。

表 9-2　铝铜合金在同一应力、不同温度下的蠕变试验数据

T/℃	140	180	220	260	300
$\dot{\varepsilon}$/（$\times10^{-6}\text{min}^{-1}$）	0.04	0.17	0.75	3.26	6.57

解　根据蠕变率公式（9-4）

$$\dot{\varepsilon} = A_0 \mathrm{e}^{-Q/RT}$$

两边取对数，有

$$\lg\dot{\varepsilon} = \lg A_0 - \frac{Q}{2.3RT} \tag{a}$$

在 $\lg\dot{\varepsilon}-1/T$ 坐标中，式（a）为一直线，其斜率等于 $-\frac{Q}{2.3R}$。于是，将所给出的蠕变试验结果的温度由摄氏温度转换为热力学温度，如表 9-3 所列。

将这些数值标于 $\lg\dot{\varepsilon}-1/T$ 坐标系中，得到一直线，如图 9-5 所示。这一直线的斜率可由图中求得，也可以从上表中的任意两组数据求得

表 9-3 蠕变试验结果的温度由摄氏温度转换为热力学温度

$\frac{1}{T}$/K^{-1}	0.0024	0.0022	0.0020	0.0018	0.0017
$\dot{\varepsilon}$/ ($\times10^{-6}min^{-1}$)	0.04	0.17	0.75	3.26	6.57

$$\tan\alpha=-\frac{\lg3.26-\lg0.75}{0.0018-0.0020}=3.059\times10^3 \quad (b)$$

根据式（a）

$$\tan\alpha=-\frac{Q}{2.3R} \quad (c)$$

将式（b）代入式（c），解得

$$Q=2.3\times8.314\times3.059\times10^3\text{J/mol}=58.5\times10^3\text{J/mol}$$

例 9-4 紧固容器法兰盖的铬钼钢制螺栓在工作温度 455℃ 下的预紧应力为 $\sigma_0=26.4$MPa。假定螺栓材料在 455℃下的第Ⅱ阶段（忽略初始阶段）蠕变过程可用式（9-6）描述，即 $\dot{\varepsilon}=k\sigma^n$，其中，$k=4.5\times10^{-15}\text{MPa}^{-n}/\text{h}$，$n=4$。材料在 455℃时的弹性模量 $E=172$GPa。试求：

（1）确定 10000h 后螺栓中的应力值。

（2）若螺栓的应力降至 13.2MPa 时容器中的化学物将发生泄漏，确定自容器开始工作时起，最长需要多少时间必须对螺栓再预紧，以保证不发生泄漏。

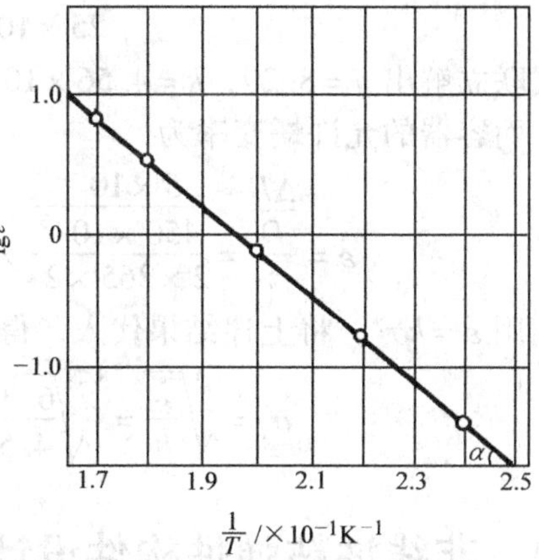

图 9-5 对数应变率和温度曲线

解 （1）应用式（9-10），即

$$t=\frac{1}{Ek(n-1)}\left(\frac{1}{\sigma_t^{n-1}}-\frac{1}{\sigma_0^{n-1}}\right)$$

令其中 $t=10000$h，$E=172$GPa，$\sigma_0=26.4$MPa，$k=4.5\times10^{-15}\text{MPa}^{-4}/\text{h}$，有

$$10000=\frac{1}{172\times10^9\times4.5\times10^{-6}\times(4-1)}\left(\frac{1}{\sigma_t^3}-\frac{1}{26.4^3\times10^{18}}\right)$$

由此解出

$$\sigma_t=\sqrt[3]{\frac{1\times10^{18}}{2.32\times10^{-5}+5.435\times10^{-5}}}\text{Pa}=23.5\times10^6\text{Pa}=23.5\text{MPa}$$

（2）将 $\sigma_0=26.4\text{MPa}$ 和 $\sigma_t=13.2\text{MPa}$ 代入式（9-10），其他参数与上述相同，因此有

$$t=\frac{1}{172\times10^3\times4.5\times10^{-15}\times(4-1)}\times\left(\frac{1}{13.2^3}-\frac{1}{26.4^3}\right)\text{h}=163840\text{h}$$

这表明，为了防止容器泄漏，在容器开始工作后，最迟应在163840h之前必须再拧紧一次螺栓。

例9-5 薄壁容器由奥氏体高温合金制成。容器平均直径 $D=450\text{mm}$，容器的操作温度为815℃。从这种合金的蠕变试验，测得环向应力 σ_t 为69MPa 和138MPa 时的最小蠕变率 $\dot{\varepsilon}$ 分别为 $8\times10^{-5}\text{h}^{-1}$ 和 $25\times10^{-3}\text{h}^{-1}$。假定合金在815℃的蠕变过程可用 $\dot{\varepsilon}=k\sigma^n$ 描述。若允许容器平均直径在2年内最大增量为5mm，试确定容器所能承受的最大环向应力 σ_t。

解 首先，应用试验数据确定 $\dot{\varepsilon}=k\sigma^n$ 中的材料常数

$$8\times10^{-5}=k\times69^n \tag{a}$$

$$25\times10^{-3}=k\times138^n \tag{b}$$

二式联立解出 $n=8.29$，$k=4.56\times10^{-20}\text{MPa}^{-n}\cdot\text{h}^{-1}$。

而容器的允许蠕变率为

$$\dot{\varepsilon}=\frac{\frac{\Delta D}{D}}{t}=\frac{\frac{5\times10^{-3}}{450\times10^{-3}}}{2\times365\times24}\times100\%\,\text{h}^{-1}=6.342\times10^{-5}\text{h}^{-1}$$

再利用 $\dot{\varepsilon}=k\sigma^n$，将上述结果代入，得到允许的环向应力值

$$\sigma_t=\sqrt[n]{\frac{\dot{\varepsilon}}{k}}=\sqrt[8.29]{\frac{6.342\times10^{-5}}{4.56\times10^{-20}}}\text{MPa}=67.1\text{MPa}$$

9.4 非线性粘弹性构件设计方法

对于非线性粘弹性构件的设计，首先通过试验确定不同应力水平下应变与时间关系的曲线族，称为蠕变曲线族（Family of creep curves）。其次，由蠕变曲线族得到同一时间的应力－应变关系，以及对于同一应变下应力与时间的关系。

9.4.1 等时线与等应变线

通过试验测得某一温度下对应于不同应力的蠕变曲线族，如图9-6a所示。为方便起见，横坐标采用时间的对数。根据蠕变曲线族，对于某一时刻，例如 $t=t_1$，不难得到这一时刻不同应力所对应的应变。将它们在应力－应变坐标中绘制成一条曲线，如图9-6b所示，这一曲线称为等时曲线（Isometric curve）。类似地，对于某一应变值 ε'，还可以得到不同时刻的应力值。在应力与时间对数的坐标系中，也可以画一条曲线，称为等应变曲线（Isochronous curve），如图9-6c所示。

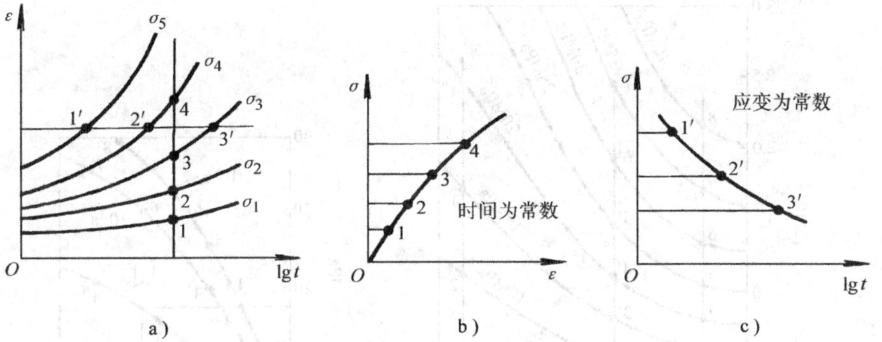

图 9-6　蠕变曲线族、等时线与等应变线

9.4.2　伪弹性设计方法

粘弹性材料构件和零部件的设计同样必须满足力的平衡条件和变形协调条件。建立起联系这二者的合适的应力 - 时间关系是比较困难的。因此，尽管基于平衡、变形协调以及应力 - 应变 - 时间关系的设计方法比较精确，但由于过于复杂，故难为一般设计者所接受。目前，最容易为大多数设计者所接受的方法是所谓伪弹性设计方法（Pseudoelastic method）。这种方法是将与时间有关的“弹性常数”，例如弹性模量、泊松比代替经典方程中真实弹性常数。这时的弹性模量和泊松比分别称为等效弹性模量（Equivalent elastic modulus）和等效泊松比（Equivalent poisson ratio）。分别用 $E(t)$ 和 $\nu(t)$ 表示。试验结果表明，$\nu(t)$ 一般在 0.3 ~ 0.4 之间。

在设计中必须慎重确定与时间有关的上述常数值，以保证构件的在役寿命和极限应变。极限应变值一般由设计者与材料制造者协商确定，一般取为 $1.0\times10^{-2}\sim2.0\times10^{-2}$ 数量级。这种设计方法必须利用由试验确定的蠕变数据。

9.4.3　应用举例

例 9-6　由二乙醇塑料制成的实心圆截面悬臂梁，受力如图 9-7 所示。已知 $l=0.15\text{m}$，$F=25\text{N}$。材料在 20℃时的蠕变曲线族如图 9-8a 所示。为保证在 1 年内最大正应变不超过 0.02，试：

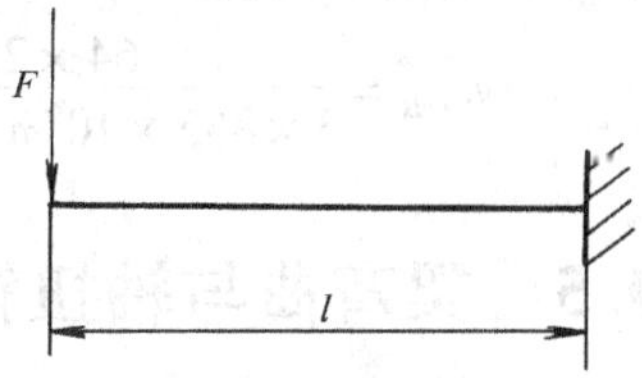

图 9-7　塑料实心圆截面悬臂梁

（1）确定梁的直径。

（2）求在这一直径下梁的最大挠度。

解　根据蠕变曲线族，可以画出不同时刻的等时线，如图 9-8b 所示。其中仅 1 年等时线对于本例是有用的。根据 1 年等时线，当最大正应变限制为 0.02 时的应力值为 17.1MPa。梁内的最大正应力为

$$\sigma_{\max}=\frac{M_{\max}}{W}=\frac{32Fl}{\pi d^3}$$

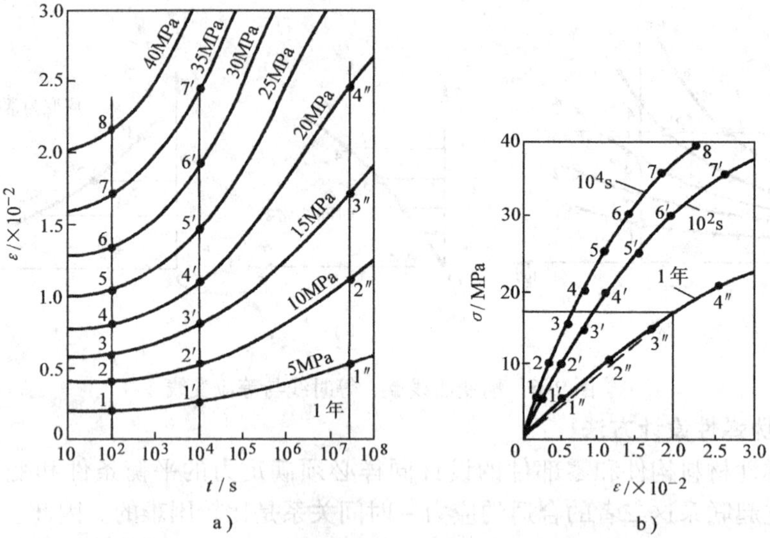

图 9-8 蠕变曲线族和等时线

令其等于 17.1MPa，由上式解出梁的直径为

$$d=\sqrt[3]{\frac{32\times25\times0.15}{\pi\times17.1\times10^{6}}}\text{m}=13.07\times10^{-3}\text{m}$$

根据弹性悬臂梁最大挠度表达式，最大挠度为

$$w_{\max}=\frac{Fl^{3}}{3E(t)I}=\frac{64Fl^{3}}{3E(t)\pi d^{4}}$$

其中，$E(t)$ 为与时间有关的弹性模量，由图 9-8b 中坐标原点至坐标为 $\varepsilon=0.02$，$\sigma=17.1\text{MPa}$ 的点的割线斜率确定，即 $E(t)=17.1/0.02\text{MPa}=855\text{MPa}$。于是得到最大挠度

$$w_{\max}=\frac{64\times25\times0.15^{3}}{3\times855\times10^{6}\pi(13.07\times10^{-3})^{4}}\text{m}=22.96\times10^{-3}\text{m}=22.96\text{mm}$$

9.5 梁弯曲与轴扭转的蠕变问题

9.5.1 纯弯梁蠕变正应力分析

应用轴向载荷作用下的蠕变率表达式，例如 $\dot{\varepsilon}=k\sigma^{n}$，根据类似于线弹性纯弯梁正应力分析过程，即可得到蠕变时纯弯梁的正应力。

由材料力学知识，蠕变时梁的平面假定依然成立，如图 9-9 所示，有

$$\varepsilon=-\frac{y}{\rho}\tag{9-11}$$

暂不考虑式中由坐标方向引起的负号，将蠕变率表达式带入后，得

$$\sigma = By^{1/n} \tag{9-12}$$

式中

$$B = \left(\frac{1}{k} \frac{\mathrm{d}}{\mathrm{d}t} \left(\frac{1}{\rho} \right) \right)^{1/n} \tag{9-13}$$

应用静力学方程

$$F_{\mathrm{N}x} = \int_A \sigma \mathrm{d}A = 0$$

$$M_z = \int_y y\sigma \mathrm{d}A$$

即可确定中性轴位置和蠕变正应力的表达式

$$\sigma = \frac{M_z y^{1/n}}{I_{zc}} \tag{9-14}$$

式中

$$I_{zc} = \int_A y^{\left(1+\frac{1}{n}\right)} \mathrm{d}A \tag{9-15}$$

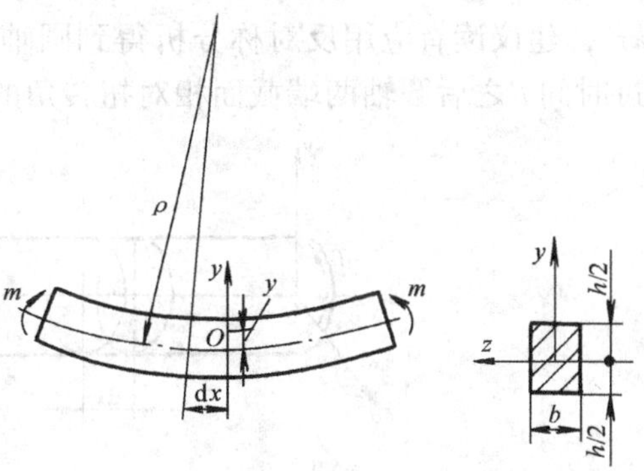

图 9-9　蠕变时梁的平面弯曲

读者可以根据式（9-14），以矩形截面为例，对于不同的 n 值（例如：$n = 1, 3, 6, 10, 12$ 等），绘制出蠕变正应力沿截面高度变化的曲线。有兴趣的读者，还可以研究如何计算不同截面形状（例如圆形、圆环形）的 I_{zc}。

9.5.2　纯弯梁蠕变位移分析

应用梁轴线曲率的近似表达式，即小变形挠曲线微分方程

$$\frac{1}{\rho} = \frac{\mathrm{d}^2 w}{\mathrm{d}x^2}$$

等号两侧同时对时间求导数，得到

$$\frac{\mathrm{d}}{\mathrm{d}t}\left(\frac{1}{\rho}\right) = \frac{\mathrm{d}^2}{\mathrm{d}x^2}\left(\frac{\mathrm{d}w}{\mathrm{d}t}\right) \tag{9-16}$$

根据式（9-12）~式（9-14）得到曲率与弯矩的关系，并代入式（9-16），即可得到蠕变时的挠度微分方程

$$\frac{\mathrm{d}^2}{\mathrm{d}x^2}\left(\frac{\mathrm{d}w}{\mathrm{d}t}\right) = -k\frac{M^n}{I_{zc}^n} \tag{9-17}$$

为避免具体运算中的麻烦，只考虑弯矩的绝对值，挠度 w 的正负号由实际挠度曲线的形状和坐标系的方向确定。于是，上式可改写为

$$\frac{\mathrm{d}^2}{\mathrm{d}x^2}\left(\frac{\mathrm{d}w}{\mathrm{d}t}\right) = k\frac{|M_z|^n}{I_{zc}^n} \tag{9-18}$$

可以通过自由端加载的悬臂梁计算自由端处的挠度，比较常温静载和高温蠕变 100h 时的位移大小。例如，假定梁的材料为奥氏体高温合金，当 815℃时，$k = 4.56 \times 10^{-20}\mathrm{MPa}^{-n}/\mathrm{h}$，$n = 8.29$，材料的弹性模量 $E = 196\mathrm{GPa}$，梁的长度

$l=400\text{mm}$，矩形截面宽 $b=10\text{mm}$，高 $h=30\text{mm}$，自由端的力 $F=100\text{N}$。不难发现，蠕变挠度比弹性挠度大得多。

9.5.3 圆轴扭转蠕变时应力与变形分析

对于图 9-10 所示的承受纯扭转的圆轴，在假定蠕变率的情形下，例如 $\dot{\gamma}=k\tau^n$，建议读者应用反对称分析得到圆轴横截面的平面保持平面的结论，导出经过时间 t 之后圆轴两端截面相对扭转角的表达式。

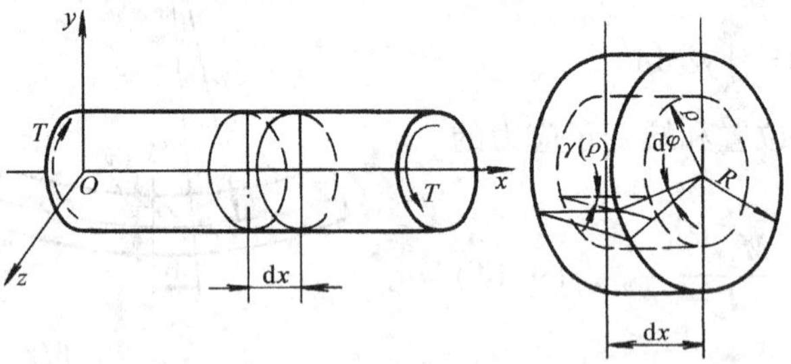

图 9-10 蠕变时承受纯扭转的圆轴

9.6 结论与讨论

非线性应变蠕变分析和非线性应力松弛分析的基础是蠕变时的应力－应变－时间关系，即本构方程，这需要通过蠕变试验来获得。而工程中的伪弹性设计方法的基础也是蠕变试验曲线族。蠕变试验曲线分为三个阶段，而通常所采用的只是它的第Ⅱ阶段，即等速蠕变阶段。

在工程分析中，经常遇到与时间和温度相关的本构关系，如生物力学中的肌肉力学行为、预应力钢筋混凝土构件中的混凝土徐变与锚具松弛问题、橡胶减震装置中橡胶的力学模型和聚合物的热加工成型技术等都具有蠕变和松弛的力学性能。这些行为大部分表现出非线性的形式，因此，研究解决非线性蠕变和松弛的力学模型和计算方法尤为重要。

怎样由试验曲线得到与试验结果相吻合的蠕变率解析表达式，是一个难题。其困难的一方面在于表达式本身不易找到与试验结果完全吻合者；另一方面精确而复杂的表达式不一定有利于蠕变和松弛分析求解过程。但是，在计算机技术高度发展的今天，这两方面都已不再是难点了。可以应用数学程序拟合试验的结果，给出本构曲线，而一些大型的力学分析计算程序，都具有非线性蠕变分析和应力松弛分析的功能。

本章所涉及的只是轴向载荷作用下的非线性蠕变分析和应力松弛分析。类似的分析方法与过程，也适用非轴向载荷作用的情况。

9.7 习题

9-1 低碳奥氏体合金锻件在温度816℃时的应力－变形－时间关系试验曲线如图9-11所示。试求其在应力 $\sigma=105\text{MPa}$ 时的最小蠕变率。

9-2 铝合金在温度176℃时的两种应力水平下的蠕变曲线如图9-12所示。试求其在应力 $\sigma=59\text{MPa}$ 时的最小蠕变率。

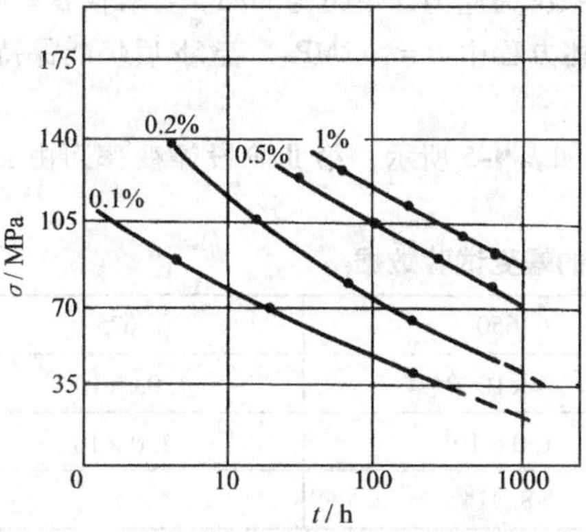

图9-11 应力－变形－时间关系试验曲线

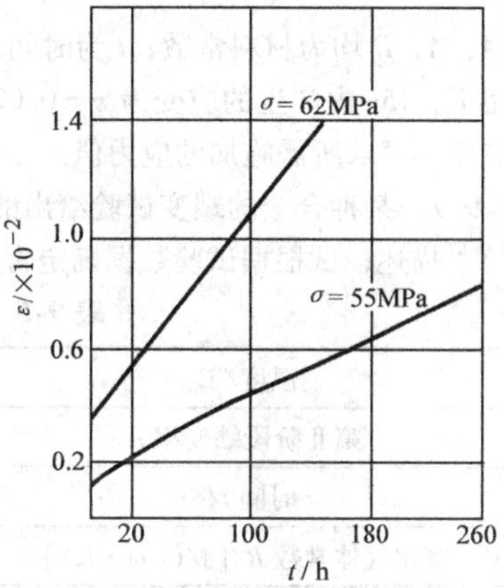

图9-12 两种应力水平下的蠕变曲线

9-3 奥氏体钢制连杆在750℃下工作，由蠕变试验测得这种材料在750℃下的数据如表9-4所示。假定连杆所承受的轴向载荷 $F=35\text{kN}$，在10000h内允许的蠕变总应变为1%，并要求安全因数 $n_c=3$，试求连杆的横截面面积。

表9-4 奥氏体钢在750℃下的蠕变试验数据

应力 σ/MPa	最小蠕变率 $\dot{\varepsilon}/\text{h}^{-1}$
70	8×10^{-5}
100	26×10^{-4}
140	25×10^{-3}
205	2
275	3
345	320

9-4 长 $l=1\text{mm}$，横截面面积 $A=1.29\times10^3\text{mm}^2$ 的拉杆由酰胺塑料制成，假定蠕变应力－应变－时间关系可近似地由下式描述

$$\varepsilon=\frac{\sigma}{E}+k_1\sigma^m+k_2t\sigma^n$$

式中，σ 和 ε 分别为正应力和正应变；t 为时间，单位为d（天）。现已知 $E=1.7\text{MPa}$，$k_1=34.8\times10^{-9}\text{m}^2/\text{N}$，$m=1.16$，$k_2=3.41\times10^{-9}\text{m}^2/(\text{N}\cdot\text{d})$，$n=0.75$。若要求拉杆在1年内的

总伸长不超过 6.94mm，试确定允许轴向荷载。

9-5　某种材料在 $\sigma = 100\text{MPa}$ 下的蠕变率可由下述方程确定

$$\dot{\varepsilon} = A\mathrm{e}^{-B/T}$$

式中，A，B 均为材料常数；T 为热力学温度，单位为 K。今由试验测得材料在 900K 和 750K 时的最小蠕变率 $\dot{\varepsilon}$ 分别为 $1.0\times10^{-4}\text{s}^{-1}$ 和 $7.5\times10^{-9}\text{s}^{-1}$。若要求最小蠕变率 $\dot{\varepsilon} = 1.0\times10^{-7}\text{s}^{-1}$，试求材料的最高工作温度。

9-6　聚合物的牙科压痕材料——硫化橡胶，其应力松弛可由下式描述

$$\sigma = A + B\lg t$$

式中，A，B 均为材料常数；t 为时间，单位为 s；σ 为应力，单位为 MPa。要求在 $\sigma = 14\text{MPa}$ 作用下，15s 内产生的应变为 $\varepsilon = 0.02$。假定上述方程中 $B = -2\text{MPa}$，若 5h 后仍能保持同样的应变，试求所需施加的应力值。

9-7　某种合金的蠕变试验给出的有关数据如表 9-5 所示，第Ⅱ阶段蠕变率可由 $\dot{\varepsilon} = A\mathrm{e}^{-Q/RT}$ 描述，试根据试验数据确定常数 Q 和 A。

表 9-5　某种合金的蠕变试验数据

温度/℃	650	675
第Ⅱ阶段蠕变率 $\dot{\varepsilon}$	4×10^{-6}	1.03×10^{-2}
时间 t/s	1.0×10^{3}	1.0×10^{6}
摩尔气体常数 R/[J/(mol·K)]	8.314	

9-8　长度 $l = 500\text{m}$ 的直杆，上端固定铅垂悬挂。杆在确定温度下的蠕变试验数据如表 9-6 所示。材料的密度 $\rho = 8.6\times10^{3}\text{kg/m}^{3}$，试求在 5 年内杆由于自重而引起的蠕变总伸长量。

表 9-6　杆在确定温度下的蠕变试验数据

应力 σ/MPa	70	63	56	49	42	35
蠕变率 $\dot{\varepsilon}$/($\times10^{-5}\text{d}^{-1}$)	5.20	2.48	1.09	0.43	0.15	0.04

9-9　两端封闭的圆柱薄壁容器由乙二醇塑料制成。已知容器的平均直径 $D = 300\text{mm}$，壁厚 $\delta = 10\text{mm}$，容器承受内压作用。乙二醇塑料的蠕变曲线族如图 9-8a 所示，等效泊松比可取为常量，即 $\nu(t) = 0.4$。若规定容器的环向应变 ε_t 在 1 年内不得超过 1%，试求容器所能承受的最大内压 p。

9-10　塑料制成的插座与插头结构如图 9-13 所示。当施加在插座一侧臂上的横向力降低到 33N 时，插头将从插座中滑出。若材料的弹性模量 $E = 3.35\text{MPa}$，材料在 20℃时的蠕变曲线族如图 9-8a 所示。试求：

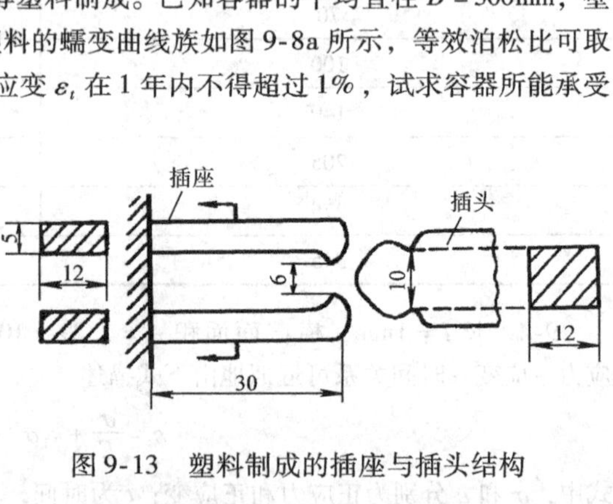

图 9-13　塑料制成的插座与插头结构

（1）插头第一次插入插座后，插座一侧臂上所受的横向力。

（2）插入后需经历多长时间插头将从插座中滑出。

第 10 章 材料的超弹性力学行为

储存在材料中的能量（功）仅取决于变形的初始状态和最终状态，并且是独立于变形（或荷载）路径，对于这种弹性材料称之为超弹性（Hyperelastic）材料，或者为 Green 弹性材料，例如常用的工业橡胶。动物的肌肉也具有超弹性的力学性能。本章主要讨论橡胶材料的超弹性力学行为。

10.1 橡胶材料

橡胶是提取橡胶树、橡胶草等植物的胶乳，加工后制成的具有弹性、绝缘性、不透水和空气的材料。在半个多世纪前，“橡胶”一词是专指生橡胶，它是从热带植物巴西三叶胶的胶乳提炼出来的。然而在今天，世界半数以上的橡胶是合成橡胶。合成橡胶的种类很多，例如，制造轮胎使用的丁苯橡胶（苯乙烯和丁二烯的共聚物）或乙丙烯橡胶（ERP）；用于汽车配件的有氯丁橡胶及另一种具有天然橡胶各种性能的异戊橡胶。在众多的合成橡胶中，硅橡胶是其中的佼佼者。它具有无味无毒，不怕高温和严寒的特点，在 300℃和 -90℃时都仍能保持原有的强度和弹性。

橡胶作为一种合成材料，具有许多特殊的性能，例如良好的电绝缘性、耐氧老化性、耐光老化性、防霉性和化学稳定性等。由于它优异的弹性性能被广泛应用于结构轴承、密封圈、吸收振动的衬垫、连接器、轮胎以及生物医学上的假肢等。近年来，橡胶在国民经济中发挥的作用日益显著，它在工业上的地位也逐渐提高，例如在汽车、船舶、机械制造、医药卫生，建筑等各行各业都有着重要和广泛的用途。

1839 年，Charle Goodyear 发明了橡胶的硫化方法，其姓氏现在已经成为国际上著名橡胶轮胎的商标。于是，从 19 世纪中叶起橡胶就成为一种重要的工程材料。然而，橡胶材料的行为复杂，不同于金属材料仅需要几个参数就可以描述材料特性。橡胶材料受力以后，变形是伴随着大位移和大应变，其本构关系是非线性的，并且在变形过程中体积几乎保持不变。橡胶是一种弹性聚合物，其特点是有很强的非线性粘弹性行为。它的力学行为对温度、环境、应变历史、加载速率都非常敏感，这样使得描述橡胶的行为变得非常复杂。橡胶的制造工艺和成分也对橡胶的力学性能有着显著的影响。

由于计算机以及有限元数值分析的飞速发展，我们可以借助计算机来对超弹性材料的工程应用进行深入研究以及优化设计。可以用有限元等数值方法来计算分析橡胶元件的力学性能，包括选取和拟合橡胶的本构模型，以及用有限元建模和处理计算结果等。常用的橡胶性态可分为固体橡胶和泡沫橡胶。

10.1.1 固体橡胶

固体橡胶材料的拉伸试验曲线与材料演化模型如图 10-1 所示。初始状态时，分子的排列方向是随机的，材料呈各向同性性质。当材料拉伸时，分子自身定向排列，此时的应变导致了材料的各向异性。由于更大的应变使分子间联结断开，内部的损伤引起了材料刚度的降低，如图中应力下降区段，反映了聚合物材料的应变软化特征。在变形过程中，分子相互摩擦（Rubs），阻尼力引起了能量耗散。对于纯橡胶，这一影响是粘弹性的。当应变更高时，分子有序排列并产生晶格，从而使材料的刚度迅速增加，表现为应力 - 应变曲线陡增，直至材料发生断裂。固体橡胶是几乎不可压缩的，其泊松比接近于 0.5。

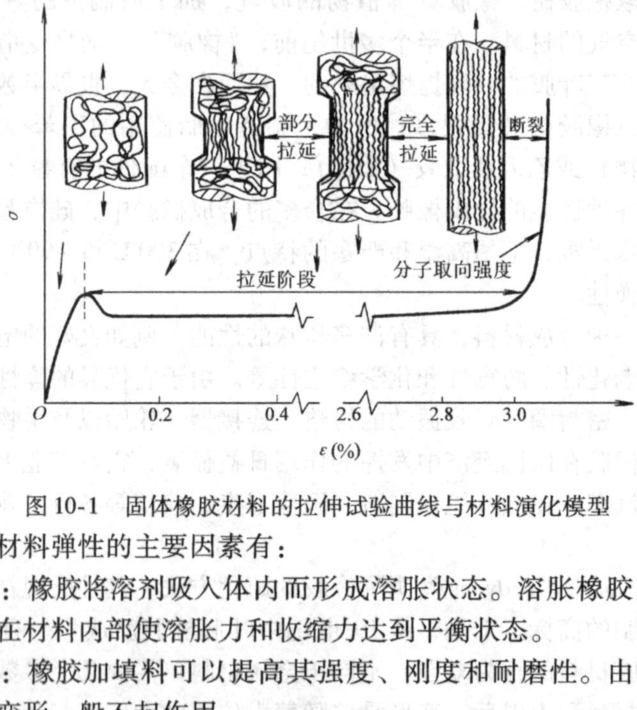

图 10-1　固体橡胶材料的拉伸试验曲线与材料演化模型

影响橡胶材料弹性的主要因素有：

（1）溶胀：橡胶将溶剂吸入体内而形成溶胀状态。溶胀橡胶的响应是弹性的，并趋向于在材料内部使溶胀力和收缩力达到平衡状态。

（2）填料：橡胶加填料可以提高其强度、刚度和耐磨性。由于填料是刚性颗粒，对橡胶变形一般不起作用。

（3）应变诱发结晶：橡胶拉伸至一定程度时，橡胶网链沿拉伸方向作有序排列，有利于形成结晶。这种结晶起到了补充联结各相邻网链的交联作用，可以使弹性模量从 1.0×10^{6} MPa 提高到 1.0×10^{11} MPa。

10.1.2 泡沫橡胶

一般将多孔橡胶或弹性泡沫材料统称为泡沫材料。弹性泡沫材料的普通例子有多孔聚合物，如海绵、包装材料等。泡沫橡胶是由橡胶制成的弹性泡沫材料，能够满足非常大的弹性应变要求，拉伸时的应变可以达到500%或更大，压缩时的应变可以达到90%或更小。与固体橡胶的几乎不可压缩性相比，泡沫材料的多孔性则允许非常大的体积缩小变形，因此具有良好的能量吸收性。

弹性泡沫材料由三维的多面体腔室构成，腔室可以是开放的（例如海绵），也可以是封闭的（例如漂浮泡沫材料），二者分别如图10-2a、b所示。纯弹性的泡沫材料与可挤压的泡沫有明显区别，后者具有不可恢复的变形。

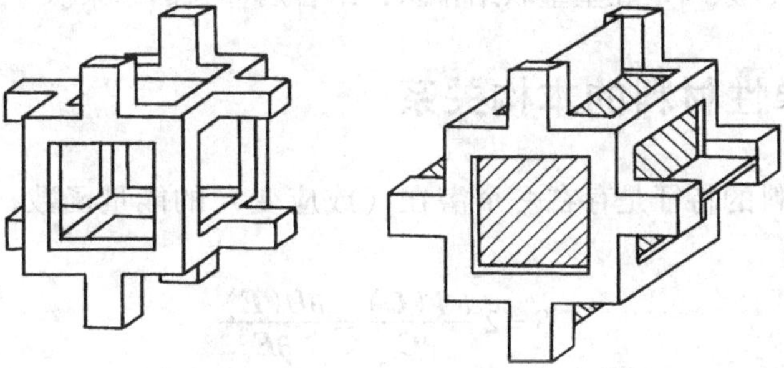

a)　　　　b)

图10-2　泡沫橡胶材料的多面体微元模型

a）开放腔室　b）封闭腔室

泡沫材料一般具有承压功能，典型的压缩应力－应变曲线如图10-3a所示，其三个阶段分别为：

（1）小应变时（<5%），腔室壁弯曲，泡沫变形是线弹性的。

（2）在常应力作用下，应变不断增长，呈非线性弹性状态，原因是腔室的边缘柱或腔室壁发生弹性屈曲。

（3）最终腔室压溃，引起压应力迅速增加。

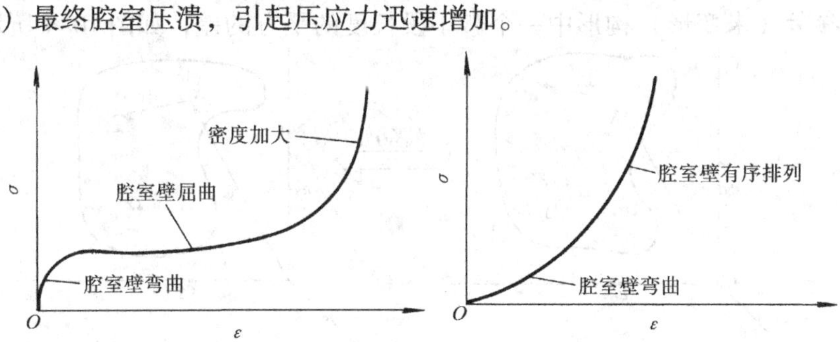

a)　　　　b)

图10-3　泡沫橡胶材料的应力－应变曲线

a）压缩　b）拉伸

对于小应变，拉伸变形机理类似于压缩变形，但是大应变时差别很大。典型的拉伸应力－应变曲线如图 10-3b 所示，其两个阶段分别为：

（1）小应变时（<5%）的变形是线弹性的，类似压缩时的情形。

（2）应变增加时，应力－应变呈非线性弹性，由于腔室壁旋转和有序排列，导致材料刚度提高，在大约 1/3 拉伸应变时，腔室壁重新排列，材料轴向刚度不断增加。

对于两种情形下的小应变，实验观察到的平均泊松比为 1/3 左右。在压缩情形下，大应变时的 $\nu=0$，腔室壁的屈曲没有导致明显的横向变形；然而，在拉伸情形下 $\nu\neq0$，原因是腔室壁联结排队，组合后伸长的结果。

10.2 超弹性材料的本构关系

超弹性材料的特征是存在一个潜在（或应变）的能量函数，它是应力 S 的势能，

$$S=2\frac{\partial\boldsymbol{\varPsi}(\boldsymbol{C})}{\partial\boldsymbol{C}}=\frac{\partial U(\boldsymbol{E})}{\partial\boldsymbol{E}} \tag{10-1}$$

式中，$\boldsymbol{\varPsi}$ 为潜在势能函数。当势能写成 Green 应变 $\boldsymbol{E}$ 的函数，记为应变能密度 U，这里两个标量函数的关系为 $U(\boldsymbol{E})=\boldsymbol{\varPsi}(2\boldsymbol{E}+\boldsymbol{I})$。

Green 应变张量 $\boldsymbol{E}$ 定义为

$$\mathrm{d}s^2-\mathrm{d}S^2=2\mathrm{d}\boldsymbol{X}\cdot\boldsymbol{E}\cdot\mathrm{d}\boldsymbol{X} \tag{10-2}$$

式中，$\mathrm{d}S$，$\mathrm{d}s$ 分别为变形前、后的材料特征长度，因此它给出了材料矢量 $\mathrm{d}\boldsymbol{X}$ 长度平方的变化，用张量的分量形式可以写成

$$\mathrm{d}x_i\mathrm{d}x_i-\mathrm{d}X_i\mathrm{d}X_i=2\mathrm{d}X_iE_{ij}\mathrm{d}X_j \tag{10-3}$$

调用属于未变形构形中的矢量 $\mathrm{d}\boldsymbol{X}$，这样，Green 应变度量了当前（变形）构形和参考（未变形）构形中一个微小段长度的平方的差，如图 10-4 所示。

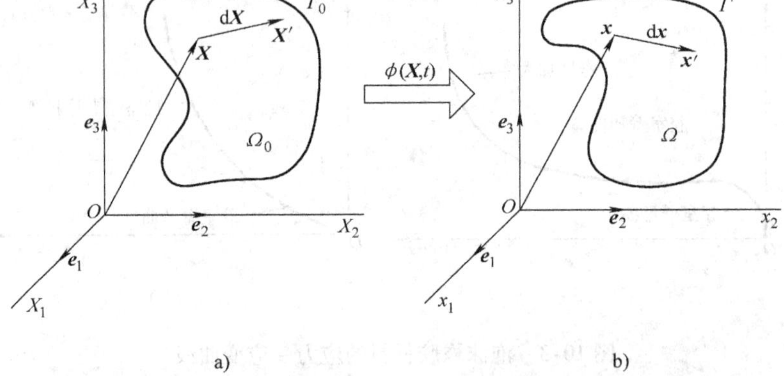

图 10-4 一个物体的参考（未变形）和当前（变形）构形

a）参考（未变形）构形 b）当前（变形）构形

为了计算 Green 应变张量，将式（10-3）左边第一项重新写成为

$$\begin{aligned}\mathrm{d}\boldsymbol{x}\cdot\mathrm{d}\boldsymbol{x} &= (\boldsymbol{F}\cdot\mathrm{d}\boldsymbol{X})\cdot(\boldsymbol{F}\cdot\mathrm{d}\boldsymbol{X})\\ &= (\boldsymbol{F}\mathrm{d}\boldsymbol{X})^{\mathrm{T}}(\boldsymbol{F}\mathrm{d}\boldsymbol{X}) = \mathrm{d}\boldsymbol{X}^{\mathrm{T}}\boldsymbol{F}^{\mathrm{T}}\boldsymbol{F}\mathrm{d}\boldsymbol{X} = \mathrm{d}\boldsymbol{X}\cdot(\boldsymbol{F}^{\mathrm{T}}\cdot\boldsymbol{F})\cdot\mathrm{d}\boldsymbol{X}\end{aligned} \tag{10-4}$$

式中，第 2 个等号后面为矩阵表达式，$\boldsymbol{F}$ 为变形梯度。

如果我们在参考构形中考虑一个无限小的线段 $\mathrm{d}\boldsymbol{X}$，那么由在当前构形中的对应线段 $\mathrm{d}\boldsymbol{x}$ 可以表示为

$$\mathrm{d}\boldsymbol{x} = \boldsymbol{F}\cdot\mathrm{d}\boldsymbol{X} \quad 或 \quad \mathrm{d}x_i = F_{ij}\mathrm{d}X_j \tag{10-5}$$

在上面的表达式中，在 $\boldsymbol{F}$ 和 $\mathrm{d}\boldsymbol{X}$ 之间的点可以省略，因为这个表达式作为矩阵表达式也是有效的，保留它是为了符合在张量表达式中经常直接使用指标缩写形式的习惯。

在二维中，在直角坐标系下的变形梯度给出为

$$\boldsymbol{F} = \begin{bmatrix}\dfrac{\partial x_1}{\partial X_1} & \dfrac{\partial x_1}{\partial X_2}\\[2ex] \dfrac{\partial x_2}{\partial X_1} & \dfrac{\partial x_2}{\partial X_2}\end{bmatrix} = \begin{bmatrix}\dfrac{\partial x}{\partial X} & \dfrac{\partial x}{\partial Y}\\[2ex] \dfrac{\partial y}{\partial X} & \dfrac{\partial y}{\partial Y}\end{bmatrix} \tag{10-6}$$

从上面可以看出，把二阶张量写成矩阵形式的时候，我们把第一个指标作为行号，而把第二个指标作为列号。

$\boldsymbol{F}$ 的行列式用 J 表示，称为 Jacobian 行列式或变形梯度的行列式

$$J = \det(\boldsymbol{F}) \tag{10-7}$$

在式（10-4）第二行中直至最后一步，已经变换为矩阵标记，写为指标标记会更加清楚：

$$\mathrm{d}\boldsymbol{x}\cdot\mathrm{d}\boldsymbol{x} = \mathrm{d}x_i\mathrm{d}x_i = F_{ij}\mathrm{d}X_jF_{ik}\mathrm{d}X_k = \mathrm{d}X_jF_{ji}^{\mathrm{T}}F_{ik}\mathrm{d}X_k = \mathrm{d}\boldsymbol{X}\cdot(\boldsymbol{F}^{\mathrm{T}}\cdot\boldsymbol{F})\cdot\mathrm{d}\boldsymbol{X} \tag{10-8}$$

将式（10-3）左边第二项重新写成为

$$\mathrm{d}\boldsymbol{X}\cdot\mathrm{d}\boldsymbol{X} = \mathrm{d}\boldsymbol{X}\cdot\boldsymbol{I}\cdot\mathrm{d}\boldsymbol{X} \tag{10-9}$$

应用式（10-8）、式（10-9）与式（10-2），给出

$$\mathrm{d}\boldsymbol{X}\cdot\boldsymbol{F}^{\mathrm{T}}\cdot\boldsymbol{F}\cdot\mathrm{d}\boldsymbol{X} - \mathrm{d}\boldsymbol{X}\cdot\boldsymbol{I}\cdot\mathrm{d}\boldsymbol{X} - \mathrm{d}\boldsymbol{X}\cdot 2\boldsymbol{E}\cdot\mathrm{d}\boldsymbol{X} = 0 \tag{10-10}$$

将相同的项提出来得到

$$\mathrm{d}\boldsymbol{X}\cdot(\boldsymbol{F}^{\mathrm{T}}\cdot\boldsymbol{F} - \boldsymbol{I} - 2\boldsymbol{E})\cdot\mathrm{d}\boldsymbol{X} = 0 \tag{10-11}$$

由于上式对于任何 $\mathrm{d}\boldsymbol{X}$ 都必须成立，则有 Green 应变

$$\boldsymbol{E} = \frac{1}{2}(\boldsymbol{F}^{\mathrm{T}}\cdot\boldsymbol{F} - \boldsymbol{I}) \quad 或 \quad E_{ij} = \frac{1}{2}(F_{ik}^{\mathrm{T}}F_{kj} - \delta_{ij}) \tag{10-12}$$

式中，$\boldsymbol{I}$ 为单位矩阵，δ_{ij} 为海维赛德（Heaviside）函数即单位阶跃函数。

存在潜在能量函数的结果是在超弹性材料上做功并独立于变形路径，在许多橡胶类材料中可以观察到这一特征。为了描述功独立于变形路径，考虑变形状态

从 C_1 至 C_2 每单位参考体积潜在能量的变化。由于第二 Piola – Kirchhoff 应力张量 S 与 Green 应变 E 的功共轭，有

$$\int_{E_1}^{E_2} S : \mathrm{d}E = U(E_2) - U(E_1) \tag{10-13}$$

可见，储存在材料中的能量仅取决于变形的初始状态和最终状态，并且是独立于变形（或荷载）路径。

对于参考构形的各向同性超弹性材料的潜在应变能（势能）可以写成变形张量基本不变量（I_1，I_2，I_3）的函数，即 $\psi=\psi$（I_1，I_2，I_3）。二阶张量的基本不变量及其导数描绘了弹性和弹 – 塑性本构关系。附录 B 总结了包含基本不变量的某些关键关系。

10.3 橡胶变形力学行为

下面讨论固体橡胶材料的超弹性力学行为。图 10-5 为典型橡胶材料的单轴拉伸应力 – 应变关系图。通过简单的几个试验点看到这种橡胶的应变可以达到 600%。

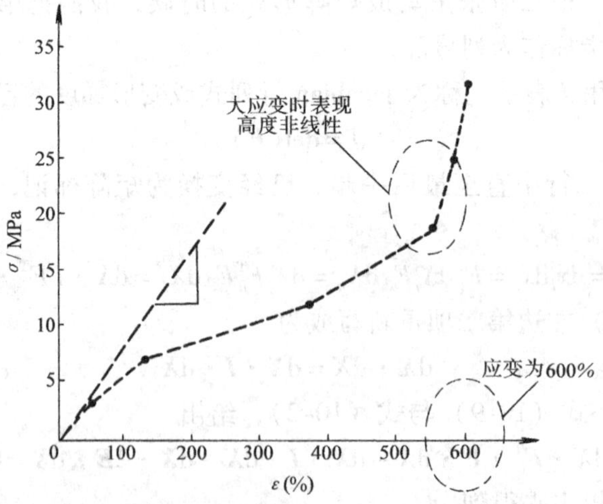

图 10-5 典型橡胶材料单轴拉伸应力 – 应变曲线

以多项式形式本构模型为例，其应变能密度表达式为

$$e = \sum_{i+j=1}^{N} C_{ij}(\bar{I}_1 - 3)^i(\bar{I}_2 - 3)^j + \sum_{i=1}^{N} \frac{1}{D_i}(J-1)^{2i} \tag{10-14}$$

在小变形情况下

$$\bar{I}_1 \to 3,\ \bar{I}_2 \to 3,\ J \to 1 \tag{10-15}$$

忽略二阶及二阶以上小量，式（10-14）变为

$$e=C_{10}\ (\bar{I}_1-3)\ +C_{01}\ (\bar{I}_2-3)\ +\frac{1}{D_1}\ (J-1)^2 \tag{10-16}$$

上式为超弹性材料小变形情况下的本构关系。与线弹性本构关系相同，弹性常数为

$$G=2\ (C_{10}+C_{01}),\ K=\frac{2}{D_1} \tag{10-17}$$

并且 E，ν 和 G，K 的关系为

$$\left.\begin{aligned}E&=\frac{9KG}{3K+G}\\ \nu&=\frac{3K-2G}{6K+2G}\end{aligned}\right\} \tag{10-18}$$

当 $K\to\infty$ 时，$E=3G$，$\nu=0.5$。

例 10-1 在超弹性计算中，橡胶使用三次减缩多项式应变能本构模型，应变能密度表达式为

$$e\ =\ \sum_{i=1}^{3}C_{i0}(\bar{I}_1\ -3)^{i} \tag{10-19}$$

若取 $C_{10}=0.461312$，$C_{20}=0.01752$，$C_{30}=8.81\times10^{-5}$（单位为 MPa），求材料弹性常数。

解 利用式（10-17）和式（10-18），解出橡胶的弹性常数为 $E=1.384\text{MPa}$，$\nu=0.5$。

10.4 常用橡胶材料的本构关系

常用的橡胶力学性能描述方法主要分为两类，一类是基于热力学统计的方法，另一类是基于橡胶为连续介质的唯象学描述方法，如表 10-1 所示。

热力学统计方法的基础为观察到橡胶中的弹性恢复力主要来自橡胶中熵的减少。橡胶在承受荷载时分子结构无序，熵的减少是由于橡胶的伸长使得橡胶结构由高度的无序变得有序。由对橡胶中分子链的长度，方向以及结构的统计得到橡胶的本构关系。

唯象学描述方法假设在未变形状态下橡胶为各向同性材料，即长分子链方向在橡胶中是随机分布的。这种各向同性的假设是用单位体积（弹性）应变能函数（e）来描述橡胶特性的基础，其本构模型为多项式形式模型和 Ogden 形式模型。

表 10-1 常用橡胶应变能密度形式分类

热力学统计的本构模型	材料的系数
1）Arruda-Boyce 模型	2
2）Van der Waals 模型	4
唯象学的本构模型（Phenomenological models）	
1）N 次多项式（Polynomial）模型	≥2N
• Mooney – Rivlin（一次）	2
• 减缩多项式（与 I_2 无关）	N
• Neo – Hookean（一次）	1
• Yeoh（三次）	3
2）Ogden 模型	2N

10.4.1 多项式形式本构模型

对于各向同性材料，将应变能密度加法分解成为偏量和体积应变能密度两部分

$$e = f(\bar{I}_1 - 3, \bar{I}_2 - 3) + g(J - 1) \tag{10-20}$$

J 为变形后与变形前之体积比，令 $g = \sum_{i=1}^{N} \frac{1}{D}(J-1)^{2i}$，并且进行泰勒展开，得到

$$e = \sum_{i+j=1}^{N} C_{ij}(\bar{I}_1 - 3)^i (\bar{I}_2 - 3)^j + \sum_{i=1}^{N} \frac{1}{D_i}(J-1)^{2i} \tag{10-21}$$

这种形式为完全多项式表示的应变能密度，参数 N 为我们选择的多项式阶数。D_i 的值决定材料是否可压缩，如所有 D_i 都为 0，则材料是完全不可压缩的。对于多项式模型无论 N 值如何，初始的切变模量 μ_0，初始的体积模量 K_0，都决定于多项式一阶（$N=1$）系数

$$\mu_0 = 2(C_{10} + C_{01}),\ K_0 = \frac{2}{D_1} \tag{10-22}$$

10.4.2 Mooney – Rivlin 形式和 Neo – Hookean 形式的本构模型

多项式本构模型的特殊形式可以由设定某些参数为 0 来得到。如果所有 $C_{ij} = 0$（$j \neq 0$），则得到减缩多项式模型

$$e = \sum_{i=1}^{N} C_{i0}(\bar{I}_1 - 3)^i + \sum_{i=0}^{N} \frac{1}{D_i}(J-1)^{2i} \tag{10-23}$$

对于完全多项式，如果 $N=1$，则只有线性部分的应变能量保留下来，即 Mooney – Rivlin 形式

$$e = C_{10}(\bar{I}_1 - 3) + C_{01}(\bar{I}_2 - 3) + \frac{1}{D_1}(J-1)^2 \tag{10-24}$$

对于减缩多项式，如果 $N=1$ 则得到 Neo – Hookean 形式

$$e = C_{10}\ (\bar{I}_1 - 3)\ + \frac{1}{D_1}\ (J-1)^2 \tag{10-25}$$

这种形式是最简单的超弹性模型，未知精确参数的材料通常使用这种形式。图 10-6 是用有限元程序分别采用 Mooney - Rivlin 形式和 Neo - Hooken 形式本构模型拟合的一组单轴拉伸试验数据的结果。下文中，图 10-7 ~ 图 10-10 是用不同的本构模型拟合的同一组试验数据。

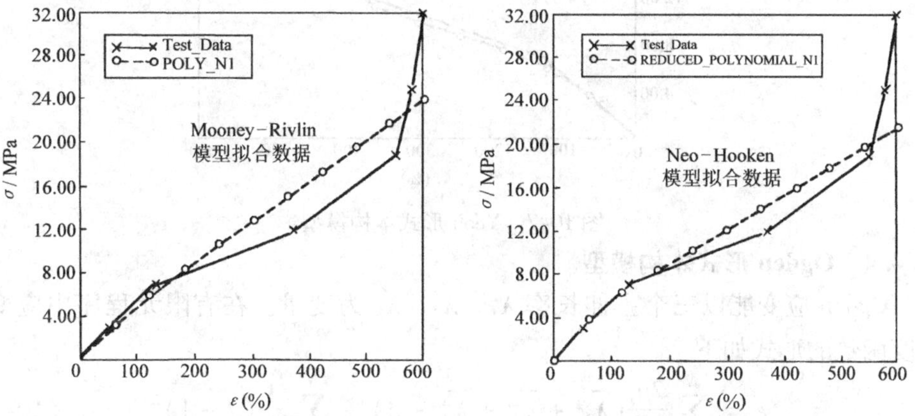

图 10-6　Mooney - Rivlin 形式和 Neo - Hookean 形式本构模型

Neo - Hookean 材料模型是各向同性线性定律（Hooke 定律）至大变形的扩展。而 Mooney - Rivlin 形式被看成是 Neo - Hookean 形式的扩展，它其中有一项由等容 Cauchy - Green 张量的第二不变量决定。在很多情况下，与 Neo - Hookean 形式相比，Mooney-Rivlin 模型会得到与试验数据更接近的解。但是这两种模型的精度是差不多的，因为它们的应变能密度都是不变量的线性函数。这两种函数不能够表示应力 - 应变曲线的大应变部分的陡升（Upturn）行为，但是在小应变和中等应变时可以很好地模拟材料特性。

10.4.3　Yeoh 形式本构模型

Yeoh 形式本构模型是 $N=3$ 时减缩多项式的特殊形式

$$e = \sum_{i=1}^{3} C_{i0}(\bar{I}_1 - 3)^i + \sum_{i=0}^{3} \frac{1}{D_i}(J-1)^{2i} \tag{10-26}$$

系数之间的典型情况为：如果 $C_{10}=O(1)$，第二个系数将为负，并且比第一个系数小 1 ~ 2 个数量级。例如，C_{20} 的值 $-O(0.1) \sim -O(0.01)$，C_{30} 的值将再小 1 ~ 2个数量级，并且为正，C_{30} 的值 $+O(1.0E-2) \sim +O(1.0E-4)$，这种量级关系将产生典型的 S 形橡胶应力 - 应变曲线。在小变形的情况下，C_{10} 代表初始切变模量，由于第二个系数 C_{20} 为负值，在中等变形情况时软化，由于第三个系数 C_{30} 为正值，在大变形情况时又变硬，如图 10-7 所示。

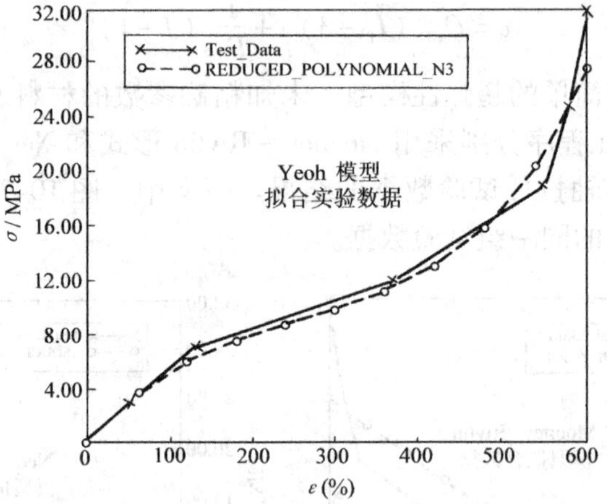

图 10-7　Yeoh 形式本构模型

10.4.4　Ogden 形式本构模型

Ogden 应变能以三个主伸长率 λ_1、λ_2、λ_3 为变量。在有限元程序中应变能密度函数的形式如下

$$e = \sum_{i=1}^{N} \frac{2\mu_i}{\alpha_i^2}(\bar{\lambda}_1^{\alpha_i} + \bar{\lambda}_2^{\alpha_i} + \bar{\lambda}_3^{\alpha_i} - 3) + \sum_{i=1}^{N} \frac{1}{D_i}(J-1)^{2i} \tag{10-27}$$

其中 $\bar{\lambda}_i = J^{-\frac{1}{3}}\lambda_i \rightarrow \bar{\lambda}_1\bar{\lambda}_2\bar{\lambda}_3 = 1$。Ogden 应变能密度函数的第一部分只与 $\bar{I}_1$ 和 $\bar{I}_2$ 有关。Ogden 应变能密度函数不能写成仅由 $\bar{I}_1$ 和 I_2 表示的形式。

如果 $N=1$，$\alpha_1=2$，$\alpha_2=-2$，得到 Mooney－Rivlin 模型，如果 $N=1$，$\alpha_1=2$，Ogden 模型变成 Neo-Hookean 模型。在 Ogden 模型中，μ_0 由全部系数决定

$$\mu_0 = \sum_{i=1}^{N}\mu_i \tag{10-28}$$

与前面相同，初始体积模量 K_0 决定于 D_i。图 10-8 是用二次 Ogden 本构模型拟合试验数据的结果。

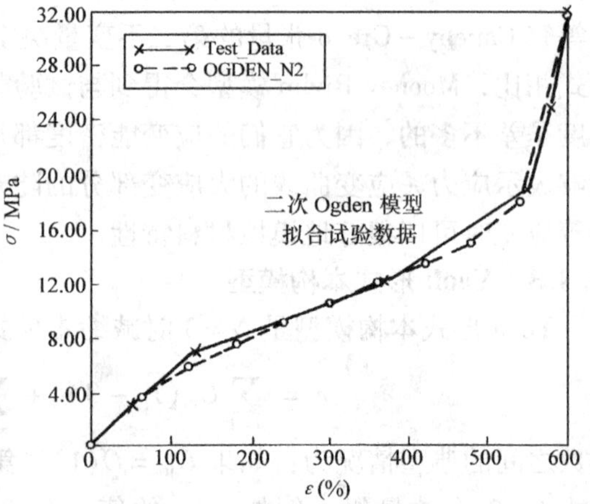

图 10-8　二次 Ogden 形式本构模型

10.4.5　Arruda－Boyce 形式本构模型

Arruda-Boyce 形式应变能密度定义如下

$$e = \mu\sum_{i=1}^{5}\frac{C_i}{\lambda_m^{2i-2}}(\bar{I}_1^i - 3^i) + \frac{1}{D}\left(\frac{J^2-1}{2} - \ln J\right) \tag{10-29}$$

式中 $C_1=\frac{1}{2}$，$C_2=\frac{1}{20}$，$C_3=\frac{11}{1050}$，$C_4=\frac{19}{7050}$，$C_5=\frac{519}{673750}$。

Arruda-Boyce 模型也称为 Eight－Chain 模型。C_1，…，C_5 的值由热力学统计方法得到，是具有物理意义的。系数 μ 代表初始的切变模量，即 μ_0。系数 λ_m 表示自锁应变（Locking stretch），大约位置在应力－应变曲线最陡的地方。

初始的体积模量为 $K_0=2/D$。因为只有两个参数，这样只要已知很少的材料行为，也可以得到本构关系。Kaliske 和 Rothert（1997）成功地证明这种体积应变能密度表达式应用于大部分工程弹性材料都足够精确。

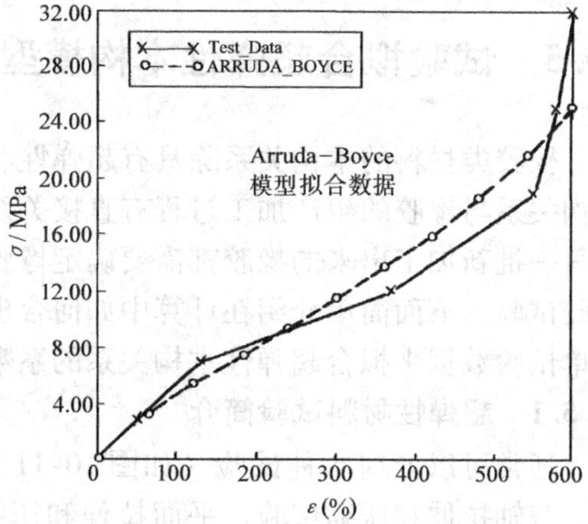

图 10-9　Arruda－Boyce 形式本构模型

图 10-9 是用 Arruda－Boyce 模型拟合试验数据的结果。Arruda－Boyce 模型的材料参数只有两个，改变这两个参数的值只能改变应力－应变的比例而无法改变曲线的形状，如果试验数据和 Arruda－Boyce 模型预测的曲线形状不同，这种本构就不能很好地模拟材料的特性。

10.4.6　Van der Waals 模型

Van der Waals 模型定义的应变能密度为

$$e=\mu\left\{-(\lambda_m^2-3)[\ln(1-\eta)+\eta]-\frac{2}{3}\alpha\left(\frac{\tilde{I}-3}{2}\right)^{\frac{3}{2}}\right\}+\frac{1}{D}\left(\frac{J^2-1}{2}-\ln J\right) \tag{10-30}$$

其中 $\tilde{I}=(1-\beta)\bar{I}_1+\beta\bar{I}_2$，参数 β 是把 $\bar{I}_1$ 和 $\bar{I}_2$ 混合成 $\tilde{I}$ 的线性参数，$\eta=\sqrt{\frac{\tilde{I}-3}{\lambda_m^2-3}}$。可以看到这种应变能密度有四个独立的系数。

由图 10-10 可以看到，Van der Waals 模型比 Arruda－Boyce 模型可以更好地拟合试验数据。不但可以改变应力－应变的比例，而且可以改变曲线的形状。

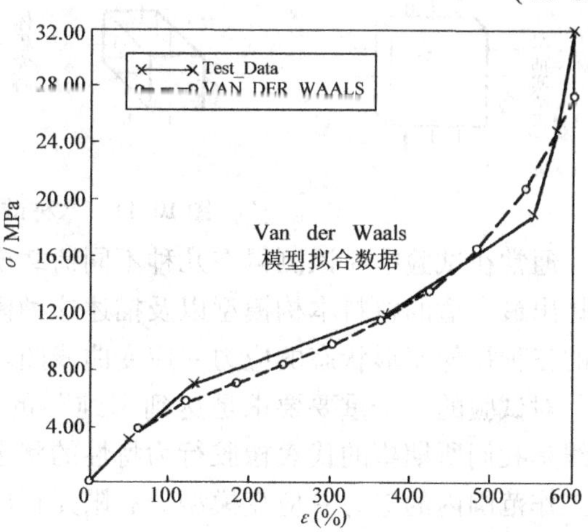

图 10-10　Van der Waals 形式本构模型

以上介绍了多项式本构模型

以及它们的特殊形式，Ogden 本构模型、Van der Waals 和 Arruda - Boyce 形式本构模型，并结合其单轴拉伸的应力 - 应变曲线阐述了这些本构模型的特点。在分析橡胶元件的力学性能时可以根据所使用的橡胶特点对照这些本构模型选取适当的橡胶本构关系。

10.5 试验拟合超弹性本构模型系数

橡胶类材料的本构关系除具有超弹性、大变形的特征外，另一主要特征是其本构关系与橡胶的生产加工过程有直接关系，如橡胶配方和硫化工艺。因此，对于每一批新加工出来的橡胶都需要确定橡胶本构关系，都要依赖于精确和充分的橡胶试验。下面简单介绍在计算中如何合理选择超弹性本构关系，以及如何通过简单试验数据来拟合超弹性本构关系的系数。

10.5.1 超弹性材料试验简介

通常可以处理八种试验（如图 10-11 所示）的数据[8]：单轴拉伸和压缩试验，双轴拉伸和压缩试验，平面拉伸和压缩（纯剪）试验，测定体积变化的试验（拉或压）。在这八种试验中，单轴拉伸，单轴压缩，双轴拉伸，平面拉伸，体积压缩试验是常用到的。

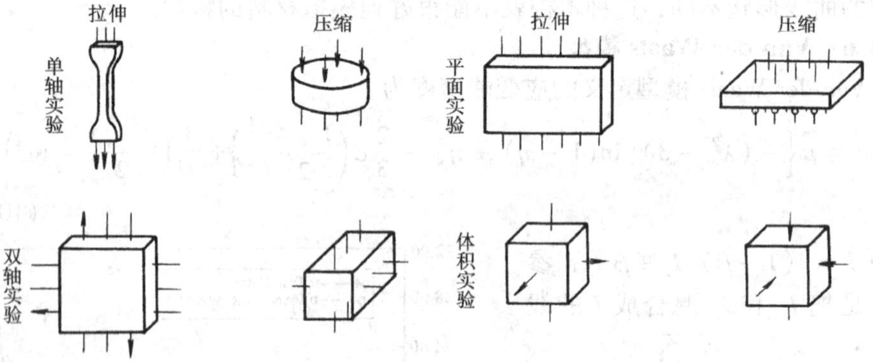

图 10-11　八种试验数据

通常在试验中应该测得在几种不同荷载模式下的应力 - 应变曲线，这样可以选择出最合适的材料本构模型以及描述这种模型的参数。图 10-12 是一种橡胶材料的三种拉伸变形状态的应力 - 应变曲线图。

对试验的一个重要要求是达到“纯”的应变状态，这样得到的应力 - 应变曲线是我们所期望的代表橡胶行为特性的状态。试验都不是破坏性的，目的是建立工作范围内的应力 - 应变模型。有限元程序通常需要输入的应力 - 应变试验数据范围大于要分析结构的预期的最大应力 - 应变范围。

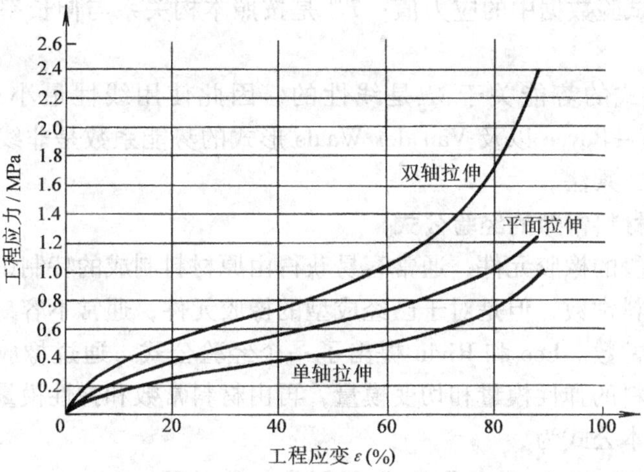

图 10-12　橡胶在三种状态下的拉伸曲线

对于不可压缩模型，基本的应变状态有：单轴拉伸、纯剪和等双轴拉伸。单轴压缩试验可以由等双轴拉伸代替。对于具有轻微可压缩性的材料或者工作在高度约束条件下的材料需要压缩试验来测定体积模量。

对于不可压缩材料，把静水压力（拉力）叠加在另外一种应力状态上，得到一种新的应力状态，但是材料的应变状态不发生变化，如图 10-13 所示。

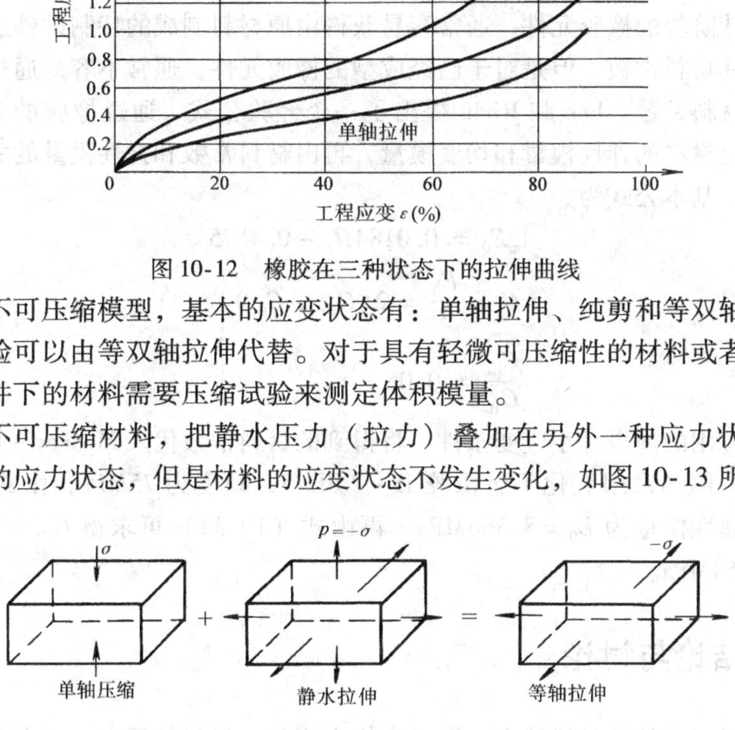

图 10-13　应力状态的叠加

所以，等轴拉伸试验和单轴压缩试验是等价的。它们之间的应力－应变关系为

$$\left.\begin{aligned}\sigma_c &= \sigma_b(1+\varepsilon_b)^3\\ \varepsilon_c &= 1/(\varepsilon_b+1)^2-1\end{aligned}\right\}\tag{10-31}$$

式中，ε_b 为等轴拉伸状态名义应变；σ_b 为等轴拉伸状态名义应力；ε_c 为压缩试验名义应变；σ_c 为压缩状态名义应力。

10.5.2　弹性本构模型中的系数

给出试验数据，材料的参数由最小二乘法决定，这样可以使得误差最小。对于 n 组应力－应变的试验数据，相对误差 E 取最小值

$$E = \sum_{i=1}^{n}(1 - T_i^{\text{th}}/T_i^{\text{test}})^2 \tag{10-32}$$

式中，T_i^{test} 是试验数据中的应力值；T_i^{th} 是按照本构关系与伸长率对应的应力表达式。

多项式形式的势能关于 C_{ij} 是线性的，因此使用线性最小二乘法。对于 Ogden，Arruda - Boyce 以及 Van der Waals 形式的势能系数是非线性的，需要用到非线性最小二乘法。

10.5.3 确定材料常数的经验公式

在设计阶段的橡胶元件，通常容易获得由原材料制成的特制试件进行上述试验来确定其材料常数。但是对于已经成型的橡胶元件，通常不容易通过上述试验来确定其材料常数。Lee 和 Rivin 提出了一个经验公式，通过橡胶的 IRHD 硬度指标来确定材料的弹性模量和切变模量，再由材料常数和弹性模量的关系来确定材料常数。基本公式为

$$\lg E_0 = 0.0184 H_{\mathrm{r}} - 0.4575 \tag{10-33}$$

$$\left.\begin{aligned} G &= \frac{E_0}{3} = 2(C_{10} + C_{01}) \\ \frac{C_{01}}{C_{10}} &= 0.05 \end{aligned}\right\} \tag{10-34}$$

这一公式应用的前提是小应变条件。将得到的材料常数代入 Mooney - Rivlin 模型进行计算。例如采用氢化丁腈橡胶 H - NBR75，硬度为 75MPa，由式（10-33）可得到其弹性模量为 $E_0 = 8.366\text{MPa}$，再由式（10-34）可求得 $C_{10} = 1.328\text{MPa}$，$C_{01} = 0.0664\text{MPa}$。

10.6 结论与讨论

在材料行为的数学描述中，通过本构方程表示材料的反应，在方程中给出应力作为物体变形历史的函数。不同的本构关系允许我们区分粘性流体和橡胶或者混凝土这类具有时变效应的材料，例如，在一维固体力学中，本构关系经常归属于材料的应力 - 应变定律。

发展超弹性本构模型，由于从超弹性势能获得弹性反应，在闭合弹性变形路径做功刚好为零，因此，计算应力时不必对应力率方程积分，不需要逐步地客观应力更新算法。另外，对于各向异性弹性和各向异性塑性屈服的框架不变性公式，超弹性公式提供了自然框架。超弹性材料的关键概念是由超弹性势能计算以弹性应变表示的应力

$$S = 2\frac{\partial \Psi(C)}{\partial C} = \frac{\partial U(E)}{\partial E}$$

本章介绍了多项式本构模型以及它的特殊形式，Ogden 本构模型、Van der

Waals 以及 Arruda - Boyce 形式本构模型，并结合其单轴拉伸的应力 - 应变曲线阐述这些本构模型的特点。在分析橡胶元件的力学性能时可以根据所使用的橡胶特点对照这些本构模型特点选取橡胶的本构关系。用试验数据拟合本构模型。介绍了有限元计算中拟合橡胶本构关系参数的常用试验，给出了常见的试验方案。

由于大型有限元软件的迅速发展，使得复杂的超弹性模型计算过程由计算机程序完成，在 ABAQUS 和 MARC 等商用有限元软件中给出了具体的计算。用户要熟悉如何输入数据文件，如何根据试验数据拟合和选用合适的本构模型，如何处理输出结果并检验其是否正确。对于初学者来说，商用软件是一个“黑匣子”，因此，掌握超弹性材料模型理论和计算方法是取得仿真成功的关键。

过盈配合是橡胶元件中的一种常见的工艺加工方式。轴对称的过盈配合在圆柱铰、球铰等减振橡胶元件中经常出现。由于超弹性本构模型的复杂性和高度的非线性，很少用解析的方法研究橡胶过盈配合大变形问题，而是采用有限元计算。一般假定橡胶为超弹性不可压缩材料，在过盈配合问题中，材料受到高度约束，计算中采用的橡胶体积模量可能对有限元分析的结果有重要的影响。

需要注意的是，对于不可压缩材料的平面问题，无论是平面问题的解析解还是数值解，均不能采用平面应变解答。因为对于不可压缩材料，如果采用平面应变模型，其体积不变，内力为不确定量，在有限元中的节点位移不能反映单元内力的变化。对于不可压缩材料或者接近于不可压缩材料的平面问题，务必应用平面应力（或者广义平面应变）解答。

由于橡胶卓越的材料性能，它在工程上的应用越来越广泛，随着经济的迅速发展和人们生活水平的不断提高，橡胶制品显露出了它强大的生命力，其发展前景是广阔的。

10.7 习题

10-1 论述影响超弹性材料力学行为的主要因素。

10-2 举例说明开放腔室和封闭腔室的泡沫橡胶的小变形和大变形的力学行为。

10-3 以完全多项式模型式（10-21），推证其特殊形式：（1）减缩多项式模型(10-23)；（2）$N=1$ 只有线性部分的 Mooney - Rivlin 形式，式（10-24）；$N=1$ 减缩多项式的 Neo - Hookean 形式，式（10-25）。

10-4 描述橡胶材料的本构模型的分类和特点。

10-5 简单阐述橡胶过盈元件的计算分析方法。

10-6 大作业：

圆柱形钢芯 - 橡胶 - 钢环减振元件几何尺寸如图 10-14 所示，两端不封闭，无外力作用。$R59.50$ 为钢芯的半径和中间橡胶层的内半径 59.50mm，$R73.00$ 为中间橡胶层的外半径 73mm，$R71.10$ 为外钢环的内半径 71.1mm，橡胶外半径与外钢环内半径的过盈量为 1.9mm，

$R80.00$ 为外钢环的外半径 80mm。钢的弹性模量为 $E_s = 2.1\times10^5$MPa，泊松比 $\nu_s = 0.3$。对于广义平面应变情况下（平面应力）的过盈问题，使用线弹性和超弹性两种本构关系进行求解由于过盈引起的应力和位移，并比较它们的结果。

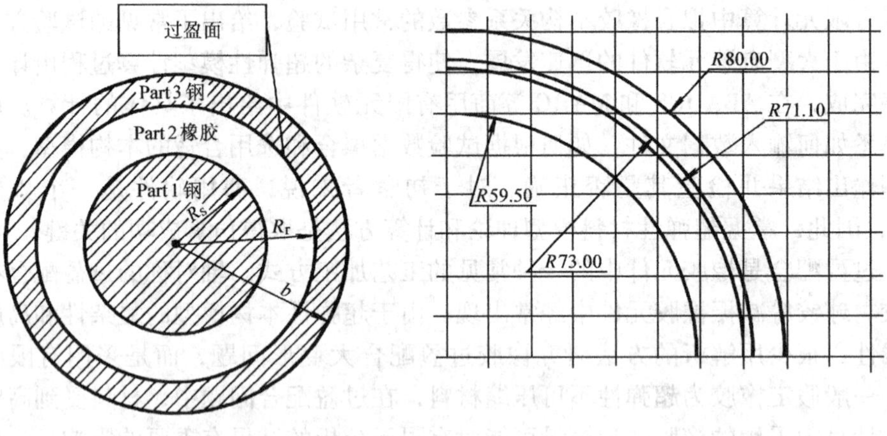

图 10-14　习题 10-6 图

附　　录

附录 A　拉普拉斯变换简表

A.1　拉普拉斯变换定义

函数 $f(t)$ 的拉普拉斯变换定义为

$$Lf(t) = \bar{f}(s) = \int_0^{\infty} f(t)\mathrm{e}^{-st}\mathrm{d}t \tag{A-1}$$

式中的符号 L 称为拉普拉斯（变换）算子，为线性算子，即

$$L[c_1f_1(t) + c_2f_2(t)] = c_1Lf_1(t) + c_2Lf_2(t) \tag{A-2}$$

导数的拉普拉斯变换定义为

$$L\left[\frac{\partial f}{\partial t}\right] = s\bar{f}(s) - f(0^-) \tag{A-3}$$

等号右边第 2 项(0^-)表示从右向左趋向于零。

A.2　若干初等函数的拉普拉斯变换

在表 A-1 中提供了一些初等函数的拉普拉斯变换。

表 A-1　常用初等函数拉普拉斯变换表

$f(t)$	$Lf(t) = \bar{f}(s)$
$u(t)$	$1/s$
t^n $(n=1, 2, 3, \cdots)$	$\dfrac{n!}{S^{n+1}}$
e^{at}	$\dfrac{1}{s-a}$
e^{-at}	$\dfrac{1}{s+a}$
$\dfrac{1}{a}(1-\mathrm{e}^{-at})$	$\dfrac{1}{s(s+a)}$
$\dfrac{t}{a}-\dfrac{1}{a}(1-\mathrm{e}^{-at})$	$\dfrac{1}{s^2(s+a)}$
$\cos\omega t$	$\dfrac{s}{s^2+\omega^2}$
$\sin\omega t$	$\dfrac{\omega}{s^2+\omega^2}$
$\cosh\beta t$	$\dfrac{s}{s^2-\beta^2}$
$\sinh\beta t$	$\dfrac{\beta}{s^2-\beta^2}$

表 A-1 中 $u(t)$ 是单位阶跃函数，如图 A-1 所示，其定义为

$$u(t-a)=\begin{cases}0 & t<a\\1 & t\geqslant a\end{cases} \tag{A-4}$$

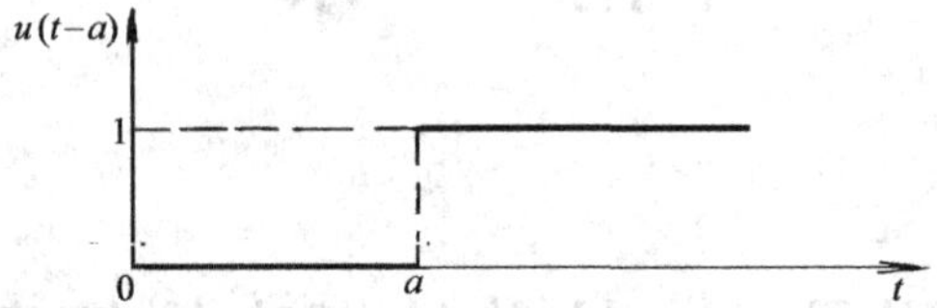

图 A-1　单位阶跃函数

A.3　卷积定理

$$\begin{aligned}Lf\cdot Lg &= f\cdot g\\ &= L\left[\int_0^t f(t-\lambda)g(\lambda)\mathrm{d}\lambda\right]\\ &= L\left[\int_0^t f(\lambda)g(t-\lambda)\mathrm{d}\lambda\right]\end{aligned} \tag{A-5}$$

附录B　张 量 标 记

B.1　张量标记

在张量标记中，指标不出现。而 Cartesian 指标方程仅仅应用在 Cartesian 坐标系，张量标记的表示是独立于坐标系统的，并且可应用于其他坐标系，例如柱坐标，曲线坐标等等。此外，在张量标记中的方程非常容易记忆。大部分连续介质力学和有限元文献采用张量。

在张量标记中，用黑体表示一阶或者高阶张量。小写黑体字母几乎总是用来表示一阶张量，而大写黑体字母用来表示高阶张量，例如，张量标记的速度矢量为$\boldsymbol{v}$，而一个二阶张量，例如$\boldsymbol{E}$，用大写表示。唯有 Cauchy 应力张量$\boldsymbol{\sigma}$除外，用一个小写希腊字母表示。若用张量标记圆的半径公式，如$r^2=\boldsymbol{x}\cdot\boldsymbol{x}=\boldsymbol{x}_i\boldsymbol{x}_i=\boldsymbol{x}_1\boldsymbol{x}_1+\boldsymbol{x}_2\boldsymbol{x}_2$，第 1 个等号后面字母中间的点表示内部指标的缩并，而第 2 个和第 3 个等号后面是应用了指标标记；在这一例中，指标标记中重复的指标在张量表示中给予了缩并。

张量明显区别于矩阵表示，在各项间应用点和逗号，如$\boldsymbol{a}\cdot\boldsymbol{b}$和$\boldsymbol{A}\cdot\boldsymbol{B}$。符号“:”表示一对同阶的重复指标的缩并，因此，$\boldsymbol{A}:\boldsymbol{B}\equiv A_{ij}B_{ij}$。作为另一个例子，线性本构方程用以下张量标记和指标标记的形式给出

$$\sigma_{ij}=C_{ijkl}\varepsilon_{kl}\quad \boldsymbol{\sigma}=\boldsymbol{C}:\boldsymbol{\varepsilon}$$

从公式中可以观察出指标的缩并。

B.2　二阶张量的基本不变量

二阶张量$\boldsymbol{A}$的基本不变量为

$$I_1(\boldsymbol{A})=\mathrm{trace}(\boldsymbol{A})=A_{ii}\tag{B-1a}$$

$$I_2(\boldsymbol{A})=\frac{1}{2}\{(\mathrm{trace}(\boldsymbol{A}))^2-\mathrm{trace}(\boldsymbol{A}^2)\}=\frac{1}{2}\{(A_{ii})^2-A_{ij}A_{ji}\}\tag{B-1b}$$

$$I_3(\boldsymbol{A})=\det\boldsymbol{A}=\varepsilon_{ijk}A_{i1}A_{j2}A_{k3}\tag{B-1c}$$

根据文章内容，当问题中的张量是清楚的，省略自变量$\boldsymbol{A}$，则基本不变量简单记为I_1，I_2和I_3。

如果$\boldsymbol{A}$对称，$\boldsymbol{A}=\boldsymbol{A}^{\mathrm{T}}$，并且$\boldsymbol{A}$有三个实特征值（或者主值）$\lambda_1$，$\lambda_2$，$\lambda_3$；则

$$\left.\begin{aligned} I_1(\boldsymbol{A}) &= \lambda_1 + \lambda_2 + \lambda_3 \\ I_2(\boldsymbol{A}) &= \lambda_1\lambda_2 + \lambda_2\lambda_3 + \lambda_3\lambda_1 \\ I_3(\boldsymbol{A}) &= \lambda_1\lambda_2\lambda_3 \end{aligned}\right\} \tag{B-2}$$

式中，λ_i（$i=1$，2，3）为 i 方向的主伸长，$\lambda_i = L/L_0$（L 为变形后的长度，L_0 为变形前的长度）。这样工程应变可定义为：

$$\varepsilon_i = \frac{L - L_0}{L_0} = 1 - \lambda_i \tag{B-3}$$

在本构方程中，经常需要二阶张量基本不变量并对应于张量本身的导数，作为参考

$$\frac{\partial I_1}{\partial \boldsymbol{A}} = \boldsymbol{I}; \qquad \frac{\partial I_1}{\partial A_{ij}} = \delta_{ij} \tag{B-4}$$

$$\frac{\partial I_2}{\partial \boldsymbol{A}} = I_1\boldsymbol{I} - \boldsymbol{A}^{\mathrm{T}}; \qquad \frac{\partial I_2}{\partial A_{ij}} = A_{kk}\delta_{ij} - A_{ji} \tag{B-5}$$

$$\frac{\partial I_3}{\partial \boldsymbol{A}} = I_3\boldsymbol{A}^{-\mathrm{T}}; \qquad \frac{\partial I_3}{\partial A_{ij}} = I_3 A_{ji}^{-1} \tag{B-6}$$

参考文献

[1] R M 琼斯. 复合材料力学 [M]. 朱颐龄，等译. 上海：上海科学技术出版社，1981.
[2] D 赫尔. 复合材料导论 [M]. 张双寅，等译. 北京：中国建筑工业出版社，1989.
[3] 蔡为仑. 复合材料设计 [M]. 北京：科学出版社，1989.
[4] 赵渠森，编译. 复合材料 [M]. 北京：国防工业出版社，1979.
[5] 李顺林. 复合材料工作手册 [M]. 北京：航空工业出版社，1988.
[6] Bush Spencer H. Fibre Composite Materials [M]. American Society for Metals，Cleveland：1965.
[7] Diets A G H. Composite Engineering Laminates [M]. Cambridge：M. I. T. Press，1969.
[8] 吕恩琳. 复合材料力学 [M]. 重庆：重庆大学出版社，1992.
[9] 蒋咏秋，等. 复合材料力学 [M]. 西安：西安交通大学出版社，1990.
[10] 吴人洁. 复合材料 [M]. 天津：天津大学出版社，2000.
[11] Schwartz M M. Composite Materials Handbook [M]. New York：MeGraw-Hill，1984.
[12] Awerbuch J，Hahn H T. Fatigue of Filamentary Composite Materials [C] //ASTM STP，1977：636.
[13] Rosen B W. Fiber Composite Materials [C] //AmSoc Metals，1965.
[14] Ratwawi M M. Fatigue of Composites under Spectrum Loading [C] //Proc. ICF，1984 (6).
[15] Hale D K，Kelly A. Strength of Fibrous Composite Materials [R] //Annual Review of Material Science. Huggins R A，ed.，Annual Review，Inc，Palo Al-to：1972.
[16] 范钦珊. 工程力学教程：Ⅱ [M]. 庄茁，等. 北京：高等教育出版社，1998.
[17] Kurt Miller. Testing elastomers for hyperelastic material model in finite element analysis [J]. Testing for Hyperelastic，2000，1：1 - 6.
[18] Treloar L R G. The physics of rubber elasticity [M]. 2ed. Oxford：Oxford University Press，1958.
[19] Rosen S L. Fundamental principles of polymeric materials for practioing engineers [M]. N. Y：Barnes & Nober Inc.，1971.
[20] Yeoh O H. Some forms of the strain energy function for rubber [J]. Rubber Chemistry and Technology，1993，66：754 - 771.
[21] Arruda E M，Boyce M C. A three-dimensional constitutive model for the large stretch behavior of rubber elastic materials [J]. Journal of Mechanics and Physics of Solind，1993：41 (2)，389 - 412.
[22] Kaliske M，Rothert H. On the finite element implementation of rubber-like materials at finite strains [J]. Engineering Computations，1997：14，216 - 232.
[23] ABAQUS/Theory Manual，Version 6. 4. ABAQUS Inc.，USA，2003.
[24] 邹雨，庄茁，黄克智. 超弹性材料过盈配合的轴对称平面应力解答 [J]. 工程力学，2004：21 (6).

[25] 黄克智，黄永刚．固体本构关系［M］．北京：清华大学出版社，2000.

[26] Peng S H, Takao Shimbori, Akbar Naderi. Measurement of elastomer's bulk modulus by means of a confined compression test［J］. Rubber Chemistry and Technology, 1994, 67: 871－879.

[27] Twizell E H, Ogden R W. Non-linear optimization of the material constants in Ogden's stress-deformation function for incompressible isotropic elastomers［J］. Journal of the Australian Mathematical Society 1986, Series B 24, 424－434.

[28] 连续体和结构的非线性有限元［M］．庄茁，译．北京：清华大学出版社，2002.

[29] 庄茁，等. 基于 ABAQUS 的有限元分析和应用［M］. 北京：清华大学出版社，2009.